テキストアナリティクス 7

文学と言語コーパスのマイニング

Text Analytics 7

金 明哲［監修］

テキストアナリティクス

文学と言語コーパスのマイニング

金 明哲・中村靖子［編著］

上阪彩香
土山 玄
孫 昊
劉 雪琴
李 広微
入江さやか

岩波書店

はじめに

本巻は，第 1 巻で説明したテキストアナリティクスの方法が人文学にどのように用いられているかを，最新の研究事例をまとめて紹介するものである．人文学と言ってもその全領域をカバーすることは不可能であるため，計量文体学(stylometrics)に焦点を当てている．本巻は 8 章により構成されており，古文，現代文，話し言葉の順に並んでいる．

「第 1 章　スタイロメトリー分析」(金明哲)では，スタイロメトリーの歴史を概観し，テキストのスタイロメトリーに主に用いられている特徴量および分析方法について時系列順に簡潔に説明する．

「第 2 章　古典文学の数理的研究と実例」(上阪彩香)では，日本の古典文学作品における数量的研究を中心として，問題の所在，背景，資料，ソフトウェアの紹介や現状，さらに実際のデータを使用した計量的手法による研究方法と事例を紹介する．研究例では江戸時代前期の浮世草子作者である井原西鶴とその弟子である北条団水の文体特徴の分析について解説を行う．

「第 3 章　『源氏物語』を中心とした平安文学の計量分析」(土山玄)では，現代文を対象とした計量分析の方法が古典文学作品においても有効であることを確認し，計量分析による古典文学作品における複数作者説などの検証と解説を行う．主に「宇治十帖」と称される『源氏物語』の最終 10 巻をとりあげ，他作者説をめぐる問題解明に関する計量的アプローチを概観する．

「第 4 章　リルケでテキストマイニング！」(中村靖子)では，オーストリアの詩人リルケの小説『マルテの手記』を例に，ドイツ語で書かれた作品の計量分析を紹介する．日記形式や手紙の草稿など，さまざまなスタイルを取り入れたこの小説は，モンタージュ技法を用いた最初の作品と評価されている．その文体特徴の計量分析を通して従来の作品研究と照応させる一例を示す．

「第 5 章　文学作品の代筆問題」(孫昊)では，ノーベル賞作家川端康成の作品のうち，代筆者を使っていたという説が提起されている作品を取り上げ，著者識別モデルに基づいて，各作品の執筆者の推定を行う方法を解説する．

「第6章　計量文体学からたどる文体の変化」(劉雪琴)では，芥川龍之介と宇野浩二の作品を中心にとりあげ，文体の変化を分析する方法を紹介する．まず芥川の作品について，機能語の用いられ方に注目した文体の経時的な変化を確認したあと，宇野が精神疾患などにより2回執筆を中断していたことに着目し，病前と病後，戦前と戦後を比較分析して文体の変化を明らかにする．

「第7章　文学作品の模倣に関する計量的比較分析」(李広微)では，夏目漱石の長編小説『明暗』および水村美苗が書いた『続明暗』を例としてとりあげる．『続明暗』は，あらゆる点で漱石の文体に酷似していると高い評価を受けた作品である．2つの作品の文体の類似性と相違点，ならびに，『続明暗』と水村の他の作品の文体との比較分析をとおして，ストーリー展開の仕方の相違をも含めた計量分析について解説する．

「第8章　コーパスにおけるモーラ情報を用いた日本の方言分類分析」(入江さやか)では，『国立国語研究所資料集13 全国方言談話データベース 日本のふるさとことば集成』全20巻に収録されている録音文字化資料からモーラを集計し，各地方言の親近性の分析を踏まえて，分類分析の手法で東西方言分類に重要なモーラを明らかにする方法と結果について述べる．

本巻は数式をほとんど用いておらず，人文系の研究者にとってもストレスなしに読み通すことができるように配慮したため，人文学のテキストマイニングをこれから始めようとする人たちが独学で学ぶ際の手引き書にもなるだろう．あるいはテキストアナリティクスの講義の副本として，また，大学の学部の卒業研究，大学院院生の学位研究や人文学研究者の参考書としても活用していただければ幸いである．「海老で鯛を釣る」が如く，本巻で紹介する例に触発されて，素晴らしい研究が引き出されてゆくことを期待する．そうして今後ますますテキストアナリティクスが盛んになり，ひいては広く人文学がいっそう豊かになることを願う．

なお，本章の内容の一部は，著者らによる過去の論文に加筆・修正を加えたものである．第2章は文献[1][2][3][4][5][6]，第4章は文献[7]，第5章は文献[8](5.5節)，第7章は文献[9][10]，第8章は文献[11](8.1節，8.2.1項，8.2.2項)をベースとした．

編著者

目　次

第1章　スタイロメトリー分析

人文学におけるテキストアナリティクスは，デジタルコンピュータが実用化されるよりかなり以前から行われていた．そのなかで最も歴史が長いのが**スタイロメトリー**(stylometry)という分野である．本章では，その歴史と主な特徴量および分析方法などについて概説する．

1.1　スタイロメトリー

1898年，ポーランドの哲学者のヴィンツェンティ・ルトスワフスキ(Wincenty Lutosławski)は，プラトン(Platon)の作品の年代について数量的に分析した論文“Principes de stylométrie appliqués à la chronologie des œuvres de Platon”を発表した[12]．この論文でルトスワフスキが用いたのがstylométrieという手法である．stylométrieに対応する英語はstylometryで，近年ではstylometricまたはstylometricsの語も用いられている．日本語に訳すと，計量文体，または文体計量となるが，「文体」という言葉から書き言葉のみを対象とする分野であるかのようなイメージが先行するのは好ましくない．もちろん，スタイロメトリーは書き言葉(テキスト，**コーパス**(corpus))のスタイルの分析から始まったのだが，元々英語のstyleは文体だけではなく，もっと広い意味を持っている．スタイロメトリーは，今や音楽[13, 14, 15]や美術・絵画[16, 17, 18, 19]などを対象とした分野でも用いられている．

また，近年，プログラムのソースコードに関する**コードスタイロメトリー**(Code stylometry)研究が増えている[18, 20, 21]．コードスタイロメトリーは，プログラムのソースコードからプログラミングのスタイルの特徴を分析したりソフト作者を特定したりすることを目的としている．この研究は，ソフトの無断コピーや盗作を検出するだけではなく，コンピュータウイルスやハッカーの攻撃などの問題に対処する基礎研究として位置づけられる.

このようにスタイロメトリーは，多くの分野で用いられるとともに，それ自体も研究対象として研究されているが，紙面上の都合により，本章では，書き言葉に焦点を絞って説明する.

1.2　書き言葉におけるスタイロメトリー

テキストの種類はいろいろあるが，スタイロメトリーの出発点は，前述のプラトンの作品や後で紹介するシェイクスピアの作品に関する論争のように，作者が問題となるような著作物を計量的に分析することであった[12, 22].

文学作品には，ゴーストライター問題や著作物の真贋の問題が時代を問わず存在する．また，現代社会では電子化された文章が増え続けており，電子メール，ツイッター，ブログや電子掲示板における犯罪予告など書き手の識別を必要とするケースが増えている.

書き言葉におけるスタイロメトリーには，**著者帰属**(authorship attribution; AA)，**著者検証**(authorship verification; AV)，**著者プロファイリング**(authorship profiling)，**スタイル変更の検出**(style change detection)などのタスクがある[23, 24].

著者帰属と著者検証は，スタイロメトリーにおいて最も古く，スタイロメトリーという用語が用いられる前からすでに研究が行われていた[22]．著者帰属は，ある著作物の書き手を同定・推定するタスクである[25, 26]．著者検証は，複数の候補者のテキストを用いて，ある著作物が，どの候補者のものなのかを確認・検証するタスクである[27]．スタイロメトリーは文学作品の構成要素を定量化し分析する，いわゆる計量分析から研究が始まり，今では科学捜査・法科学(forensics)にも用いられるようになっている[28, 29]．これらのタスクは互いに関連しており，明確に区別して定義することは難しい．著者帰属のタスクは著者確認・検証のタスクを包含していると考えることもできる[26]．実際，これらのタスクを**著者分析**(authorship analysis)という名称にまとめている研究者もいる[30, 31].

著者プロファイリングは，テキストの情報を用いて，著作物の書き手の性別，年齢，出身の地域・国籍，学歴などを推定するタスクである．このタスクは，インターネット上のセキュリティー問題や法科学などとも関わり，注目を集めている[24, 32, 33]．

著作物のスタイルが終始一貫していない場合，各著作物に共通する特徴量を分析して，どの著作からどの著作までを1つのスタイルと見なすかなど，スタイル変更の検出を行う[24, 34, 35, 36]．このタスクは，1人の作者の時系列のテキスト群(日記，ブログなど)から経年的な文体変化を追うばかりでなく，作者の心的状態に深く作用する病気(脳疾患やうつ病など)を予測する可能性をも秘めており，また，共著における各著者の執筆部分の検出も期待される．

近年，テキストのスタイロメトリーに関する科学的イベント「PAN」がある[1]．イベントでは用意されたタスクについて，論文とアイディアを競う．毎年，用意されたタスクは多少変動があるものの，上記のタスクが主なテーマになっている[21]．このような著者分析を含むテキストアナリティクスでは，文章からどのような要素を抽出して分析に用いるかが重要である．

1.3　書き手の文体特徴量

文章のいかなる点にその人ならではの文章表現上の特色が表れるかについては，書き手によって異なる．「指紋」や「DNA」のように著者を特定する決定打となるような特徴を見極めるために，記号論，音韻論，語彙論，品詞論，構文論，修辞論などさまざまな理論が参照され，探求されている．

スタイロメトリーの始まりは，1850年ごろまでさかのぼると言われているが，比較的追跡しやすい初期の研究としてはMendenhall[22]がある．メンデンホールは，ディケンズ(C. Dickens, 1812〜1870)，サッカレー(W. Thackeray M., 1811〜1863)，ミル(J. S. Mill, 1806〜1873)の文章に使われた単語の長さを調べ，それが作家によって異なり，作家の特徴になることを示した．現在の研究水準から見ると問題がないわけではないが，その時代においては，このような計量的研究の提起は，そうとうインパクトが強かっただろうと推察する．

ところで，我々は読んだ文章が小説であるか，論文であるか，新聞記事であるか，そのジャンルを見分けることが可能である．これは，それぞれのジャン

1　https://pan.webis.de/

ルのスタイルやパターンに関する知識を持っているからである．また，熱烈な愛読者ともなると，作品を読めば，自分が愛好する作家の作品かどうかが識別できるという．それは，ある作家の作品を何度も読んだりたくさん読んだりすることにより，その作家に固有の文章のパターンが，読者の脳に刻まれたためだと考えられる．こうした事例は，筆跡鑑定や絵画の真贋鑑定に似ている．筆跡や絵画の場合は視覚的な図像を対象とするが，文章の場合には，語彙や助詞の使い方など，何らかの特徴に注目することになる．その際，何を判断基準とするかは，先述の通り，作家によってさまざまである．

人工知能の研究のなかには，人間の脳の中で行われている認識プロセスを機械的に実現しようとする「**パターン認識**(pattern recognition)」という研究分野がある．「パターン認識」は，文字認識，画像認識，音声認識などの分野で始まり，発展してきた．これらの研究成果はすでに広く応用されている．例えば，スマートフォンなどにも指紋識別，音声認識，顔認識機能が備わっている．文体は，指紋や画像と違って自然な形状を持つ情報が少ないが，我々の脳で文体を識別，あるいは分析するときには無意識にそれをパターン化して処理していると考えられる．

スタイロメトリーは，パターン認識と同じく，主には2つの部分に分けられる．1つは，研究対象から特徴となるデータを抽出することである．もう1つは，抽出されたデータを用いて統計的データ解析や機械学習の手法を用いて研究対象の認識，識別，分類を行うことである．

文章から書き手の特徴と思われる要素を取り出したデータを，書き手の文体**特徴量**(feature)と呼ぶ．文章を構成する最小単位は文字・記号であり，複数の文字が結合され単語になり，さらに単語が結合され文節，文，段落，文章となる．このような文章の構成要素が持つ情報を何らかの形で数値化することにより，文章の特徴や書き手の文体特徴量を抽出することが可能である．

書き手の特徴を計量的に分析する最初の研究が発表されてからすでに百数十年が過ぎ，その間に，書き手の文体特徴量については，さまざまな側面から多数提案された．例えば，単語の長さ，文の長さ，単語の使用頻度，品詞の使用頻度，音韻特徴などである．本節では，主な特徴量を紹介する．

1.3.1 単語と文の長さ

モノの計量には，長さ，大きさ，重さなどが最も多く用いられているように，スタイロメトリーでは，単語の長さ，文の長さ，段落の長さ，文章の長さのような計量データが早くから分析に用いられている．そのなかで最も多く用いられているのは，**単語の長さ**(word length)と**文の長さ**(sentence length)である．

単語の長さ

すでに紹介したように1887年に，メンデンホールは三人の作家の作品に用いられた単語が何文字により構成されたかについて調べ，作家によって使用する単語の長さの好みが異なることを示した[22]．その研究を踏まえ，メンデンホールは1901年に，シェイクスピアという人物は実在せず，ベーコンの偽名であるという説の分析に挑んだ[37]．分析にはシェイクスピアの40万語，ベーコンの20万語および他の作家の作品などについて比較分析を行った．論文の中のシェイクスピアとベーコンの単語の折れ線グラフを再現し，**図1.1**に示す．図1.1からシェイクスピアは4文字の単語を最も多く使用し，ベーコンは3文字の単語を最も多く使用していることが分かる．この結果に基づいて，メンデンホールはシェイクスピアとベーコンが同一人物である説を否定した．

しかしながら，1975年になってこの問題の再考を促す研究が発表された[38]．ウィリアムズは，16世紀のイングランドの詩人シドニー(Philip Sidney)の著作を調べ，同一人物の著作であっても散文(prose)と韻文(verse)では，最も多く使われている単語の長さの値が異なる場合があることを示した．そして，シェイクスピアの文章とベーコンの文章とでは最も多く使われている単語の長さが異なることは著者が別人である可能性はあるが，メンデンホールが分析に用いたのはシェイクスピアの散文とベーコンの韻文であったため，文章の形式の差による違いである可能性もありうると指摘している．

単語の長さの特徴量は著者識別や文体分析に広く用いられている．Fucks[39]は音節を単位とした単語の長さのエントロピーが著者によって異なることを示し，Brinegar[40]，Mosteller and Wallace[41]は，単語の長さを特徴量として，文章の書き手の識別を行った．

単語の長さの分布に関する研究は多く発表されている．Frischen[42]はジェ

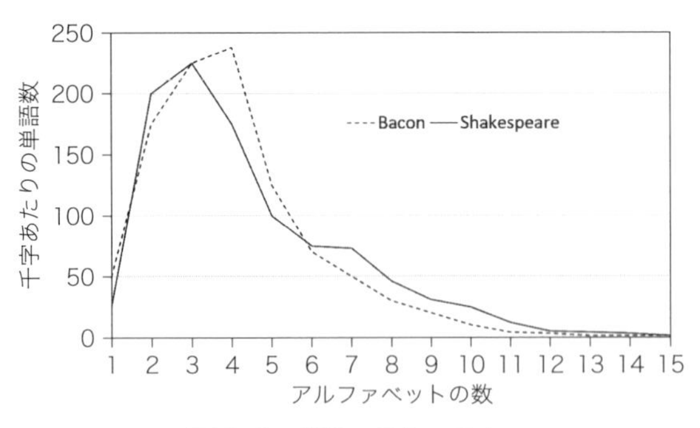

図 1.1 単語の長さの分布.

ーン・オースティン(Jane Austen)の手紙, Best[43]は古代アイスランドの歌や散文, Ziegler[44]はブラジルの新聞におけるポルトガル語, Becker[45]は作家ガブリエラ・ミストラル(Gabriela Mistral)の手紙におけるスペイン語, Riedemann[46]はマスコミで用いられる英語, Zuse[47]は Sir Philip Sidney の近代英語の手紙, Meyer[48]はイヌイット語の物語, Rottmann[49]は音節に基づいたスラブ語, Aoyama and Constable[50]は英語の散文における単語の長さの分布について詳しく調べた. また Constable and Aoyama[51]は散文と韻文の単語の長さの分布の比較研究を行った.

日本語においても, 単語の長さの分布に書き手の特徴が表れることが報告された[52, 53, 54]. 日本語の場合は, 何を単位として長さを計算するかをまず決める必要がある. 例えば「日本語」という単語について, 表記の文字で数えれば「日本語」という 3 文字なので長さは 3, 仮名であれば「にほんご」となり 4, モーラ・音素であれば「nihongo」は 6～7 となる.

文章中に現れる単語のなかには, 記述の内容に大きく依存するものがある. 記述内容に大きく依存する単語が多いと, 同一作家でも作品の内容によって単語の長さの分布が異なってしまう. そのため, 著者識別の問題を扱う場合は, 内容への依存性が高い単語を分析対象から取り除くことが必要である. その際には, 個別の単語単位ではなく, 品詞単位で集計することが考えられる.

一般的に名詞は文章の記述内容に大きく依存する. 品詞ごとに分析をしてみると, 書き手の特徴は他の品詞に比べて動詞の長さの分布に顕著に表れる[53, 54]. 単語の長さを集計する際, 目的に応じて品詞情報を用いることは, 日本語に限らず他の言語にもあてはまると考えられる.

土山[55]は，源氏物語の単語の長さを品詞別に分析し，宇治十帖が二分されるという見解を示した．

文の長さ

文の長さに著者の特徴が現れることを示した論文としては，Sherman[56]が最初だと言われている．Sherman は英語の文章において，著者が異なると文の長さの平均値にも違いが見られることを指摘した．統計学者 Yule[57]は，文の長さの平均値，中央値，四分位数などの基本統計量を用いて，カトリック信者にとって必読書と言われる『キリストにならいて』の著者について分析した．また，Wake[58]は文の長さの平均値などを用いて，プラトンの『第 7 書簡』の偽作説を否定した．1965 年に Morton[59]はギリシャ語で書かれた散文について文の長さの分布を調べ，書かれた作品の年代が隔たっていなければ同一の作家の文の長さの分布は変わらないとの見解を出した．

日本語に関しては，波多野[60]は小説と新聞記事の文の長さについて，安本[61]と佐々木[62]は文の長さの分布の正規性について，樺島[63]は同一文章における文の長さの変化，および文の長さと漢語の使用率との関係について計量分析を行った．

文の長さが書き手の文体特徴量として多く用いられている一因としては，データが収集しやすいことがあげられる．特に日本語のように，単語ごとに分割されていない言語では，文の長さは最も集計しやすい．文の長さの分布が場合によっては，書き手の特徴になりうることについては否定しないが，文の長さの分布は，印欧語，日本語を問わず，有力な書き手の文体特徴量にはならないことが指摘されている[52, 64]．しかしながら，文体の模倣においては，文の長さは似せやすいものである．第 7 章で紹介する夏目漱石の『明暗』と，その続編として水村美苗が書いた『続明暗』の間に最も似ている文体特徴が，文の長さである[9]．

単語の長さや文の長さだけでは，書き手を高い**正解率**(Accuracy)で特定することはできないが，それでも文体の特徴量の一項目として，それらの平均値がしばしば用いられている[24, 65, 66]．

1.3.2 品詞の使用率

品詞(parts of speech; POS)は，単語を文法的な機能などによって分類する際に用いる属性である．古典ギリシャ語の文法研究から始まり，ヨーロッパ諸言語の文法研究を経て，品詞という考え方が世界中のほとんどの言語に適用されるようになった．

品詞の使用率を用いた文章の計量分析に関する早期の研究として，Palme [67]がある．Palme は名詞，形容詞，否定表現の数など 13 の項目について 100 人の作品を統計的に調べ，因子分析法を用いて文章の性格について分析を行った．

安本[68]は『源氏物語』の中の，「宇治十帖」の 10 巻の著者について，文の長さの平均，名詞，助詞，助動詞の 1000 字あたりの使用頻度などの 12 項目を用いて計量分析を試みた．さらに安本[69]は 100 人の現代作家の文章を，文の長さの平均，名詞の使用頻度，比喩の使用頻度など 15 の項目について統計的に調べ，因子分析を用いて文章を性格別に 8 つのグループに分類した．

樺島・寿岳[70]は，100 人の作品を品詞の使用率や文の長さ等を用いて統計分析を行い，100 人の作品の名詞の使用率の平均は 50.6% であったのに対し，井伏鱒二の 4 作品における名詞の使用率の平均は 54.9% であり，井伏は平均的に名詞を多く使用していることを示した．また，井伏の作品のうち名詞の使用率が最も低い作品では値が 50.8% であり，現代作家の平均値に近いのに対し，使用率が最も高い作品では 58.4% であり，名詞の使用率のばらつきが大きいことなどを報告した．

また，樺島[71, 72]は，日常会話，小説会話，哲学書，小説の地の文，自然科学書，和歌，俳句，新聞記事の 8 種類の文章と談話語，戯曲，小説の地の文，新聞社説，新聞記事，新聞見出し，『日本文学大辞典』，和歌，俳句の 9 種類の文章の品詞の使用率について調査分析を行った．自立語の品詞を機能によって 4 つのグループ(名詞，動詞，形容詞類，接続詞類)に分け，名詞を説明変数とした回帰式，いわゆる樺島法則を提案した．

Antosch[73]は，動詞，形容詞の比率について調査分析を行い，文章のジャンルによってその比率は異なり，動詞，形容詞の比率が民話では高く，科学関連の文章では低いということを示した．

村上・伊藤[74]は品詞の使用率，品詞の接続に関する情報などを用いて日蓮遺文の計量分析を行った．品詞の接続関係の特徴量の抽出に関しては後述の「*n*-gram の特徴量」で説明する．

1.3.3 識別語と機能語

識別語(Discriminatory Words)とは，ある著者の文章から選び出した，その著者の特徴となる単語である．Mosteller and Wallace[75]は連邦主義者の一連の論説(The Federalist Papers)のうち，著者が明確な文章から選び出した upon, although, commonly, enough, while, as, at, by, of, on, would などを識別語として，それまで著者について論争のあった文章について，判別分析を用いて著者判別を行った．

また，Holmes and Forsyth[76]は，ハミルトン(Hamilton)による 23 篇の文章，マディソン(Madison)による 25 篇の文章を用いて分析を行い，ハミルトンは upon, there, while, vigor, would などを，マディソンは whilst, on, by, consequently, voice などをより多く使用していることを明らかにした．

韮沢[77]は，「にて」「へ」「して」「ど」「ばかり」「しも」「のみ」「ころ」「なむ」「じ」「ざる」「つ」「む」「あるは」「されど」「しかれども」「いと」「いかに」などの単語の使用率を用いて『由良物語』の著者識別を行った．

識別語は，書き手の間で差異が明確な語である．識別語の抽出方法は，2 群の場合は比率検定統計量やカイ二乗統計量，3 群以上の場合はカイ二乗統計量や**ランダムフォレスト法**(random forest; RF)のような機械学習法など多数ある．詳しくは，本シリーズの第 1 巻の第 12 章を参照されたい．

機能語(Function Words)とは，作品の主題と密接な関係がなく，文法的な機能や役割を有する語であり，前置詞，接続詞，助動詞，冠詞などを指す．Ellegård[78, 79]は，機能語を用いて "*Junius Letters*"(1769 年から 1772 年にかけてロンドンの新聞に掲載された政治記事)の著者の推定を行い，Burrows[80]は，機能語 the, and, of や代名詞 I, you など 30 語を用いて，ジェーン・オースティンの作品全集における主要登場人物 48 人の文体特徴を分析した．Tweedie ら[81, 82]はニューラルネットワークの入力変数として機能語 an, any, can, do, every, from, his, may, on, there, up などを用い，著者の識別を行った．

日本語の助詞および助動詞などは，機能語に相当する．日本語の現代小説の単語を品詞ごとに分類すると，助詞の使用率が比較的高く，全体の約 35〜40

%を占める．助詞のなかで通常頻繁に使われているのは約20種類前後であり，また助詞は名詞とは違って，テキストの内容への依存度が低い．

金[83, 84, 85, 86]はこのような助詞の特徴に着目し，著者識別について実証的計量分析を行った．その結果，各助詞の使用率には書き手の特徴が明確に表れることが明らかになった．助詞は使用率が高いため，日記のように文字数が少ない文章の場合でも有効である．

村上・今西[87]は，『源氏物語』に用いられている26個の助動詞の使用率を統計的に分析し，『源氏物語』54巻の成立順序の分析を行った．

また，村田[88]は，7ジャンルの文章(経済学教科書，経済学論文，工学論文，物理学論文，文学論文，新聞社説，文学作品)における接続語句，助詞相当句について計量分析し，ジャンルによって使用傾向が異なることを示した．

ちなみに，中国語における虚字は機能語と考えてもよい．Li[89]は，虚字(之，其，了，的など47個)を用いて中国の長編口語小説『紅楼夢』の成立過程について計量的分析を行った．

1.3.4 語彙の豊富さ

一般的に言えば，文章中に異なる言葉が多く用いられていると書き手の語彙量が豊富であり，表現が多様であると考えられる．よって文章中に使用された異なり語数の多さに関する計量的な指標もまた著者の特徴を示す．

語彙の豊富さの指標

テキストを分析する際に，用いられた**語彙の豊富さ**(Vocaburary Richness)が議論の対象になる場合がある．テキストの中に用いられた総単語数を「**延べ語数**(number of token)」，単語の種類の数を「**異なり語数**(number of type)」と呼ぶ．語彙の豊富さを示す最も簡単な指標は，延べ語数Nに対する異なり語数Vの比率

$$\text{(type-token ratio)}\quad TTR = \frac{V}{N}$$

である．これを**タイプ・トークン比**と呼ぶ．

しかし，TTRはテキストの長さに強く依存するという欠点があるため，いろいろな工夫が行われた指標が提案されている．例えば，

Guiraud[90]の

$$R = \frac{V}{\sqrt{N}} ,$$

Herdan[91]の

$$C = \frac{\log V}{\log N} ,$$

Maas[92]の

$$a^2 = \frac{\log N - \log V}{\log^2 N} ,$$

Tuldava[93]の

$$LN = \frac{1 - V^2}{V^2 \log N} ,$$

Dugast[94, 95]の

$$k = \frac{\log V}{\log(\log N)}$$

などがある．これらの語彙の豊富さを示す指標では，延べ語数と異なり語数のみを用いているが，各単語が用いられている回数を用いた指標も提案されている．

ユール(Yule)は，***K* 特性値**(Characteristic *K*)という語彙の豊富さを示す指標を提案した[96]．説明の便宜上，語数が N であるテキストの中で，m 回使用された語数を $V(m, N)$ で示す．ユールの K 特性値は下記の式で定義される．

$$K = 10^4 \frac{\sum_{all\, m} m^2 V(m, N) - N}{N^2}$$

ユールの K 特性値は，値が小さいほど，語彙が豊富であることを示す指標である．ユールの K 特性値の他に，類似の指標として，
Simpson[97]の

$$D = \sum_{all\, m} V(m, N) \frac{m}{N} \frac{m-1}{N-1} ,$$

Sichel[98, 99]の

$$S = \frac{V(2, N)}{V(N)} ,$$

Honoré[100]の

$$H = 100\frac{\log N}{1-\dfrac{V(1,N)}{V(N)}}$$

などがある.

これらの指標は，いずれも文章の量が少ない場合には安定しないか，または文章の長さに依存する(詳細はBaayen[101]を参照されたい). そこで，テキストの長さやデータ構造が個別の指標に与える影響をできるだけ軽減するため，複数の指標を同時に用いることもある[102, 103].

異なり語数の使用頻度を用いる研究として，Efron and Thisted[104]がある. EfronとThistedは，生態学の研究に用いられている目に見えない種の数を推定する方法を利用することで，シェイクスピアが用いた異なり語数の出現頻度に基づき，シェイクスピアが知ってはいたが現存の作品には使用しなかった単語の数を推定する統計モデルを構築した. 1985年にシェイクスピアの作品と思われる詩が発見された. ThistedとEfronは上記の理論をさらに発展させ，新しく発見された詩について統計的検定を行い，その詩はシェイクスピアによるものと考えてよいとする見解を示した[105].

1.3.5 *n*-gramの特徴量

***n*-gram**は，文字，音素，単語などを単位とし，隣接しているn個を1つの組としたものである. 例えば，文字を単位とした場合，例文「この店の主人を見知っている.」について$n=1, 2, 3$とすると，次のように斜線で区切られる. *n*-gramの集計データは，区切られた塊のパターンをカウントする.

$n=1$(**unigram**)　こ/の/店/の/主/人/を/見/知/っ/て/い/る/.

$n=2$(**bigram**)　この/の店/店の/の主/主人/人を/を見/見知/知っ/って/てい/いる/る./

$n=3$(**trigram**)　この店/の店の/店の主/の主人/主人を/人を見/を見知/見知っ/知って/ってい/ている/いる./

n-gramは記号の連鎖における規則を求める統計モデルとして，自然言語の機械処理に広く用いられている[106]. *n*-gramの特徴量を用いた著者推定に関する早期の研究として，Fucks[107]があげられる. Fucksは隣接している要素

の pairs, triplets, …, *n*-tuplets データの抽出法を提案し，pairs のデータを用いて著者の推定を試みた．なお，pairs は bigram, triplets は trigram, *n*-tuplets は *n*-gram に対応する．また Kjell[108]は文字の bigram を用いて，Hoorn ら[109]は文字の trigram を用いて著者識別を行った．日本語においては，松浦・金田[110]は文字の *n*-gram が著者推定に有効であることを示した．

n-gram の単位を何にするかは分析者が決める．単位としては文字，音素，音節，単語または**形態素**，品詞，文節などが考えられる．なお，*n*-gram には，研究目的と直接関連がない項目が多く含まれることに注意が必要である．

金[85]は日本語の助詞 *n*-gram，金[111, 112]は日本語の品詞の *n*-gram，金[113]と Jin and Jiang[114]は中国における文字と記号の *n*-gram, Jin and Huh[115]は韓国語における文字・記号，語節，形態素，形態素タグの *n*-gram(n = 1, 2, 3)などを用いて書き手の識別を行い，その有効性を示した．

文字，音声，単語(または形態素)，品詞(または形態素のタグ)などを単位とした *n*-gram は，言語やテキストの長短を問わずに，広く使用されている[23, 24, 26]．n をいくつにするべきかに関しては言語とタスクによって異なる．

短いテキストの書き手を識別する研究としては，20 人の大学生の携帯メールの文面情報のみで，メールの書き手を識別する報告がある[116, 117]．これらの研究では，文字の bigram と絵文字・顔文字を特徴量として，***k* 近傍法**(*k*-nearest neighbor; ***k*-NN**)，RF，**サポートベクターマシン**(support vector machine; **SVM**)などの分類方法を用いて書き手の識別を行った．これらの方法に関しては第 1 巻を参照されたい．ちなみに，3 つの方法のうち，RF の F 値の平均が 0.9161 と最も高かった．

1.3.6　その他の特徴量

漢字・仮名の比率

日本語を構成する基本要素である文字には主に漢字と仮名の 2 種類の表記があるため，場合によっては，文章における漢字の割合も文体の特徴となる．一般的に，書き手の漢文の素養が高ければ漢字を多く使用すると言われている．

しかし，同一の書き手による異なる作品間での漢字の使用率は必ずしも同じであるとは限らない．例えば，井上靖の『結婚記念日』,『石庭』,『死と恋と波と』,『帽子』,『魔法壜』,『滝へ降りる道』,『晩夏』での漢字の使用率はそれぞれ約32%,31%,32%,29%,28%,29%,31% であり,30% 前後でゆれているが,『楼蘭』での漢字の使用率は約42% にものぼり,通常より10ポイントも多く使用されている.これは『楼蘭』が中国を題材としたためであると考えられる.ちなみに,20世紀90年代の大学卒の社会人が書いた日記における漢字の使用率は25% 前後で,30% を超える人は少ない[118].

記号に関する特徴量

文章は文字と記号の集合体である.日本語においては記号のなかで最も多く用いられているのは読点である.読点は,語句の切れ・続きを明らかにするために文の中の意味の切れ目につける符号である.並立する語句の間に打つ読点は,個々の語句が独立していることを示すという機能があるため,書き手によって大きく異なることはない.その一方,下記の例で用いられる読点は,その直前の文節(「私は」)が直後の文節(「数人の作家の文章を」)に係らず,さらに後ろの文節(「次に述べる方法で分析した」)に係っていくことを示すものであり,書き手によって用い方が異なる場合がある.

私は,数人の作家の文章を,次に述べる方法で分析した.

このような読点の打ち方は,並立する語句の間に打つ読点以外は,はっきりとした規則がなく,どこを意味の切れ目にするかは書き手によって異なると考えられる.例えば,助詞「は」の後ろに必ず読点を打つ人もいれば,場合によって打ったり打たなかったりする人もいる.これは読点の打ち方に明確な基準がないからである.明確な基準がないからこそ書き手の特徴が出やすいと言えるだろう.日本語の読点の打ち方に明確な基準がないことに注目し,読点の打ち方について計量分析が多数報告されている[52, 119, 120, 121, 122, 123].

文章中の読点から書き手の文体特徴量を抽出する方法としては,読点をどの文字の後に打つか,読点を打つ間隔,読点をどの品詞の後に打つかといった点に着目することが考えられる.読点をどの文字の後に打つかに関するデータは,読点の前の1文字だけ集計すればよいので,簡単に計量分析を試みることができるという利点がある.

表 1.1 階層的クラスター分析のワード法を用いた F 値. [114]

	記号前の文字			bigram		
	ED	*CosD*	*JSD*	*ED*	*CosD*	*JSD*
2 著者	0.8487	0.8939	0.9861	0.7168	0.8745	0.9795
3 著者	0.6977	0.7998	0.9676	0.5512	0.7842	0.9453
4 著者	0.6477	0.6724	0.9617	0.3350	0.7373	0.9578
5 著者	0.7384	0.6172	0.9609	0.4476	0.6744	0.9491

このように，読点の打ち方には書き手の特徴が明確に表れるので，文学作品に限らず，論文スタイルの文章の書き手の識別にも有効である．ただし，これまでの研究では，文章の中に読点が少なくとも数十回現れることを前提としている．したがって，日記のような短い文章の書き手の識別には有効とは言い難い．また，読点の打ち方に関しては，書き手以外の人が手を入れやすいことや同じ書き手であっても経年的に変化するケースもある[36]．読点を打つ間隔は，文章のリズムに関する特徴量にもなる．

読点をどの文字の後に使用するかに関する特徴量は，文字・記号の bigram の一部分である．

Jin and Jiang[114]は中国語において記号がどの文字の後に使用されているかに関する特徴量と文字・記号の bigram の特徴量を比較分析した．比較に用いた文章は，5 人の作家のそれぞれ 40 篇の小説であり，最も短い文章は 943 文字・記号である．記号がどの文字の後につけられているかに関して集計したデータの次元(項目)数は 640 であり，そのなかにセミコロンに関しては 14 項目，コロンに関しては 15 項目，読点に関しては 381 項目，句点に関しては 159 項目，疑問符に関しては 48 項目，感嘆符に関しては 23 項目である．文字・記号の bigram データの次元は 4337 である．文字・記号の bigram は文字と記号の組み合わせであり，文字と文字，記号と記号の組み合わせや，記号の後に文字が来る場合を含み，その次元数は，文字の後に記号が来ている bigram の次元数の約 6.8 倍である．変数選択を行わずクラスター分析(詳しくは第 1 巻の第 8 章，または本巻の第 5 章を参照)による著者識別を行った結果を**表 1.1** と**表 1.2** に示す．表から分かるように，文字 bigram の正解率が低い結果になった．これは，文字・記号の bigram には，内容に依存する項目が多く含まれていることが原因として考えられる．*ED*, *CosD*, *JSD* は 1.4.3 項で説明する．

表 1.2 *k*-平均法を用いた *F* 値. [114]

	記号前の文字			bigram		
	ED	*CosD*	*JSD*	*ED*	*CosD*	*JSD*
2 著者	0.8140	0.8416	0.9684	0.7118	0.8390	0.9543
3 著者	0.6347	0.7443	0.9589	0.5582	0.7153	0.9148
4 著者	0.6359	0.6455	0.7996	0.4847	0.6260	0.7420
5 著者	0.6211	0.6345	0.6634	0.4340	0.5866	0.5710

文節パターン特徴量

日本語における文節は構文分析の 1 つの単位であり，そのほとんどは複数の形態素によって構成されている．構文情報を用いた書き手の特徴に関する研究はあまり行われていない．金[124]は，文節をパターン化することによって書き手を識別する特徴量の抽出方法を提案し，その有効性を示した．

文節パターンとは，文を文節単位で切り分け，文章の内容に依存する要素を抽象化し，書き手の特徴となる要素を活かしてモデル化したものである．例文「本稿では，計量文体学について述べる。」を係り受け解析器 **CaboCha** で文節ごとに切り分けると次のようになる．

```
* 0 2D 0/2 -2.107510
本稿	名詞,一般,*,*,*,*,本稿,ホンコウ,ホンコー
で	助詞,格助詞,一般,*,*,*,で,デ,デ
は	助詞,係助詞,*,*,*,*,は,ハ,ワ
,	記号,読点,*,*,*,*,,,,,,
* 1 2D 2/3 -2.107510
計量	名詞,サ変接続,*,*,*,*,計量,ケイリョウ,ケイリョー
文体	名詞,一般,*,*,*,*,文体,ブンタイ,ブンタイ
学	名詞,接尾,一般,*,*,*,学,ガク,ガク
について	助詞,格助詞,連語,*,*,*,について,ニツイテ,ニツイテ
* 2 -1D 0/0 0.000000
述べる	動詞,自立,*,*,一段,基本形,述べる,ノベル,ノベル
。	記号,句点,*,*,*,*,。,。,。
```

行頭の記号「＊」で囲まれた部分が 1 つの文節である．1 番目の文節の「本稿では,」は論文などの原稿を指すことが分かる．この文節から内容に関する要素を抽象化する方法としては,「名詞_で_は_,」「名詞_助詞_助詞_記号」のようにパターン化することが考えられる．このように文節をパターン化したものを文節のパターンと呼ぶ．このような特徴量も文体分析，著者識別などに有

効であることが実証された．文節のパターンのアイディアは，韓国語の語節パターンにも拡張することができることが報告された[125].

これら以外にも，音韻の特徴[107]，文頭・文末のパターン[126, 127]，段落の長さ，会話の比率，色彩語や比喩語の比率なども書き手を識別する特徴量として用いられている[23, 24, 26, 63, 65, 128, 129].

文中の文法や語句の誤り，個別単語の表記の方法(漢字，片仮名，平仮名)などに関する情報も書き手を識別する情報のひとつになる場合もある．印欧語に関しては実証的な研究がある[24, 130]が，日本語においては実証研究がまだ見当たらない.

さまざまの特徴量のうち，どの特徴量を用いるべきかに関しては，一概には言えないため，複数の特徴量を用いた統合的分析を行うことを勧める[112, 131].

1.4　特徴量の分析方法

1.4.1　記述統計と推測統計

19 世紀後半から 20 世紀の 30 年代前後までは，スタイロメトリーは初期の段階にあたり，収集したデータの平均値，最頻値(最も多く出現する値)，四分位範囲などの**基本統計量**を用いて分析する研究がほとんどであった.

例えば，メンデンホールは，シェイクスピアは 4 文字の単語を最も多く使用しているが(最頻値が 4)，ベーコンは 3 文字の単語を最も多く使用している(最頻値 3)ことを示し，両者の文体は異なると主張した[37]．また，ユールは，4 人の作家の作品に関して，文の長さの平均値，中央値，四分位数のような**記述統計量**(descriptive statistics value)を算出し，作家によって文の長さが異なるという分析結果を示した[57].

1.4.2　推測統計による分析

20 世紀の 50 年代前後からは，**推測統計**(inferential statistic)の手法が用いられるようになった．安本[68, 69]は『源氏物語』の「宇治十帖」と呼ばれる 10 巻が，その前の 44 巻と同様に紫式部によって書かれたかどうかについて，各巻の和歌，直喩，声喩，色彩語，名詞，用言，助詞，動詞，助動詞の使用頻度など12項目に分けたデータについてマン・ホイットニーの U 検定，カイ二乗検定法を用いて分析を行った．また，Brinegar[40]，Smith[64]は単語の長さ，Morton[59]，Sichel[132]は文の長さのデータについてカイ二乗統計量を用いて著者の推定を行った．

1.4.3　多変量データ解析法による分析

コンピュータの進化と統計ソフトウェアの普及により多変量データ解析の手法は，今日の文体分析，著者の推定の主な方法となっている．

多変量データ解析手法による著者の識別を行った早期の研究として Cox and Brandwood[126]，Mosteller and Wallace[41]が知られている．Cox と Brandwood は，文末の5つの音節に関する32パターンのデータの尤度比に基づいた判別分析を行い，Mosteller と Wallace は著者の特徴が表れると考えられる20個の単語を用いて，ベイズの定理に基づいた判別分析方法で著者の推定を行った．韮沢[77]は，1.3.3項で紹介した識別語を用いて，江戸時代に書かれた『由良物語』について，著者の判別分析を行った．

一方，心理学者による文章の性格分析には，**因子分析**(factor analysis)が多く用いられている．1949年に Palme は100人の作品を，13項目(名詞，形容詞，否定表現の数など)に関する集計したデータの因子分析の結果を用いて3つの文章性格に分けた．安本[69]は，日本の現代作家100人の文章について15項目(文の長さ，名詞の使用頻度，比喩の使用頻度など)のデータを調査し，因子分析で100人の作家の文章を8つのグループに分類した．

主成分分析，因子分析，対応分析，多次元尺度法，階層的クラスター分析などの多変量データ解析の手法を用いた著者識別や文体分析の事例は枚挙にいとまがない．これらの方法の詳細に関しては第1巻，または関連の書籍を参照されたい．多次元尺度法や階層的クラスター分析は，用いる距離の計算方法に大きく依存する．多くの研究ではユークリッド距離が用いられているが，別の距離を用いると結果が大きく変わることもある．Jin and Huh[115]では，いくつかの距離についてその有効性の比較分析を行った．用いたのは韓国語コーパスから抽出した文字の n-gram や形態素のタグの n-gram などである．その結果，対称的カイ二乗値と ***JSD***(Jensen-Shannon divergence)を用いた**正解率**が最も高く，ユークリッド距離を大きく上回った．

テキスト i から抽出した特徴量を $\boldsymbol{x}_i=\{x_{i1}, x_{i2}, \cdots, x_{ij}, \cdots, x_{im}\}$ とし，著者 k の特徴量の中心を $\boldsymbol{c}_k=\{c_{k1}, c_{k2}, \cdots, c_{kj}, \cdots, c_{km}\}$ とした場合，テキスト i から著者 k の中心までの距離を $d(\boldsymbol{x}_i, \boldsymbol{c}_k)$ とする．距離法を用いて著者推定を行う場合には，比較対象の著者の中心までの距離のなか，最も小さい $argmin_k d(\boldsymbol{x}_i, \boldsymbol{c}_k)$ グループ k の著者に属すると判断する．比較に用いたのは次に示す**ユークリッド距離**(Euclidean distance) ED，**コサイン距離**(cosine distance) $CosD$，**カイ二乗値**(chi-square statistic) Chi，**対称的カイ二乗値**(chi-square measures) $SChi$，JSD である．

$$ED(\boldsymbol{x}_i, \boldsymbol{c}_k) = \sqrt{\sum_j (x_{ij}-c_{kj})^2}$$

$$CosD(\boldsymbol{x}_i, \boldsymbol{c}_k) = 1-\frac{\sum_j (x_{ij}c_{kj})}{\sqrt{\sum_j x_{ij}^2 \sum_j c_{kj}^2}}$$

$$Chi(\boldsymbol{x}_i, \boldsymbol{c}_k) = \sum_j \frac{(x_{ij}-c_{kj})^2}{c_{kj}}$$

$$SChi(\boldsymbol{x}_i, \boldsymbol{c}_k) - \sqrt{\sum_j \frac{(x_{ij}-c_{kj})^2}{x_{ij}+c_{kj}}}$$

$$JSD(\boldsymbol{x}_i, \boldsymbol{c}_k) = \frac{1}{2}\sum_j \left(x_{ij}\log\frac{2x_{ij}}{x_{ij}+c_{kj}}+c_{kj}\log\frac{2c_{kj}}{x_{ij}+c_{kj}}\right)$$

コーパス A は，朝鮮日報に掲載された 4 人のコラムへの投稿文であり，それぞれ 40 篇である．韓国語は日本語とは異なり語節単位で分かち書きされている．語節は，日本語の文節に似ている．上記の 5 種類の方法を用いた著者判別の結果の F 値(第 5 章を参照)を 5.5.1 項に示す．F 値とは再現率と適合率を折衷した指標である．用いたデータは相対頻度である．表の中の非主体語とは，主な内容語(名詞)を取り除いたものである．コーパス A の結果を**表 1.3** に示す．F 値の平均値が最も高いのは対称的カイ二乗値であり，その次が JSD である．

判別に用いた方法の間に有意な差があるかを見るため，t 検定の p 値を**表 1.4** に示す．対称的カイ二乗値と JSD の差はわずかであり，有意水準 0.05 では両者の間には有意の差が認められないが，これらの両方法とその他の方法の間には有意の差が認められる．

コーパス B は Web 上のブログであり，コーパス A と同じく 4 人のブロガーによるそれぞれ 40 篇からなる．5 種類の方法を用いた著者判別の結果の F 値

表 1.3　コーパス A の F 値×100. [115]

		ED	*CosD*	*Chi*	*SChi*	*JSD*
文字記号	unigram	0.8801	0.8743	0.8678	0.9062	0.8941
	bigram	0.5561	0.8619	0.8751	0.9316	0.9316
	trigram	0.4836	0.7739	0.7794	0.9121	0.9121
語節	unigram	0.4703	0.8043	0.8263	0.8799	0.8690
形態素タグ	unigram	0.8826	0.8704	0.8937	0.9135	0.9074
	bigram	0.8618	0.8690	0.9130	0.9505	0.9386
	trigram	0.8125	0.8367	0.9267	0.9521	0.9454
形態素	unigram	0.7822	0.8565	0.9062	0.9258	0.9141
	bigram	0.5302	0.8068	0.8572	0.9503	0.9503
	trigram	0.4478	0.6585	0.6930	0.8439	0.8641
非主体語形態素	unigram	0.8946	0.9009	0.9251	0.9690	0.9566
	bigram	0.6666	0.8127	0.9066	0.9469	0.9580
	trigram	0.4698	0.6915	0.7707	0.9142	0.9064

表 1.4　コーパス A の F 値に対する t 検定の p 値. [115]

	ED	*CosD*	*ChiD*	*SChi*
CosD	0.0182			
ChiD	0.0040	0.1653		
SChi	0.0003	0.0002	0.0078	
JSD	0.0004	0.0002	0.0106	0.7737

を**表 1.5** に示す.

用いた方法の間の t 検定の結果を**表 1.6** に示す. 表 1.6 から分かるように, F 値の平均では *JSD* が *SChi* よりやや高いが, 両者の間には有意の差が認められない. これらの両方法は, 有意水準 0.01 では, その他の方法との間には有意の差が認められる. このような傾向は, コーパスや言語とは関係ないと考えている.

なお, 上述した分析では *JSD* を用いたが, 次に示す *JSD* の平方根 ***RJSD*** (root of the *JSD*) を用いたほうがよいとの主張もある.

$$RJSD(\boldsymbol{x}_i, \boldsymbol{c}_k) = \sqrt{\frac{1}{2}\sum_j \left(x_{ij}\log\frac{2x_{ij}}{x_{ij}+c_{kj}} + c_{kj}\log\frac{2c_{kj}}{x_{ij}+c_{kj}}\right)}$$

表 1.5　コーパス B の F 値．[115]

		ED	*CosD*	*Chis*	*SChi*	*JSD*
文字記号	unigram	0.9383	0.9383	0.9568	0.9938	1
	bigram	0.8958	0.8958	0.9108	0.9877	0.9877
	trigram	0.8609	0.8609	0.8815	0.9124	0.9246
語節	unigram	0.9122	0.9122	0.9381	0.9462	0.9247
形態素タグ	unigram	0.8704	0.8704	0.8937	0.9135	0.9074
	bigram	0.8831	0.8831	0.9129	0.9403	0.9291
	trigram	0.8581	0.8581	0.9079	0.9463	0.9459
形態素	unigram	0.8998	0.8998	0.9588	0.9816	0.9816
	bigram	0.8237	0.8237	0.8715	0.9189	0.9253
	trigram	0.7072	0.7072	0.7712	0.8576	0.8676
非主体語形態素	unigram	0.9198	0.9198	0.9632	0.9697	0.9697
	bigram	0.8202	0.8202	0.8887	0.9462	0.9518
	trigram	0.7001	0.7001	0.7757	0.8862	0.8916

表 1.6　コーパス B の F 値に対する t 検定の p 値．[115]

	ED	*CosD*	*Chi*	*SChi*
CosD	0.0137			
ChiD	0.0024	0.1348		
SChiD	0.0004	0.0019	0.0438	
JSD	0.0004	0.0017	0.0399	0.9742

1.4.4　学習データを用いた機械学習による分析

機械学習の方法は，**教師なしの方法**(unsupervised method)と**教師ありの方法**(supervised method)に大別される．主成分分析，対応分析，因子分析，クラスター分析などは教師なしの方法である．

教師ありの方法としては，従来の線形判別や古典的ベイズ判別分析を含む多くの**分類器**(classifiers)が提案されている．Manuel ら[133]は，179 種類の分類器についてベンチマーク UCI データセットを用いて性能の比較分析を行った．その結果，**正解率**が最も高いのは RF，SVM，**ブースティング**(boosting)，**ニューラルネットワーク**(neural networks; NNet)であることを示した．これらの方法の詳細については，第 1 巻を参照されたい．

Manuel らのテストに用いたデータセットとテキスト由来の特徴量のデータセットとの大きな違いはデータの次元数である．テキストから集計したデータの特徴のひとつは高次元であることで，次元数が数千に上るケースは珍しくなく，かつ，ノイズが比較的に多い．例えば，テキストのなかからすべての語彙(あるいは形態素)を集計して用いることを考えよう．書き手の同定を行う際には，固有名詞のような文章の内容に依存する語彙は，書き手の特徴にならないノイズである．特徴量のデータを集計する段階でこのようなノイズを取り除くのが非常に重要であるが，完全に取り除くのは難しい．詳しくは第1巻の第12章を参照してほしい．

テキスト分類の研究ではSVMが最も広く用いられている[24]．しかし，特徴選択などの事前処理を行わず，ノイズが多く含まれている場合は，RFがSVMより正解率が高い場合が多い[112, 124, 134]．ブースティング法は，計算が遅いが正解率は比較的に高い．ニューラルネットワークは，前世紀90年代から著者推定に用いられている[81, 82, 135, 136, 137, 138, 139]．近年深層学習法を用いた結果も多数報告されている．これらに関しては第1巻の第10章を参照してほしい．

これまで述べてきたように，著者識別やテキスト分類のための多くの方法が提案されている．しかし，その汎用性などに関しては，実証研究を重ねる必要がある[23]．詳しくは第1巻を参照してほしい．

近年，深層学習を含む機械学習の新しい方法は続々開発されている．最新研究成果を追跡し，時代の発展に合わせてテキストアナリティクスを進化させることが必要である．

第 2 章　古典文学の数理的研究と実例

長い時を超えて伝えられてきた文学作品のなかには真贋の疑いのある作品や執筆者が不明の作品，執筆年不明の作品が現存している．テキストを対象とした学問分野のひとつに計量文献学があり，DNA や指紋が人によって異なるように，文章の書き方にも作者による「特徴，クセ」がある．これまでの研究手法とは異なった観点からの検討がこれらの課題を解決する手がかりとなる可能性がある．

本章では日本の古典における数量的研究を中心に，問題の所在，数理的手法を用いた先行研究，公開されているテキスト資料，形態素解析，テキストマイニングのための分析用ツールについて紹介する．さらに実際にデータを用いて，江戸時代前期の浮世草子作者である井原西鶴(1642～1693)の遺稿集における著者への疑問に数理的分析を活用した研究例を示す．

2.1　問題の所在

日本の古典文学の数的研究と実例を中心に本章では取り上げる[1, 4, 5]．

古典とは長い年月の間伝えられてきた，文化価値の高い作品のことである．文学作品，歴史書，宗教書などが作成され，現代まで伝えられてきた．これらのなかには，真贋の疑いのある作品や執筆者が不明の作品，執筆年不明の作品が含まれており，記述内容の調査，筆跡鑑定，画像解析や資材の科学的な分析等の観点から研究が進められてきた．しかし，従来の検討方法だけでは解決できず疑問が残されている作品もあり，これまでの研究手法とは異なった観点からの検討が上記の課題を解決する手がかりとなる．

テキストを対象とした学問分野のひとつに計量文献学があり，単語の使用率，品詞の構成比，文長・単語長の平均値や分布，語彙量等の文章の数量的性質に注目し，その統計分析によって，文献の著者の推定，真贋判定，成立年の推定，成立順序の推定等の解明を試みられてきた[140]．計量文体学やテキストマイニングとも呼ばれる．

DNA や指紋が人によって異なるように，文章にも書き手による特徴がある．フランスの博物学者であるビュフォン(1707～1788)は，1753 年のアカデミー・フランセーズの入会演説で『文体論』について論じるなかで，“Le style est I’homme même(文体は人間そのものである)．”と述べた[141]．この一句は，現在は「文は人なり」という格言となっており，文章には書いた人の人となりが隠しようもなく表れるということを指摘している．

日本においても，哲学者の梅原[142]

> 文体は思想の表現である．m なる文体を A の人が使うことは，その人間の内的思想が m なる文体によって表されることを意味している．したがって，文体を統計的手法によって研究することにより，その文章 m の著者，およびそのできた年代をほぼ決定することができる．(334 頁)

や国語学者の波多野[143]

> 作家が如何なる表現手段を多く使用するかわからないとき，我々は統計を使用するものである．作家は多く反無意識に自己の言語を駆使している．従って，どんな言語手段によって自分がある表現価値を創造し得たかは作家に聞いてもわからない場合がある．このようなときに手掛かりになるものが統計的調査なのである．(369 頁)

のように，文章の統計分析の重要性，有用性が指摘されている．次に，数理的手法を用いた研究例について，初期の研究を中心に紹介する．

2.2　数理的手法を用いた研究

著者の特徴を数量的観点から探り，作者に疑問のある作品の執筆者帰属を明らかにするという試みがなされてきた．西暦 500～1000 年頃，パレスチナの地において『旧約聖書』の研究に従事していたマソラ学者達がヘブライ語の『旧約聖書』における索引作りの仕事の一部として，聖書各巻の文字数，語数，宗教的な語の出現頻度などを調べていたとの紹介[144]がある．

文章の数量的な特徴に着目し，統計的手法を用いた本格的な研究が欧米で始まったのは 19 世紀である．文章の数量的な特徴に着目した初期の試みとしては，1851 年に数学者のド・モルガン(1806〜1871)があげられ，新約聖書の「ヘブライ人への手紙」が聖パウロの書いたものであるのかを判定するために聖パウロの手紙とヘブライ人への手紙に用いられている単語の長さの平均値を比較検討することを提案し，単語の長さの平均値を分析することで偽物の著作を見破ることができると述べた[145]．この発想に刺激を受けたメンデンホール(1841〜1924)は，1887 年に単語の長さの分布に関して検討した結果を発表し，1901 年に，この手法をウィリアム・シェイクスピア(1564〜1616)作品の著者の検討に適用した[22, 37]．シェイクスピアの戯曲には，ストラトフォード生まれのシェイクスピアか，それとも別人がシェイクスピアの名を借りて作品を作成したのかという疑問が提起されている．メンデンホールはシェイクスピア作とされる戯曲が哲学者のフランシス・ベーコン(1561〜1626)の著作ではないかという説について，シェイクスピアの 40 万語とベーコンの 20 万語の単語の長さの分布を集計した．その結果，両者の単語の長さの分布は異なり，シェイクスピアが 4 文字の単語を過剰に使用するという特徴は，ベーコンの作品には見られなかった．また，シェイクスピア別人説の他の候補である劇作家のクリストファー・マーロウ(1564〜1593)の単語の長さについても数え，シェイクスピアとマーロウの単語の長さの分布を比較すると，同様の傾向を示していると述べた．

『ザ・フェデラリスト(the Federalist papers)』は，1787〜1788 年にニューヨークの新聞でアレクサンダー・ハミルトン(1755〜1804，初代アメリカ合衆国財務長官)，ジョン・ジェイ(1745〜1829，初代連邦最高裁判所長官)，ジェイムズ・マディソン(1751〜1836，第 4 代アメリカ合衆国大統領)の 3 人がニューヨーク州の市民にアメリカ合衆国憲法の批准を説得するために匿名で発表した 77 篇の論説(のちに 8 篇追加して書籍として刊行された)である．77 篇の論説のうち，ジェイの 5 篇，ハミルトンの 43 篇，マディソンの 14 篇，ハミルトンとマディソンの共著の 3 篇は著者が明らかであったが，ハミルトンとマディソンのどちらが書いたのか不明のものが12篇あった．この問題に対し，モステラーとウォーレス[41]は，この12篇に機能語と文章の内容に影響を受けにくい単語の使用率を用いて，判別関数を用いた分析とベイズ法に基づく分析を行い，論議されている12篇の論文はハミルトンではなくマディソンがすべて書いたとした．さらに，ハミルトンとマディソンの共著の3篇の貢献度についても，2篇は主にマディソンの著作であると結論づけた．

次に日本語を対象とした研究に着目する．日本語の文献に関する数量的研究が行われるようになったのは20世紀であり，初期の研究として波多野の『文章心理学』があげられる[143]．波多野は谷崎潤一郎(1886〜1965)と志賀直哉(1883〜1971)の文章を文の長さ，句読点，品詞の頻度等を項目ごとに比較検討し，志賀の文章を体言型の文章，谷崎の文章を用言型の文章であるとした．

大野[146]は『万葉集』，『土佐日記』，『竹取物語』，『枕草子』，『源氏物語』，『紫式部日記』，『讃岐典侍日記』，『方丈記』，『徒然草』の9作品を調査し，動詞，形容詞，形容動詞の構成比が名詞の構成比の大小と逆順で並ぶ傾向があることを示し，水谷[147]はこの大野の語彙法則を定式化した．

日本語のテキストの著者問題に統計分析を試みた研究の嚆矢としては，安本[148]の『源氏物語』の「宇治十帖」に関する研究が知られる．『源氏物語』は古典文学の最高峰とされ，その芸術性の高さから，諸外国にも広く翻訳，紹介され，多くの文学者の研究対象にもなってきた．『源氏物語』は藤原道長の娘の彰子(一条天皇の中宮)に仕えた女房の紫式部(907？〜1019？)が著したとされるが，このなかの「宇治十帖」の作者が，『源氏物語』の他の44帖の作者と同一人物であるかが検討された．分析には，『源氏物語』の各巻から1000字が選ばれ，そのうちの名詞，用言，助詞，助動詞，品詞数を数え，その各々に統計的仮説検定法を用いた検討がなされた．その結果，「宇治十帖」は『源氏物語』の他の44帖の作者と異なる作家が書いたと断定して10中9正しいとし，宇治十帖は90%の確かさをもって，異なる作家が書いたと述べた．

韮沢[77]は『由良物語』の著者が賀茂真淵と建部綾足のどちらであるのかを助詞，助動詞，接続詞の一部に判別関数を用いて検討し，賀茂真淵よりも建部綾足によって書かれた可能性が高いとした．

伊藤・村上[149]は，日蓮(1222〜1282)著作の24篇，日蓮偽作の16篇，日蓮門下の日順と日興の著作5篇，真偽未決の文献5篇の計50篇の文献に文の構造に関する情報(文の長さ，単語の長さ，品詞の使用率など)と言葉の出現率に関する情報を用いて，真偽判定を試みた．真偽が判明済みのものを日蓮の著作(真作)と日蓮以外の人物の著作(偽作および門下の著作)の2つのグループに分け，差が見られる変数を統計量 t

$$t = \frac{\bar{x}_1 - \bar{x}_2}{\sqrt{\dfrac{s_1^2}{n_1} + \dfrac{s_2^2}{n_2}}}$$

$n_1, \bar{x}_1, s_1^2$ は真作の文献数，平均値，分散

$n_2, \bar{x}_2, s_2^2$ は偽作および門下の著作の文献数，平均値，分散

を用いて抽出し，抽出された変数を用いてクラスター分析が行われた．その結果，真偽未決の文献5篇のうち，『三大秘法稟承事』と『日女御前御返事』の2篇は日蓮の真作で，『聖愚問答鈔』,『生死一大事血脈鈔』,『諸法實相鈔』の3篇は偽作であると結論づけた．本研究では，昭和新修本だけではなく，脱字・補入・表記の違い等のため文章が多少異なる日時本(1397年頃書写)，日隆本(1408・09年頃書写)，日親本(1442年頃書写)の3種類の写本を用いた分析も行われ，写本間で文章の違いはあるが同等の分析結果を得ている．

村上・今西[87]は，『源氏物語』の巻の成立順序と「宇治十帖」他作者説について，26種の助動詞の出現率を，数量化Ⅲ類を用いて検討を行った．本研究では全文を単語に分割したうえで，品詞コードを付与した約37万6000語のデータベースが構築され，分析に用いられている．分析の結果，巻の成立順序に関しては，紫の上系と玉鬘系は別個に成立し，玉鬘系の成立は第2部成立後である可能性が高いと述べている．また「宇治十帖」の異質性は把握できたが，他作者の手になるものであるという意味ではないと結論づけた．

文章の特徴には，時間とともに変化するものと，変化しないものがあることが考えられる．村上ら[150]では，日蓮遺文23篇を対象に経年変化について調査し，動詞と副詞は使用率には変化が見られないが，普通名詞，固有名詞，形式名詞，代名詞，数詞，形容動詞，助詞，接頭語，接尾語，形容詞，助動詞，連体詞，接続詞の13品詞では，1265〜1270年の間に，使用率に変化が生じていると指摘した．さらに，金[35]では芥川龍之介の作品の経年変化について統計的手法を用いて検討している．

計量的に文章の執筆者を分析することは，文学作品の真贋研究に限らず，現実社会の問題への適応も検討されている．例えば，保険金目当てのひき逃げ事件での容疑者の逮捕に，文章の計量分析が有力な情報として使用された[151]．容疑者が捜査を攪乱させるために目撃者の手紙と犯人の告白書・遺書を警察に送ったのではないかとの疑惑があり，これらのテキストが容疑者のものであるか否かの検討をするために以下の検討がなされた．容疑者の警察への上申書と保険会社への回答書，事件発生後に警察署に届いた目撃者の手紙と犯人の告白書・遺書，比較対象として10人の学生の文章，容疑者と同年齢の10人の文章，インターネットで公開されている2人の裁判所への上申書が分析に用いられた．「どのような助詞がどの程度用いられているか」に関する頻度情報，「どの助詞のあとにどの助詞が出現するか」に関する頻度情報，「どの文字のあとに読点がつけられているか」に関する頻度情報の3種類がクラスター分析と主成分分析を用いて検討され，容疑者の上申書，容疑者の回答書，目撃者の手紙，犯人の告白書・遺書が多くの場合にまとまりを持ち，10人の学生の文章，容疑者と同年齢の10人の文章，2人の裁判所への上申書とは異なるという結果を得た．この分析結果をもとに取り調べを行ったところ，容疑者が犯行を認め，事件解決へとつながった．

財津・金[152]は，少年Aによる「神戸連続児童殺傷事件」の犯行声明文，少年Aが作成したとされる犯行告白文4点および作文1点，「三菱重工爆破事件」の犯行声明文，無関係の5名の中学生の作文5点，「赤報隊事件」，「東京・埼玉連続幼女誘拐殺人事件」，「パソコン遠隔操作事件」，「黒子のバスケ脅迫事件」の4つの事件に関係した犯行声明文を対象に多次元尺度構成法およびクラスター分析を用いて，犯罪に関わる文章における著者識別の有効性の検討を行った．文字のbigram，品詞のbigram，文の長さ，漢字・仮名の使用率に着目し検討を行った結果，著者判別は可能であり科学鑑定として有用であるとともに法科学で扱うことができる分野の幅を広げる新しい手法であると述べている．

ここでは紙面の関係上，先行研究の一部を取り上げるに留まった．興味のある方は，村上[153]やブラット[154]を参照していただきたい．

初期の研究では，人手で一語一語を数えて研究が行われていたため，単語あたりの文字数や文の長さに着目するといったシンプルな変数を用いて検討された．メンデンホールの研究では，計測者の 1 人が単語の長さを数え，もう 1 人が登録のボタンを押して，数の登録を行ったとの紹介がある[37]．シェイクスピアの 40 万語の単語の長さをこのような方法で記録するということが大変な作業であったことが想起されるエピソードである．

全文の変数のカウントや大量のデータの分析が人手では困難であったため，**サンプリング**によって分析対象を作品の一部に絞り，研究を行うという方法がとられることもあり，安本[148]では，源氏物語の各巻から 1000 字選んで品詞分類を行ったとある．漢字を仮名に直し，各巻の最初からの部分から 500 字，最後の部分から 500 字とって，会話や和歌の部分は除き，その中に含まれる名詞・用言などの数が数えられている．

現在では情報処理技術の発達に伴い，デジタル化されたテキストデータがあれば，単語を数えることは容易になった．身近な例をあげると，Microsoft の Word を開けばテキストに何文字含まれているかということはすぐに分かる．また検索を行えばテキストの中で検索した単語が何回使用されているか，どこにその単語が出現しているかは瞬時に調べることができる．ウェブページでも単語の検索は簡単に行うことができる．データの収集やコンピュータを用い大量にデータを解析することが容易になったことから，作品の一部ではなく，すべての文章を分析対象として研究に用いることが多い．さらに，助詞や単語の組み合わせなど多様な変数を用いた研究が進められている．

2.3　日本語の特徴

日本語は，ひらがな，カタカナ，漢字，ローマ字，アラビア数字など多種多様な文字が用いられる言語である．漢字の読み方にも音読みと訓読みがあり，文字の多さは分析をする際に情報量が多いと考えることもできるが，コンピュータにおける日本語処理技術の後れをとる要因となった．

初期のコンピュータは 1940 年代に開発が行われ，1946 年にアメリカのペンシルベニア大学で世界初の電子式コンピュータ ENIAC，1949 年にイギリスのケンブリッジ大学で世界初の実用的なプログラム内蔵方式のコンピュータである EDSAC が完成した．日本語がコンピュータで利用できるようになったのは，1970，80 年代のことで，世界で初めて開発された日本語ワードプロセッサは東芝が開発したJW-10[1]であり，1978年9月26日に発表(1979年2月に出荷開始)された．価格は630万円，重さは220 kgで机と一体化した形式であった．JW-10が発売された9月26日は，世界初の日本語ワードプロセッサが発表されたことを記念して「ワープロ記念日」に制定されている．

1976年に開発が開始された日蓮遺文のデータベース作成は，開発当初，ローマ字表記の日本語文献データベースの構築がされていたが，その後，1980年代に入りコンピュータで漢字・かな文字が使用できるようになったため，ローマ字表記のデータを漢字・かな文字のデータに変換してデータベースの構築を行ったとの紹介[155]があり，コンピュータでの日本語テキストデータ作成の変遷が垣間みられる事例である．

次に句読点について述べる．著者の「特徴，クセ」を把握する際に，句読点を変数として用いることがある．日本語では，読点(、)と句点(。)を用いて文章を区切っており，読点は文を読みやすく文の意味を正しく伝えるために，句点は文の終わりを示すために使用される．句読点の打ち方には明確なルールが存在していないため，「は」の後ろに「、」を打つ人もいれば，打たない人もいる．意識せずに句読点を打っている場合，そこに著者の「特徴，クセ」が表れやすく，文の中の読点がどの文字の後ろにつけられているのかの情報は，現代日本文において著者の分類に有効である[120]ことが指摘されている．

しかしながら，句読点がすべての日本語のテキストに打たれてきたわけではない．それ以前に句読点が全く用いられていなかったわけではないが，活字の登場した明治時代頃から句読点が打たれる作品が増えた．そのため，くずし字で書かれた文章が翻刻(くずし字で書かれている書物を我々が読めるようにすること)され，活字本として出版される際には，「読者が読みやすいように」と校訂者が句読点の調節をしていることがある．この場合，作品の著者ではなく，校訂者の「特徴，クセ」が紛れ込む可能性があるため，分析対象とするテキストの作成された年代と特徴を把握する必要がある．

その他にも日本語の古い文献に関連することとして，文章に漢文が含まれている場合，漢文の文章をそのまま分析する，あるいは読み下して和文体にしてから分析するという方法が考えられる．どのように取り扱うか，データや研究

1 http://museum.ipsj.or.jp/computer/word/0049.html

目的を検討し，少なくとも1つの分析のなかでは同じ基準でデータを作成する必要がある．

2.4 公開されているテキスト資料とソフトウェア

テキストから変数を抽出し，数量分析を行うためにはデジタル化されたデータが必要である．日本語のデジタル化されたテキストデータが公開されているサイトとして青空文庫[2]があげられ，明治期から昭和初期の作品を中心に著作権が消滅した作品が無料で公開されている．欧米の作品が中心となるが，1971年創始であり，最も歴史ある電子図書館とされるプロジェクト・グーテンベルク[3]では，著者の死後，一定期間が経過し，著作権の切れた名作などの全文が電子化され，インターネット上に公開されている．

国立国語研究所が中心となって開発している日本語に関する大規模均衡コーパスの現代日本語書き言葉均衡コーパス（BCCWJ）[4]は，書籍・雑誌全般，新聞，白書，ブログ，ネット掲示板，教科書，法律などのジャンルの1億430万語のテキストデータが収録されており，各ジャンルについて無作為にサンプルが抽出されている．

国立国語研究所，情報通信研究機構，東京工業大学が共同開発した日本語話し言葉コーパス（CSJ）[5]は，日本語の話し言葉コーパスであり，学会講演・模擬講演の音声データ，書き起こしテキスト，形態素，係り受け情報が収録されている．

国立国語研究所が中心となり開発している日本語歴史コーパス（CHJ）[6]は，奈良時代編，平安時代編，鎌倉時代編，室町時代編，江戸時代編，明治・大正編，和歌集編があり，テキストに読みや品詞などの形態論情報が付与されているコーパスである．英語を対象としたコーパスとして，アメリカ英語を収集したBrown CorpusとFrown Corpus，イギリス英語を収集したLOB CorpusとFLOB Corpusがある．

---

2 https://www.aozora.gr.jp/
3 https://www.gutenberg.org/
4 https://pj.ninjal.ac.jp/corpus_center/bccwj/
5 https://pj.ninjal.ac.jp/corpus_center/csj/
6 https://pj.ninjal.ac.jp/corpus_center/chj/

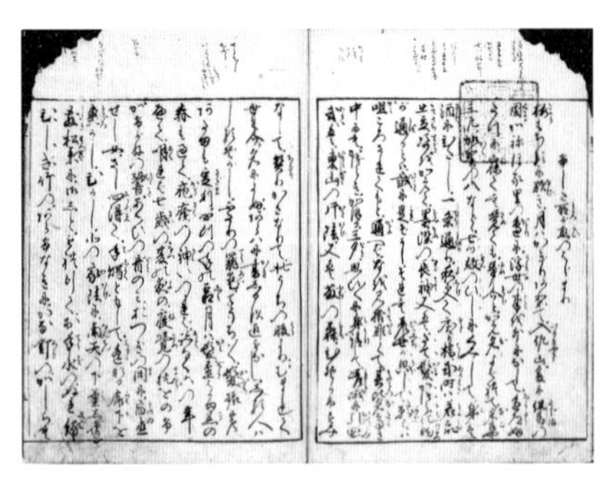

図 2.1　「好色一代男」の一部(国立国会図書館ウェブサイト).

その他にも，**Wikipedia**[7] の文書は，XML 形式で全文データをダウンロードできる．また，SNS(ソーシャル・ネットワーキング・サービス)サービス **Twitter**[8] では，投稿を取得する API を提供しており，投稿されたテキストの取得が可能である．

日本の古典文には，書き写した手書きの本である写本と版木に彫って印刷された本である版本の 2 種類があり，江戸時代以前は写本が多く，江戸時代に入って版本が急激に広まった[156]とされる．**図 2.1** に『好色一代男』[9]の一部を示す．この本は版本であり，このような手書きでくずし書きにした文字は，くずし字と呼ばれる．

我々が普段読んでいる活字本は，市販の OCR 文字認識ソフトを使用することでテキストデータ作成の補助をすることができるが，くずし字で書かれた作品のなかには活字化がなされていない作品が多数存在する．これらの作品は人手によって翻刻作業が行われているが，コンピュータを利用した文字の認識する試みが行われている．

奈良文化財研究所・東京大学史料編纂所が共同開発した「木簡・くずし字解読システム－MOJIZO－」[10]は，画像から検索する文字画像データベースである．解析したい文字画像をアップロードすると，奈良文化財研究所が蓄積する木簡の字形・字体と，東京大学史料編纂所が集める古文書・古記録・典籍類の

7　https://dumps.wikimedia.org/jawiki/

8　https://twitter.com/

9　https://dl.ndl.go.jp/info:ndljp/pid/1288205

10　https://mojizo.nabunken.go.jp/

字形・字体から，類似する文字画像が表示される．

京都大学古地震研究会が2017年に公開した「みんなで翻刻」[11]は，インターネット上で歴史資料の翻刻を市民の参加によって行うプロジェクトである．くずし字の学習支援として，翻刻作業後に添削を他の参加者にSNSで依頼する機能がある．

ROIS-DS人文学オープンデータ共同利用センター[12]では，くずし字データセットを活用したくずし字OCR（AIくずし字認識）が公開されており，一文字認識と多文字認識を行うことが可能である．また，OCRの作成に学習データとして用いられた日本古典籍くずし字データセットやKMNISTデータセット（機械学習用くずし字データセット）についても公開されている．

くずし字で書かれた古文書のデジタルデータ作成に向けた活動が活発になっており，さらなる飛躍が期待される分野である．

2.5　形態素解析について

日本語は単語と単語の間にスペースがなく，分かち書きがされていない．そのため単語の長さや作品に含まれている単語数を数える等の集計を行おうとすると，文を単語ごとに分割するという処理が必要となる．さらに品詞情報についての集計や名詞のみ，助詞のみといった品詞ごとや単語と句読点の組み合わせの集計等を行う場合には，分割した単語に品詞情報を付与する必要がある．

日本語は単語の認定が明確ではないため，日本語の自然言語処理では，単語（形態素）への分かち書き，品詞の推定，語形変化の処理の一連の過程を形態素解析としている[157]．人手で単語ごとに分割し，品詞情報等を付与することもできるが，このような一連の作業を自動的に行うものとして**形態素解析器**があり，**JUMAN**[13]，**ChaSen**[14]，**MeCab**[15]が広く知られ，公開されている．

「この作品の形態素解析を行う。」という一文に，JUMAN，ChaSen，MeCabを用いて形態素解析を行ってみると，以下のような結果を得られる．区切る位

11　https://honkoku.org/
12　http://codh.rois.ac.jp/
13　http://nlp.ist.i.kyoto-u.ac.jp/index.php?JUMAN
14　https://chasen-legacy.osdn.jp/
15　https://taku910.github.io/mecab/

置や付与される情報は形態素解析器によって違いがある.

JUMAN(7.0)

```
この この この 指示詞 7 連体詞形態指示詞 2*0*0 NIL
作品 さくひん 作品 名詞 6 普通名詞 1*0*0"代表表記:作品/さくひん カテゴリ:抽象物 ドメイン:文化・芸術"
の の の 助詞 9 接続助詞 3*0*0 NIL
形態 けいたい 形態 名詞 6 普通名詞 1*0*0"代表表記:形態/けいたい カテゴリ:形・模様"
素 そ 素 名詞 6 普通名詞 1*0*0"代表表記:素/そ 漢字読み:音 カテゴリ:抽象物"
解析 かいせき 解析 名詞 6 サ変名詞 2*0*0"代表表記:解析/かいせき カテゴリ:抽象物 ドメイン:教育・学習;科学・技術"
を を を 助詞 9 格助詞 1*0*0 NIL
行う おこなう 行う 動詞 2*0 子音動詞ワ行 12 基本形 2"代表表記:行う/おこなう"
。 。 。 特殊 1 句点 1*0*0 NIL
EOS
```

ChaSen(2.4.2)

```
この	コノ	この	連体詞
作品	サクヒン		作品	名詞-一般
の	ノ	の	助詞-連体化
形態素	ケイタイソ		形態素	名詞-一般
解析	カイセキ		解析	名詞-サ変接続
を	ヲ	を	助詞-格助詞-一般
行う	オコナウ		行う	動詞-自立	五段・ワ行促音便	基本形
。	。	。	記号-句点
EOS
```

MeCab(0.996)

```
この	連体詞,*,*,*,*,*,この,コノ,コノ
作品	名詞,一般,*,*,*,*,作品,サクヒン,サクヒン
の	助詞,連体化,*,*,*,*,の,ノ,ノ
形態素	名詞,一般,*,*,*,*,形態素,ケイタイソ,ケイタイソ
解析	名詞,サ変接続,*,*,*,*,解析,カイセキ,カイセキ
を	助詞,格助詞,一般,*,*,*,を,ヲ,ヲ
行う	動詞,自立,*,*,五段・ワ行促音便,基本形,行う,オコナウ,オコナウ
。	記号,句点,*,*,*,*,。,。,。
```

```
EOS
```

日本語は時代によって変化しているため，形態素解析を行う際には作品が書かれた時代に合った辞書が必要となる．古典文に関する形態素解析用の辞書としては，国立国語研究所から古文用 UniDicS[16] が公開されている．

実際に，江戸時代前期の作家である井原西鶴の『好色一代男』に形態素解析を行った結果について見ていきたい．上記で紹介した古文用 UniDicS には，浮世草子に時代が近い辞書として，洒落本・人情本テキストを主な対象とした近世口語（洒落本）UniDic［158］がある．本節では，『新編西鶴全集』を編集した新編西鶴全集編集委員会における単語の認定，MeCab（0.996）を使用し現代語を対象とした **IPA 辞書**（ipadic）を用いた形態素解析の結果，MeCab（0.996）で近世口語（洒落本）**UniDic** を用いて形態素解析を行った結果を示すことで辞書ごとの解析結果の違いを提示する．

それぞれの特徴を説明する．新編西鶴全集編集委員会における単語の認定では，研究者による単語の認定と文脈に即した品詞情報の付与が行われている．IPA 辞書では，情報処理復興事業協会（IPA）で定義された IPA 品詞体系をベースに拡張がなされている．可能性に基づく品詞体系を採用しており，局所的な情報のみでは判断できない品詞については，併記することで明示的な分類を避けている．UniDic では，国立国語研究所で規定された短単位と呼ばれる斉一な単位で設計することで，最小単位の認定とその結合規則が定義されているため，一貫性を持った単語認定となっている．文脈に依存する曖昧性解消は極力扱わず，可能性に基づく品詞体系が多用されている．

「けした所が恋のはじまり桜もちるに歎き月はかぎりありて」の一文は，それぞれ以下の解析結果を示す．

新編西鶴全集

```
けし,けし,動詞,連用,△,けす,けし,1,28,1,1,101,760,01-u,10,1,一男,巻一
た,た,助動詞,連体,△,た,た,1,28,1,1, 101, 770,01-u,10,1,一男,巻一
所,所,名詞,,トコロ,ところ,ところ,1,28,1,1,101,780,01-u,10,1,一男,巻一
が,が,助詞,,△,が,が,1,28,1,1,101,790,01-u,10,1,一男,巻一
恋,恋,名詞,,コヒ,こい,こい,1,28,1,1,101,800,01-u,10,1,一男,巻一
の,の,助詞,,△,の,の,1,28,1,1,101,810,01-u,10,1,一男,巻一
はじまり¥,はじより,名詞,,△,はじまり,はじまり,1,28,1,1,101,820, 01-u,10,1,
```

16 https://unidic.ninjal.ac.jp/download_all#unidic_chj

```
一男,巻一
桜,桜,名詞,,サクラ,さくら,さくら,2,28,1,1,101,830,01-u,10,1,一男,巻一
も,も,助詞,,△,も,も,2,28,1,1,101,840,01-u,10,1,一男,巻一
ちる,ちる,動詞,連体,△,ちる,ちる,2,28,1,1,101,850,01-u,10,1,一男,巻一
に,に,助詞,,△,に,に,2,28,1,1,101,860,01-u,10,1,一男,巻一
歎き,歎き,動詞,連用,ナゲー,なげく,なげき,2,28,1,1,101,870,01-u, 10,1,一男,
巻一
月,月,名詞,,△,つき,つき,2,28,1,1,101,890,01-u,10,1,一男,巻一
は,は,助詞,,△,は,は,2,28,1,1,101,900,01-u,10,1,一男,巻一
かぎり,かぎり,名詞,,△,かぎり,かぎり,2,28,1,1,101,910,01-u,10, 1,一男,巻一
あり,あり,動詞,連用,△,あり,あり,2,28,1,1,101,920,01-u,10,1,一男,巻一
て,て,助詞,,△,て,て,2,28,1,1,101,930,01-u,10,1,一男,巻一
```

MeCab(IPA辞書)

```
けし　　　動詞,自立,*,*,五段・サ行,連用形,けす,ケシ,ケシ
た　　　　助動詞,*,*,*,特殊・タ,基本形,た,タ,タ
所　　　　名詞,非自立,副詞可能,*,*,*,所,トコロ,トコロ
が　　　　助詞,格助詞,一般,*,*,*,が,ガ,ガ
恋　　　　名詞,一般,*,*,*,*,恋,コイ,コイ
の　　　　助詞,連体化,*,*,*,*,の,ノ,ノ
はじまり　動詞,自立,*,*,五段・ラ行,連用形,はじまる,ハジマリ,ハジマリ
桜　　　　名詞,一般,*,*,*,*,桜,サクラ,サクラ
も　　　　助詞,係助詞,*,*,*,*,も,モ,モ
ちる　　　動詞,自立,*,*,五段・ラ行,基本形,ちる,チル,チル
に　　　　助詞,格助詞,一般,*,*,*,に,ニ,ニ
歎　　　　名詞,一般,*,*,*,*,*
き　　　　助動詞,*,*,*,文語・キ,基本形,き,キ,キ
月　　　　名詞,一般,*,*,*,*,月,ツキ,ツキ
は　　　　助詞,係助詞,*,*,*,*,は,ハ,ワ
かぎり　　動詞,自立,*,*,五段・ラ行,連用形,かぎる,カギリ,カギリ
あり　　　動詞,非自立,*,*,五段・ラ行,連用形,ある,アリ,アリ
て　　　　助詞,接続助詞,*,*,*,*,て,テ,テ
```

MeCab(近世口語[洒落本]UniDic)

```
けし　　　　動詞,一般,*,*,五段-サ行,連用形-一般,ケス,消す,けし,ケシ,ケシ,和,け
す,ケス,ケス,ケス,*,*,*,*,*,*,0,C4,*
た　　　　　助動詞,*,*,*,助動詞-タ,連体形-一般,タ,た,た,タ,タ,和,た,タ,タ,タ,*,
*,*,*,*,*,*,"動詞%F2@1,形容詞%F4@-2",*
所　　　　　名詞,普通名詞,副詞可能,*,*,*,トコロ,所,所,トコロ,トコロ,和,所,トコ
ロ,トコロ,トコロ,ト濁,基本形,*,*,*,B1WS2WB3WB4WBjS,"3,0", C2,*
```

```
が　　　　　　　助詞,格助詞,*,*,*,*,ガ,が,が,ガ,ガ,和,が,ガ,ガ,ガ,*,*,*,*,*,*,*,"動詞%F2@0,名詞%F1",*
恋　　　　　　　名詞,普通名詞,サ変可能,*,*,*,コイ,恋,恋,コイ,コイ,和,恋,コイ,コイ,コイ,*,*,*,*,*,*,1,C3,*
の　　　　　　　助詞,格助詞,*,*,*,*,ノ,の,の,ノ,ノ,和,の,ノ,ノ,ノ,*,*,*,*,*,*,*,名詞%F1,*
はじまり　　　　名詞,普通名詞,一般,*,*,*,ハジマリ,始まり,はじまり,ハジマリ,ハジマリ,和,はじまり,ハジマリ,ハジマリ,ハジマリ,*,*,*,*,*,*,0,C2,*
桜　　　　　　　名詞,普通名詞,一般,*,*,*,サクラ,桜,桜,サクラ,サクラ,和,桜,サクラ,サクラ,サクラ,サ濁,基本形,*,*,*,*,0,C2,*
も　　　　　　　助詞,係助詞,*,*,*,*,モ,も,も,モ,モ,和,も,モ,モ,モ,*,*,*,*,*,*,*,"動詞%F2@-1,形容詞%F4@-2,名詞%F1",*
ちる　　　　　　動詞,一般,*,*,五段-ラ行,終止形-一般,チル,散る,ちる,チル,チル,和,ちる,チル,チル,チル,*,*,*,*,*,*,0,C4,*
に　　　　　　　助詞,格助詞,*,*,*,*,ニ,に,に,ニ,ニ,和,に,ニ,ニ,ニ,*,*,*,*,*,*,*,名詞%F1,*
歎き　　　　　　名詞,普通名詞,一般,*,*,*,ナゲキ,嘆き,歎き,ナゲキ,ナゲキ,和,歎き,ナゲキ,ナゲキ,ナゲキ,*,*,*,*,*,*,3,C2,*
月　　　　　　　名詞,普通名詞,助数詞可能,*,*,*,ツキ,月,月,ツキ,ツキ,和,月,ツキ,ツキ,ツキ,ツ濁,基本形,*,*,*,B 1 WS 2 WB 3 WB 4 WBjS,2,C3,*
は　　　　　　　助詞,係助詞,*,*,*,*,ハ,は,は,ワ,ハ,和,は,ワ,ハ,ハ,*,*,*,*,*,*,*,"動詞%F2@0,名詞%F1,形容詞%F2@-1",*
かぎり　　　　　名詞,普通名詞,副詞可能,*,*,*,カギリ,限り,かぎり,カギリ,カギリ,和,かぎり,カギリ,カギリ,カギリ,*,*,*,*,*,*,"1,3",C1,*
あり　　　　　　動詞,非自立可能,*,*,文語ラ行変格,連用形-一般,アル,有る,あり,アリ,アリ,和,あり,アリ,アリ,アリ,*,*,*,*,*,*,1,C3,*
て　　　　　　　助詞,接続助詞,*,*,*,*,テ,て,て,テ,テ,和,て,テ,テ,テ,*,*,*,*,*,*,*,"動詞%F1,形容詞%F2@-1",*
```

表2.1に『好色一代男』において分類された品詞数と延べ語数を示した．新編西鶴全集では12品詞(名詞，助詞，動詞，助動詞，形容詞，副詞，連体詞，接頭語，接続詞，形容動詞，感動詞，連語)，IPA辞書では9品詞(名詞，助詞，動詞，助動詞，形容詞，副詞，感動詞，接続詞，連体詞)，近世口語(洒落本)UniDicでは品詞の大分類で13品詞(名詞，助詞，動詞，助動詞，形容詞，接尾辞，副詞，代名詞，連体詞，接頭辞，形状詞，接続詞，感動詞)に分類され，延べ語数に関しても違いがあることが見て取れる．このように同じテキストを用いて行った解析でも品詞数，延べ語数が異なることから，形態素解析に用いる辞書についても分析対象のテキストの時代と研究目的に合った選択が求められる．

表 2.1　分類された品詞数と延べ語数.

	品詞数	延べ語数
新編西鶴全集	12 品詞	36781 語
IPA 辞書	9 品詞	42757 語
近世口語(洒落本)UniDic	13 品詞	40789 語

2.6　分析用ツール

日本語のテキストのためのテキスト分析ツールには MTMineR[159][17], KH Coder[160][18], CasualConc[161][19]がある．これらはテキストマイニングを行うためのフリーソフトウェアで，テキストに出現する単語の集計や統計分析を行うことができる．

MTMineR は Windows 用のツールであり，日本語，中国語，韓国語，英語，ドイツ語，フランス語，イタリア語，古代ギリシア語に対応している．長さの分布，*n*-gram，共起，KWIC(keyword in context)検索等の機能があり，情報の集計およびテキストの整形を行う．統計解析向けのプログラミング言語である R 言語[20]を設定することによって，MTMineR で使用することが可能である．

KH Coder は Windows，Linux，Mac で利用でき，日本語，英語，中国語，韓国語，ロシア語等の言語に対応している．抽出語リストの作成・検索，KWIC 検索，共起ネットワーク分析や対応分析等が可能である．KH Coder においても統計分析と視覚化は R で行っている．

CasualConc は Mac 用のツールである．日本語，韓国語，中国語，英語等の言語に対応している．KWIC 検索，単語クラスター検索，コロケーション検索，単語リスト・*n*-gram の作成の機能がある．R をインストールすることで，CasualConc で作成した頻度表等の視覚化を行うことが可能である．

その他にも，テキストを入力することで，簡単な解析と視覚化を行うテキス

17　https://mjin.doshisha.ac.jp/MTMineR/mt.html

18　https://khcoder.net/

19　https://sites.google.com/site/casualconcj/

20　R 言語は 1990 年代に開発がはじめられた統計解析に特化したオープンソース・フリーのプログラミング言語である．ユーザーが作成した多数のパッケージがあり，2021 年 4 月 23 日現在では 17470 個が登録されている．R では，データの変換，分析もグラフィックス，レポーティングの一連の作業を行うことが可能である．

ト解析ツールとして Voyant Tools[21] がある．

2.7　西鶴浮世草子の著者判別

DNA や指紋のように，書き手によって文章の特徴は異なると述べてきた．本節では，江戸時代前期の浮世草子作者である井原西鶴の遺稿集における著者問題を取り上げ，問題の背景，分析に用いたデータ，数理的分析の結果を紹介する．

2.7.1　問題の背景と著者問題

西鶴の『好色一代男』(1682)以降の作品は，従来の仮名草子とは一線を画した作品として区別される．西鶴は元禄の文豪との評価を受け，近松門左衛門(1653〜1724)，松尾芭蕉(1644〜1694)と並んで元禄文学を代表する作家である[162]．西鶴はそれまでにない新しい内容・文体・方法を備えた浮世草子という文学分野を確立し，当時の文学界に大きな影響を与えた[162]．明治以降，欧化に刺激され伝統文学が再認識されたことや坪内逍遥(1859〜1935)の『小説神髄』(1886)に学んだ作家たちが西鶴に写実文学としての価値を見出したこと，西鶴風の雅俗折衷体が迎えられたことが契機となり，西鶴作品が再認識され[163]，幸田露伴(1867〜1947)，芥川龍之介(1892〜1927)など写実主義・自然主義を論じた多くの作家に影響を与えた．我が国の文学史における重要性から，多くの国文学者によって思想，記述内容の検討，成立に関する歴史的考証が続けられてきたが，作品の著者や成立年代等についての疑問が現存している．

西鶴は元禄 6 年(1693)8 月 10 日に 52 歳で没したとされ，これは大阪の誓願寺に現存する西鶴の墓碑や『西鶴置土産』巻頭「辞世」に記述があることから，確かなこととされる．この没年から逆算して，寛永 19 年(1642)に誕生したと推定されているが，生まれた地については，西鶴が「ふるさと難波にて」と北条団水編の『俳諧団袋』(1691)に記していること，西鶴 13 回忌追善集『こゝろ葉』(1626)の団水の序文に「摂ノ浪速ノ産ナリ」という記述があることか

21　https://voyant-tools.org/

ら大阪である.

西鶴の出自に関しては，大阪天神橋南詰に住み，紀州藩大阪屋敷の名代もつとめた江戸買物問屋，日野屋庄左衛門であったという説[164]も出されているが，西鶴の本名・家系・出自等については未詳の部分が多い．この原因として谷脇[165]は，西鶴が町人出身であるため家譜等の資料が残っていないこと，また家庭環境等を作品の中で述べることに禁欲的であったことをあげている.

西鶴に関する伝記資料として2点が知られており，1点目の『見聞談叢』は儒学者の伊藤仁斎(1627～1705)の次男である伊藤梅宇(1683～1745)の随想集で，元文3年(1738)に記録されたものである．西鶴について『見聞談叢』には大阪の平山藤五という裕福な町人で，妻を早くに亡くし，家の名跡を手代に譲って自由に暮らし，諸国を旅し『日本永代蔵』等の作品を残したとある．江戸時代前期の俳諧師芳賀一晶(？～1707)を慕ったという事実の誤りや西鶴作として『西の海』，『世上四民雛形』という現存しない作品の記載等の誤伝と考えられる部分もあるが，多くの部分は現在確認されている.

2点目は，石川[166]によって紹介された『住吉秘伝』(紀海音門人哥緑斎貞堂)である．西鶴と同時代に大阪の俳壇で活躍した鯛屋貞因の次男紀海音が1736年前後に門人貞堂に伝えたとされる『住吉秘伝』には，西鶴が足袋屋に奉公していたと記載されているが，このことを確認する他の資料は出ておらず，誤伝の可能性が高いとされる.

当時の出版の形式には，手書きの本である写本と印刷された本である版本があり，西鶴作品は版本として出版された．この版本は版下筆者と呼ばれる人々によって書かれている．版下とは，版木に張りつけて彫るための下書きのことである．西鶴は自らの作品だけでなく，『近代艶隠者』(1686)や『新吉原つれづれ草』(1689)等の他作者の作品の版下書きも務めている.

『近代艶隠者』は，巻頭に「難波俳林／西鶴」の署名と「松風軒」の印記がある序文を持ち，版下と挿絵が西鶴筆である．著者に関して，藤岡作太郎氏，石川巖氏等は西鶴作ではないとし，山口剛氏，水谷不倒氏等は西鶴作であると指摘した[167]ことから，昭和初期までは西鶴作であると考えられていたが，野間[168]の検討により，非西鶴作が有力となり，現在は序文に記載されている西鷺軒橋泉の著であると考えられている．また，『新吉原つれづれ草』の版下筆者は西鶴であるが，著者は遠州掛河の俳諧師の礒貝捨若で，礒貝捨若の戯文に，西鶴は擬注を加えている．これらのことから，筆跡が西鶴であったとしても，他の作家の作品の可能性が否定できないため，筆跡鑑定だけでは著者の判別は難しいということが推察される．

2.7.2　西鶴の浮世草子と問題の所在

西鶴遺稿集の5作品(『西鶴置土産』(1693)，『西鶴織留』(1694)，『西鶴俗つれづれ』(1695)，『万の文反古』(1696)，『西鶴名残の友』(1699))は，西鶴の没後に，西鶴が生前に執筆したとされる未発表の草稿を弟子の北条団水(1663～1711)が編集し，出版された．これらの作品は西鶴の没後に，団水の手を経て出版されていることから，編集に従事した団水の加筆の有無には確証的な論がなく，決着がついているとは言いがたいとの指摘[169]がある．

弟子の団水も俳諧師・浮世草子作者である．本名は，北条義延，別号は団水・白眼居士・滑稽堂等で，出自は未詳であるが，延宝年間に西鶴を師事して俳諧の道に励み，俳号を団水とした際に，西鶴から「団なるはちすや水の器」の句が贈られている．『色道大鼓』(1687)，『昼夜用心記』(1707)，『武道張合大鑑』(1709)，『日本新永代蔵』(1713)などの浮世草子や『特牛』(1690)，『秋津嶋』(1690)，『団袋』(1691)などを刊行した．西鶴の死後，京都から大阪谷町筋錫屋町の西鶴庵に移り住み，西鶴の遺稿を整理・編集し，遺稿集を刊行した．

以下に西鶴浮世草子，団水浮世草子，西鶴遺稿集の文章の一部を示す．2人の作家の文章に違いは見られるであろうか？ また，遺稿集はどちらの文章と類似した特徴が見られるであろうか？

西鶴『好色一代男』巻1の1「けした所が恋のはじまり」

桜もちるに歎き，月はかぎりありて，入佐山，爰に但馬の国，かねほる里の辺に，浮世の事を外になして，色道ふたつに，寝ても覚ても，夢介と，かえ名よばれて，名古や三左，加賀の八などと，七ツ紋のひしにくみして，身は酒にひたし，一条通り，夜更て戻り橋，或時は若衆出立，姿をかえて墨染の長袖，又はたて髪かつら，化物が通るとは，誠に是ぞかし．

(『新編西鶴全集』第1巻，4頁)

団水『色道大鼓』巻1の1「此地の女御」

表 2.2　出版年と延べ語数.

作品名	出版年	延べ語数
『好色一代男』	1682	36781 語
『諸艶大鑑』	1684	45753 語
『椀久一世の物語』	1685	7702 語
『好色五人女』	1686	20184 語
『好色一代女』	1686	26581 語
『西鶴諸国はなし』	1685	16444 語
『本朝二十不孝』	1686	18419 語
『男色大鑑』	1687	50452 語
『武道伝来記』	1687	49019 語
『好色盛衰記』	1688	20866 語
『懐硯』	1687	22839 語
『日本永代蔵』	1688	29547 語
『色里三所世帯』	1688	11895 語
『武家義理物語』	1688	21456 語
『嵐は無常物語』	1688	8727 語
『新可笑記』	1688	25157 語
『本朝桜陰比事』	1689	26466 語
『世間胸算用』	1692	21260 語
『浮世栄花一代男』	1693	22576 語
『西鶴置土産』	1693	17204 語
『西鶴織留』	1694	29617 語
『西鶴俗つれづれ』	1695	13966 語
『万の文反古』	1696	16940 語
『西鶴名残の友』	1699	12380 語

世界は夢のかたまり．夢ならはよい夢を見るこそよけれ．みぢかきうき世にひろき武蔵野．すみだ川浪をとしづけく．月の入べき山一丸に棹さして．行水はふたたびかへらず泡の目前に消たるもいさぎよしやよし．是なん仮のうき所帯流わたりのたのしひ．うつるは燈の影星を踏で雲をのみ．枕に富士を引よせ．三味にしら声をのせて白にされたる男ども．明日なきこころのうきたち東のまさに白なん事をしらず．月夜なをよしとうたへば．

（『北条団水 草子篇』第 1 巻，252 頁）

西鶴『西鶴置土産』巻 1 の 1「大釜のぬきのこし」

世は外聞つつむ風呂敷に替帷子，夏は殊更，供の者つれずして自由成がたし．むかしは定まつて，柳こりに物を入，鞁のしらべのふるきにてからげ，是を持せけるに，それは葬礼の時か，公事人の供なり．近年の大臣は，小畠染の両面，またはべんがらの大島のふろしきに，あつき時分も暮かたの用意して，単物袷ばをりを入させ，利根なる小者つれたるは，古かね買にみせても，三百貫目より内の身体にはあらず．

（『新編西鶴全集』第4巻，220頁）

研究者や熱心な読者であれば，文章を丹念に読み込むことで，作家の文章を見分けることが可能であるのかもしれないが，本節では文章を単語に分割し，そして数値化することで著者によって書き方に違いがあるのか，見ていきたい．

まずは，西鶴のデータを数値で示す．分析には，2.5節で示した新編西鶴全集編集委員会における単語の認定が行われた『新編西鶴全集』のデータを用いる．『新編西鶴全集』には，西鶴の浮世草子として，24作品が収録されている（**表2.2**）．24作品のなかで，延べ語数の大きい作品の上位3位までを見ると，最も長いのは『男色大鑑』50452語で，つづいて『武道伝来記』49019語，『諸艶大鑑』45753語である．最も短い作品は『椀久一世の物語』7702語で，『嵐は無常物語』8727語と『色里三所世帯』11895語が続く．このことから，最も長い作品と短い作品には，約6.5倍の差がある．

また表2.2を見て分かるように，延べ語数が作品によって異なる．分析対象の作品の長さが異なると，長い作品ほど出現度数が大きくなるため，作品の長さが分析結果に影響する．例えば，「に(助詞)」という表現が10000のうちに100回使用されているのと，1000のうちの10回使用されている場合のどちらも出現率に直すと全体の1%であり，文章が長くなったために出現度数が多いように見えている．このような長さの影響を取り除くため，構成比や出現率に変換した数値を以降の分析に用いる．

2.7.3 遺稿集の文章の特徴

西鶴作とされる浮世草子に関しては，処女作『好色一代男』(1682)と，初期作品である『諸艶大鑑』(1684)，『好色五人女』(1686)，『好色一代女』(1686)の3作品には他の人物の手が加わった可能性は低いとされている．本節では，これらの4作品を西鶴の真作と捉え，団水の3作品『色道大皷』(1687)，『昼夜用

表2.3　初期の西鶴浮世草子4作品の巻数と章数と延べ語数.

作品名	巻数	章数	延べ語数
『好色一代男』	8巻	54章	36781語
『諸艶大鑑』	8巻	40章	45753語
『好色五人女』	5巻	25章	20184語
『好色一代女』	6巻	24章	26581語

表2.4　団水浮世草子3作品の巻数と章数と延べ語数.

作品名	巻数	章数	延べ語数
『色道大鼓』	5巻 (追加の1章を加えると6巻)	10章 (追加の1章を加えると11章)	12160語
『武道張合大鑑』	5巻	22章	20170語
『昼夜用心記』	6巻	36章	21508語

表2.5　西鶴遺稿集4作品の巻数と章数と延べ語数.

作品名	巻数	章数	延べ語数
『西鶴置土産』	5巻	15章	17204語
『西鶴織留』	6巻	23章	29617語
『西鶴俗つれづれ』	5巻	18章	13966語
『西鶴名残の友』	5巻	27章	12380語

心記』(1707),『武道張合大鑑』(1709)と比較し，2人の文章の特徴に違いが見られるのかを検討したうえで，遺稿集『西鶴置土産』,『西鶴織留』,『西鶴俗つれづれ』,『西鶴名残の友』の文章が西鶴と団水のどちらの文章の特徴と類似しているのかを，文章の数量的特徴の分析から検討する．遺稿集は5作品あるが,『万の文反古』は書簡体形式の影響を受けているため[2]，検討対象から外すこととした．団水のデータに関しても，西鶴の文章データと同一の基準で形態素解析を行い，構築されている．

分析対象となる初期の西鶴浮世草子4作品の巻数と章数と延べ語数を**表2.3**，団水浮世草子3作品の巻数と章数と延べ語数を**表2.4**，西鶴遺稿集4作品の巻数と章数と延べ語数を**表2.5**に示す．

分析は，品詞の構成比，単語の出現率，品詞別単語(名詞，助詞，動詞，助動詞，形容詞，副詞，連体詞)の出現率，bigramの出現率(品詞，助詞，助動詞)の12種類の特徴量を対象とする．

品詞の構成比は，それぞれの品詞に属する単語が作品の延べ語数に対して占める割合である．分析に用いたデータでは，全単語が名詞，助詞，動詞，助動詞，形容詞，副詞，連体詞，接続詞，形容動詞，感動詞，連語，接頭語，接尾語，補助動詞の 14 品詞に分類されているが，本研究の分析には出現頻度上位 10 品詞(名詞，助詞，動詞，助動詞，形容詞，副詞，連体詞，接続詞，形容動詞，感動詞)の構成比を用いた．

単語の出現率は，それぞれの単語が作品の延べ語数に対して占める割合である．出現頻度上位の単語を例として示すと，「の/助詞，に/助詞，を/助詞，て/助詞，は/助詞，と/助詞，も/助詞，ず/助動詞，なり/助動詞，ば/助詞，す/動詞，こと/名詞」である．

品詞別単語の出現率は，それぞれの品詞に属する各単語がその品詞の延べ語数に対して占める割合を作品ごとに集計したものである．本研究では名詞，助詞，動詞，助動詞，形容詞，副詞，連体詞の品詞別単語の出現率を分析に用いた．出現頻度上位の名詞を例として示すと「こと，これ，ひと，もの，よ，み，とき」である．

n-gram とは *n* 個の記号の度数を集計する方法である．*n* とは集計を行うために切り取った隣接している記号列の長さを表しており，*n* が 1 のとき unigram，*n* が 2 のとき bigram と呼ぶ．bigram の度数を計算する場合，異なり語数の多い品詞では多くの組み合わせが発生し，出現頻度 0 が多く含まれたデータとなるため，本研究では異なり語数の少ない品詞，助詞，助動詞を用いて bigram の出現率を用いた検討を行うこととした．出現頻度上位の助詞を例として示すと「の－に，の－の，に－の，に－て，の－を，て－の，を－て，を－に，は－の」である．

以下，2 人の作家の特徴量について主成分分析(相関行列)を用いて検討する．**主成分分析**(principal component analysis)は変数が持つ情報を可能な限り失わずに，主成分と呼ばれる少数個の合成変数に集約し，個体の分類を試みる多変量解析の手法である．

図 2.2 には，出現頻度上位 40 種類の助詞(の，に，て，を，は，と，も，ば，が，より，へ，か，にて，まで，ぞ，や，とて，ども，ながら，で，から，こそ，して，ばかり，など，かし，とも，さえ，よ，ど，のみ，ほど，ずつ，かな，やら，な，でも，おいて，もがな，いで)の出現率を用いた主成分分析の結果を示している．

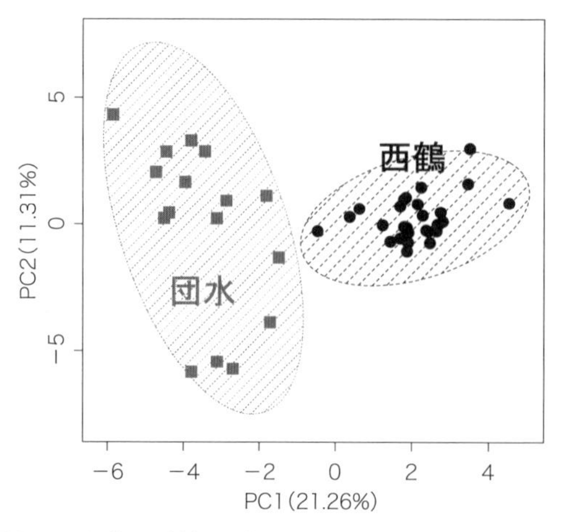

図 2.2　上位 40 種類の助詞を用いた主成分分析の結果.

この図より，第 1 主成分(横軸)で，西鶴と団水の作品が分かれていることが分かる．元の変数の情報を多く含む主成分から順に第 1 主成分，第 2 主成分と呼び，各々の主成分が元の全変数の情報の何% を含んでいるかは寄与率で表される．上位 40 種類の助詞を用いた分析では 21.26% が第 1 主成分に，11.31 % が第 2 主成分に含まれ，第 2 主成分までの累積寄与率は 32.57% である．そのため，この図は，分析に用いたデータの 32.57% の情報が含まれていることになる．

表 2.6 を見ると，40 種類の助詞のなかでも西鶴の文章は「かし，ぞ，も，など，て」といった助詞が多く，団水の作品には「ども，ば，とも，にて，とて」といった助詞が多く使用されているということが分かる．

助詞の情報を比較しただけでも，西鶴と団水の文章には異なった特徴があることが見て取れる．同様の分析をそれぞれの特徴量にて行った結果，12 種類の特徴量のうち，西鶴と団水の文章には，単語の出現率，品詞別単語(名詞，助詞，動詞，形容詞，副詞，連体詞)の出現率，bigram の出現率(品詞，助詞)の 9 種類の特徴量に違いがあることが分かった．このことから，西鶴と団水の文章の「特徴，クセ」には違いがあり，2 人の作品を分類することは可能であると言える．

では次に，上記の比較検討で 2 人の文章に違いが見られた 9 種類の特徴を用いて，遺稿集 4 作品(『西鶴置土産』，『西鶴織留』，『西鶴俗つれづれ』，『西鶴名

表2.6　第2主成分までの出現頻度上位40語の助詞の主成分負荷量.

	PC1	PC2		PC1	PC2		PC1	PC2
の	0.3575	0.2062	や	−0.0401	−0.4685	のみ	0.3024	0.1966
に	−0.3338	−0.3753	とて	−0.7526	0.0543	ほど	−0.4765	−0.6800
て	0.6466	−0.3199	ども	−0.5786	0.5459	ずつ	−0.3885	0.3647
を	−0.2294	0.2375	ながら	0.0266	−0.3009	かな	0.1259	0.0288
は	0.1662	0.3877	で	−0.0259	−0.4461	やら	−0.3935	−0.2293
と	−0.3432	−0.3210	から	0.4101	−0.1611	な	0.1722	−0.1493
も	0.7464	0.0537	こそ	0.5502	0.0250	でも	0.4992	−0.0278
ば	−0.5964	0.2041	して	0.3655	0.1950	おいて	−0.4083	0.1856
が	0.2365	−0.4873	ばかり	−0.0574	−0.2662	もがな	0.4327	0.1698
より	−0.4470	0.3392	など	0.7058	0.1963	いで	0.4385	0.0692
へ	−0.5267	0.5101	かし	0.8026	0.1591	固有値	8.5024	4.5254
か	−0.4231	−0.5543	とも	−0.6085	−0.2356	寄与率	0.2126	0.1131
にて	−0.7195	0.6071	さえ	0.4183	−0.2793	累積寄与率	0.2126	0.3257
まで	0.2619	0.3580	よ	−0.3973	−0.2931			
ぞ	0.7515	0.0419	ど	−0.2196	−0.6781			

注：PC1は第1主成分，PC2は第2主成分を表す.

残の友』)のそれぞれの作品が西鶴と団水のどちらの特徴を持つのかを検討する.

2人の作品と遺稿集の『西鶴置土産』を，さきほどと同様の40種類の助詞を用いて分析を試みる．**図2.3**に40種類の助詞の出現率を用いた主成分分析の結果を示す.

第1主成分(横軸)で，西鶴と団水の作品が分かれており，『西鶴織留』は西鶴浮世草子と重なって配置されている．**表2.7**を見ると，40種類の助詞のなかでも，西鶴と『西鶴置土産』には「かし，も，ぞ，など，て」といった助詞が多く，団水の作品には「とて，にて，とも，ども，ば」といった助詞が多く使用されている．このことから，40種類の助詞という観点から見ると，『西鶴置土産』における「特徴，クセ」は団水浮世草子よりも西鶴浮世草子に類似していると言える.

他の特徴量，他の遺稿集にも同様の分析を行った結果，遺稿集4作品は団水よりも西鶴と類似した特徴を示した[2, 3].

ここから，より詳細に検討した結果について見ていく．西鶴の作品は，一般的に章単位の短編の集まりであるとされているため，上記の分析での巻という単位で見ていくと西鶴の傾向が強いけれども，例えば，団水が自分の作品を1

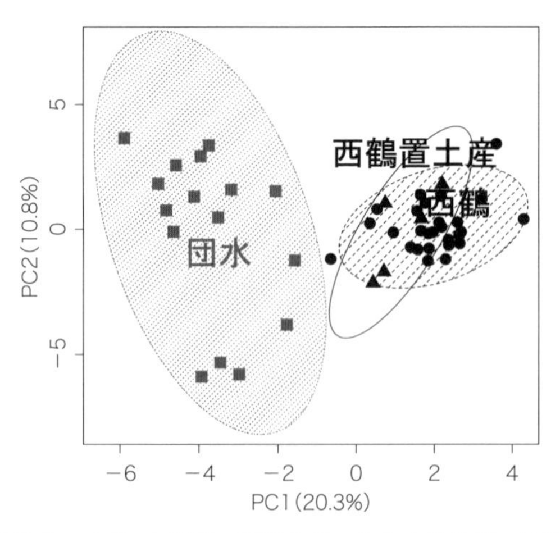

図 2.3 上位 40 種類の助詞を用いた主成分分析の結果.

表 2.7 第 2 主成分までの出現頻度上位 40 種類の助詞の主成分負荷量.

助詞	PC1	PC2	助詞	PC1	PC2	助詞	PC1	PC2
の	0.3854	0.1732	や	−0.0831	−0.3875	のみ	0.3192	0.2488
に	−0.3385	−0.2894	とて	−0.7565	0.1193	ほど	−0.4949	−0.5976
て	0.5926	−0.3715	ども	−0.5928	0.5423	ずつ	−0.2637	0.2957
を	−0.2264	0.3653	ながら	0.0277	−0.3520	かな	0.1579	0.0067
は	0.1688	0.4424	で	0.0175	−0.4327	やら	−0.3579	−0.3077
と	−0.3687	−0.3895	から	0.4227	−0.2183	な	0.1316	−0.1722
も	0.7405	0.0811	こそ	0.4718	−0.0085	でも	0.4489	−0.0534
ば	−0.5927	0.1563	して	0.3680	0.2758	おいて	−0.4304	0.2545
が	0.2716	−0.3975	ばかり	−0.0579	−0.2827	もがな	0.4180	0.2294
より	−0.4174	0.3225	など	0.6684	0.1551	いで	0.3629	−0.0503
へ	−0.5169	0.3696	かし	0.7980	0.1458	固有値	8.1168	4.3180
か	−0.4419	−0.5577	とも	−0.6202	−0.2794	寄与率	0.2030	0.1080
にて	−0.7014	0.5915	さえ	0.4297	−0.2325	累積寄与率	0.2030	0.3110
まで	0.2505	0.2663	よ	−0.4100	−0.2689			
ぞ	0.7248	0.0274	ど	−0.1638	−0.6695			

章分取り入れて 4 章は西鶴の原稿を用いて巻を作るといったように，一部に団水の著作が紛れ込んでいるという疑惑には回答できていない．遺稿集における著者問題に関して，国文学における先行研究では章単位で議論されていることもあるため，章(短編)という，巻より短い単位で検討しても西鶴の特徴がそれぞれの章に見られるのかを検討する．

表 2.8　西鶴浮世草子と団水浮世草子の判別結果(1).

特徴量	評価指数	品詞	名詞	助詞	動詞	助動詞	形容詞	副詞	連体詞	単語
バギング法	正解率	78.2	90.04	94.79	88.63	91	85.78	85.78	77.25	91
	再現率	76.06	90.42	95.36	89.32	89.33	89.6	87.77	74.25	89.81
	適合率	71.58	86.49	92.68	84.28	87.96	79.87	79.48	71.65	89.5
	F_1 値	73.75	88.41	94	86.73	88.64	86.63	83.42	72.93	89.66
ランダムフォレスト法	正解率	82.94	93.84	98.58	91	93.84	89.1	94.31	73.93	95.26
	再現率	82.21	95.83	98.97	94.14	94.21	89.69	95.54	69.98	96.73
	適合率	77.39	90.44	97.79	86.03	91.6	85.02	91.56	68.43	92.65
	F_1 値	79.72	93.06	98.38	89.9	92.88	87.29	93.51	69.2	94.65
エイダブースト法	正解率	79.62	92.89	97.63	89.1	91.47	89.57	90.05	72.51	96.21
	再現率	77.04	92.65	98.31	90.81	90.49	89.6	89.98	68.44	95.66
	適合率	74.94	90.9	96.32	84.25	89.85	86.14	86.87	68.15	95.66
	F_1 値	75.97	91.77	97.31	87.4	90.17	87.83	88.4	68.3	95.66

ここでは**アンサンブル学習**(RF，ブースティング法，**バギング法**[bagging])を用いて検討した．アンサンブル学習(ensemble learning)とは，精度が低い分類器(弱分類器)を機械学習の方法で統合し，精度を高め，強分類器を作り上げる方法である．標本から異なる学習データを作成し，単純なモデルを複数作成し，これらを何らかの方法で統合することで，精度と汎化力を両立するモデルを構築している．

巻で行ったときと同様の手順で検討する．まずは品詞の構成比，単語の出現率，品詞別単語(名詞，助詞，動詞，助動詞，形容詞，副詞，連体詞)の出現率，bigram の出現率(品詞，助詞，助動詞)の 12 種類の特徴量を対象に，西鶴と団水の文章を分類することは可能であるのか，また，どの特徴量で可能であるのかを検討する．

表 2.8 と**表 2.9** に，初期の西鶴浮世草子作品と団水浮世草子作品について，3 種類の分類器を用いた判別結果を掲載した．分類の精度を評価するため，正解率，再現率，適合率，F_1 値を示している．値が高いほど，分類精度が高いと評価する．

F_1 値を見ていくと，バギング法，RF，**エイダブースト法**(adaptive boosting; AdaBoost)のすべてにおいて助詞の分類精度が最も高く，品詞の bigram，品詞，連体詞が低いということが分かる．

次に 12 種類の特徴量のうち，すべての評価指標において値が低かった品詞

表 2.9 西鶴浮世草子と団水浮世草子の判別結果(2).

特徴量	評価指数	品詞の bigram	助詞の bigram	助動詞の bigram
バギング法	正解率	82.94	86.73	85.31
	再現率	82.61	90.69	83.6
	適合率	77	82.11	82.22
	F_1 値	79.71	84.41	82.9
ランダムフォレスト法	正解率	87.2	93.84	91.94
	再現率	90.25	95.23	93.37
	適合率	80.92	90.83	88.27
	F_1 値	85.33	92.97	90.75
エイダブースト法	正解率	83.89	91.94	87.2
	再現率	83.93	91.19	84.98
	適合率	78.09	90.2	84.43
	F_1 値	80.9	90.69	84.7

の bigram，品詞，連体詞を分析対象から外し，9 種類の特徴量(名詞，助詞，動詞，助動詞，形容詞，副詞，単語，助詞の bigram，助動詞の bigram)を用いて，遺稿集 4 作品(『西鶴置土産』，『西鶴織留』，『西鶴俗つれづれ』，『西鶴名残の友』)の各章の文章が，西鶴と団水のどちらの文章と類似しているのかを検討した.

表 2.10 は，西鶴に分類された割合を分析手法別にまとめた表である．バギング法，RF，AdaBoost のすべてにおいて，『西鶴置土産』は西鶴に分類される割合が高く，『西鶴名残の友』は西鶴に分類される割合が他の作品と比較すると低かった．『西鶴織留』と『西鶴俗つれづれ』については，手法によって差が見られたが，『西鶴置土産』と『西鶴名残の友』の間の値が得られた.

章ごとに多数決をとり検討した結果を，**表 2.11** にまとめた．遺稿集 4 作品の遺稿集 83 章のうち，バギング法では『西鶴織留』巻 2⑤，巻 3②，巻 4②，巻 6④，『西鶴名残の友』巻 1④，巻 5②の 6 章が団水の浮世草子に分類され，残りの 77 章は初期の西鶴浮世草子作品に分類された．RF では，83 章のうち『西鶴名残の友』巻 1③，巻 4②，巻 5②の 3 章が団水の浮世草子に分類され，残りの 80 章は初期の西鶴浮世草子作品に分類された．AdaBoost では，83 章のうち『西鶴織留』巻 2⑤，巻 5③，『西鶴俗つれづれ』巻 1③，『西鶴名残の友』巻 1④，巻 2④，巻 5②の 6 章が団水の浮世草子に分類され，残りの 77 章は初期の西鶴浮世草子作品に分類された.

表 2.10 西鶴に分類された割合.

	バギング法	RF	AdaBoost
『西鶴置土産』	0.963	0.993	0.941
『西鶴織留』	0.744	0.918	0.744
『西鶴俗つれづれ』	0.833	0.901	0.796
『西鶴名残の友』	0.720	0.786	0.667

表 2.11 分析結果のまとめ.

	バギング法	RF	AdaBoost
『西鶴置土産』	—	—	—
『西鶴織留』	巻 2⑤, 巻 3②, 巻 4②, 巻 6④	—	巻 2⑤, 巻 5③
『西鶴俗つれづれ』	—	—	巻 1③
『西鶴名残の友』	巻 1④, 巻 5②	巻 1③, 巻 4②, 巻 5②	巻 1④, 巻 2④, 巻 5②

このことから章単位での分析においても，西鶴と団水の作品の分類は可能で，また遺稿集の多くの章が真作であることが確実な初期の西鶴 4 作品と類似した特徴を示すということが明らかになった[6].

2.7.4 おわりに

本節では江戸時代前期の俳諧師・浮世草子作者である井原西鶴の浮世草子に提起されている疑問のなかでも，西鶴の没後に団水の編集を経て出版されたことから，著者に関する疑惑が提出されている遺稿集 4 作品(『西鶴置土産』,『西鶴織留』,『西鶴俗つれづれ』,『西鶴名残の友』)について検討を行った. 西鶴浮世草子と団水浮世草子の比較分析を行い，西鶴と団水の作品を分類するのに有効な特徴量を検討し，その結果を踏まえて，遺稿集 4 作品の文章が，西鶴と団水のどちらの文章と類似しているのかを数量的な観点から調べた. 巻単位と章単位の検討を行った結果，これまで西鶴の遺稿と見られてきた作品において，多くの部分が西鶴の文章である可能性が高いということが明らかになった. そのため，団水が西鶴の遺稿を，自身の文章に変化させるほどの編集や作品の追加を行ったとはいえず，手を加えたとしても，限られた程度であったことが推察される. また，その限られた手が加わった部分に関しては，章を対象とした分析より，出版年が遅くなるにつれ，団水に分類された割合が増加したことから，団水の手が加わった割合は出版年が遅くなるにつれて，増加した可能性が示唆される.

解析に使用した文献

浅野晃・他編(2000-2007)新編西鶴全集. 全5巻. 勉誠出版.
野間光辰・吉田幸一編(1980)北條團水集. 第1・2巻. 古典文庫.

第3章　『源氏物語』を中心とした平安文学の計量分析

現代文を対象とした計量的な研究は広く行われている．しかし，古典文を対象とする計量的な研究は，現代文に対する研究に比べて十分に展開されているとは言いがたい．これは古典作品を理解するためには国語学や国文学の専門知識を必要とするということ，および校訂本文の取扱いに注意を払う必要が大きいからであると考えられる．また，古典文学作品の多くは現代文と異なり，作者の手によるオリジナルの原稿が散逸しており，そのような場合は書写によって今に伝えられている．そのため，古典文学作品が本来有していたと考えられる文体的特徴が希釈されている可能性がある．

したがって，本章ではまず現代文を対象とした計量分析が古典文学作品においても有効であることを確認し，その後に古典文学作品において提起されている作者に関する問題などについて統計的な分析を行う．特に「**宇治十帖**」と称される『**源氏物語**』の最終10巻における他作者説は有名であることから，本章ではこの「宇治十帖他作者説」を中心に作者に関する問題を解明するために行われた計量的なアプローチを概観する．

3.1　文章の計量分析における研究テーマ

文学的文章について計量的な分析を行うとき，注目するのは文章に現れる形式的な特徴である．形式的な特徴というのは，後に紹介するような文章や作品における特定の品詞や単語の出現傾向などを言う．文章の計量分析では，統計手法を用いてこの文体の形式的な特徴を分析するのである．このような計量分析を行うことで，さまざまな研究テーマを扱うことができる．例えば，著者の識別や同定を目的とするのであれば，複数の著者の文章を分析対象として，著者間の文体的特徴の相違について検討を加えることになる．また，特定の1人の著者の文章を分析対象として，文体的特徴の出現傾向の変化について検討を加えることもある．この場合，ジャンルによる文体の相違や，執筆時期による文体の変化を明らかにすることが目的となる．ここでジャンルというのは小説や随筆などといった作品の性格に基づく分類を指し，執筆時期というのは特定の観点から見た作家としての活動期間の区分を指す．また1人の著者の作品を対象とし，ジャンルや区分を考慮せずに，出現傾向が継時的に変化する文体的特徴を特徴量とした分析を通じて，文章の執筆順序や執筆年代の推定を行うこともある．

このように著者の識別や執筆順序の推定を目的とする研究は，現代文を対象とする分野では広く展開されている．著者の識別を目的とした代表的な研究として，読点の打ち方に書き手の特徴が表れることを明らかにした金[170]，助詞の出現傾向によって書き手の識別が可能であるとした金[85]，機械学習の手法であるRFによって著者の識別を行った金・村上[134]などがある．また，文学作品を対象として統計手法を用いて分析を行った研究事例として，川端康成の小説における代筆疑惑について計量的に検討を加えた孫・金[27]や，病前病後における文体の変化を検討した劉・金[36]などがある．執筆順序の解明を目的とした研究では，芥川龍之介の著作を対象とした金[35]，夏目漱石の小説を対象とした土山[171]，村上春樹の小説を対象とした工藤ら[172, 173]などがある．

これら文体的特徴を用いた計量分析は，古典文学作品についても行われている．日本の古典文学の代表的な作品である『源氏物語』は54巻にわたる長編物語であるが，「宇治十帖」と称される最終10巻については古くから他作者説が提起されている．また，『源氏物語』の巻序は作中の時間軸に基づいて54巻が配列されたもので，これら諸巻の成立の順序は現行の巻序とは異なるという見解がある．前者は著者の識別に関わる問題であり，後者は執筆順序の推定の分析手法を応用できる問題である．古典文学作品におけるこれらの問題を解明するに当たって，計量的なアプローチは有効な研究手段となることが期待される．

そこで本章では『源氏物語』を中心とした古典文学作品についての計量的な研究事例を概観するのであるが，その前に今述べた他作者説と執筆順序の問題についてこれまでの議論をまとめておきたい．

表 3.1 『源氏物語』各巻の分類.

巻名	部	系統など	巻名	部	系統など
01 桐壺	第一部	紫上系	28 野分	第一部	玉鬘系
02 帚木	第一部	玉鬘系	29 行幸	第一部	玉鬘系
03 空蟬	第一部	玉鬘系	30 藤袴	第一部	玉鬘系
04 夕顔	第一部	玉鬘系	31 真木柱	第一部	玉鬘系
05 若紫	第一部	紫上系	32 梅枝	第一部	紫上系
06 末摘花	第一部	玉鬘系	33 藤裏葉	第一部	紫上系
07 紅葉賀	第一部	紫上系	34 若菜上	第二部	
08 花宴	第一部	紫上系	35 若菜下	第二部	
09 葵	第一部	紫上系	36 柏木	第二部	
10 賢木	第一部	紫上系	37 横笛	第二部	
11 花散里	第一部	紫上系	38 鈴虫	第二部	
12 須磨	第一部	紫上系	39 夕霧	第二部	
13 明石	第一部	紫上系	40 御法	第二部	
14 澪標	第一部	紫上系	41 幻	第二部	
15 蓬生	第一部	玉鬘系	42 匂宮	第三部	匂宮三帖
16 関屋	第一部	玉鬘系	43 紅梅	第三部	匂宮三帖
17 絵合	第一部	紫上系	44 竹河	第三部	匂宮三帖
18 松風	第一部	紫上系	45 橋姫	第三部	宇治十帖
19 薄雲	第一部	紫上系	46 椎本	第三部	宇治十帖
20 朝顔	第一部	紫上系	47 総角	第三部	宇治十帖
21 少女	第一部	紫上系	48 早蕨	第三部	宇治十帖
22 玉鬘	第一部	玉鬘系	49 宿木	第三部	宇治十帖
23 初音	第一部	玉鬘系	50 東屋	第三部	宇治十帖
24 胡蝶	第一部	玉鬘系	51 浮舟	第三部	宇治十帖
25 蛍	第一部	玉鬘系	52 蜻蛉	第三部	宇治十帖
26 常夏	第一部	玉鬘系	53 手習	第三部	宇治十帖
27 篝火	第一部	玉鬘系	54 夢浮橋	第三部	宇治十帖

3.2 『源氏物語』における計量的な研究課題と研究事例

3.2.1 『源氏物語』の他作者説および執筆順序の問題

『源氏物語』の他作者説については，主にその第三部(第 42 巻「匂宮」から第 54 巻「夢浮橋」までの 13 巻)について論じられている．この『源氏物語』が三部で構成されるというのは池田[174]による分類で，**表 3.1** に示したように，第一部は第 1 巻「桐壺」から第 33 巻「藤裏葉」まで，第二部は第 34 巻「若菜上」から第 41 巻「幻」までの 8 巻，第三部は第 42 巻「匂宮」から第 54 巻「夢浮橋」までの 13 巻である．この第三部の第 42 巻「匂宮」以降の 13 巻は光源氏没後の物語であり，第45巻「橋姫」以降の10巻は一般に「宇治十帖」と称されていることは周知の通りである．この「宇治十帖」の作者については一条兼良（1402～1481）が『花鳥余情』の中で紫式部の娘である大弐三位であるとしている．つまり，15世紀においてすでに「宇治十帖」の他作者説が論じられているのである．また，「匂宮三帖」と称される第42巻「匂宮」，第43巻「紅梅」，および第44巻「竹河」の3巻についても石田[175]によって他作者説が提起されていて，「竹河」の官位昇進の記述が「宇治十帖」と矛盾することから，紫式部と親しい同時代の別人の作であるという可能性が指摘されている．

次に『源氏物語』の執筆順序の問題について，本居宣長（1730～1801）は『源氏物語玉の小櫛』の中で，第2巻「帚木」の冒頭の「いひ消たれ給ふとが多かんなるに」や「かかる好きごと」という文章を問題にして，これらが指す内容が第1巻「桐壺」に記述されていないことから，第1巻「桐壺」から第2巻「帚木」への接続に問題があることを指摘している．同様の問題は和辻哲郎も指摘している．和辻[176]によれば，第1巻「桐壺」において光源氏は母に似た継母藤壺に思慕の情を抱き，光源氏の最初の正妻である葵の上を好きになれなかったことが描かれているが，その一方で第2巻「帚木」では光源氏は恋多き好色な人物として描かれており，ここに違和感が残ると述べる．また，「帚木」冒頭の「いひ消たれ給ふとが多かんなるに」や「かかる好きごと」といった記述があることは，「帚木」が執筆された当時の読者が「桐壺」に描かれていない光源氏について，何らかの知識を有していることが前提にならなければならないと論じている．

このような『源氏物語』の成立をめぐる問題について別の観点から見解を提出したのは武田宗俊である．武田[177]は『源氏物語』第一部の33巻が表3.1に示す通り紫上系と玉鬘系という2つの系統に分かれると論じている．このように分類する根拠として，初登場が紫上系の人物は玉鬘系にも登場するが，初登場が玉鬘系の人物は紫上系に例外なく登場しないという事実をあげている．したがって，『源氏物語』の第一部はまず紫上系17巻が執筆され，その後に玉鬘系の16巻が執筆され紫上系の中途に挿入されたと指摘する．武田宗俊によって論じられた成立論の詳細については大野晋の『古典を読む 源氏物語』[178]を参照されたい．

なお作品の成立をめぐる同様の問題は，『源氏物語』より先んじて成立した長編物語の**『うつほ物語』**にも見られるので，簡単にふれておきたい．『うつほ物語』は『源氏物語』に比べると注目されることが多くはないが，この作品は20巻にわたる現存最古の長編物語であり，おそらく日本の文学史上初めて長編化が試みられた物語である．また『源氏物語』や『枕草子』においても『うつほ物語』は言及され，当時の宮中において『うつほ物語』は十分に享受されていたことが推測されることなど，『うつほ物語』の文学的な影響は大きく，それゆえ日本文学史において重要な作品と位置づけられている．この『うつほ物語』という物語は2つの視点によって語り分けられていると考えられる．1つ目の視点は第1巻「俊蔭」から始まる，遣唐使であった清原俊蔭が波斯から持ち帰った秘琴伝授にまつわる俊蔭一族の四代を継時的に語る物語であり，もう1つの視点は第2巻「藤原の君」を始点として，清原俊蔭の孫の藤原仲忠を中心にヒロインのあて宮をめぐる「あて宮求婚譚」である．この点に注目して，室城[179]は俊蔭一族の物語を縦の系図，あて宮求婚譚を横の系図と称している．

そして『うつほ物語』も『源氏物語』と同様に作者に関する問題がある．古くから勅撰和歌集の後撰和歌集の撰者の1人であった源順（911～983）が有力な候補としてあげられることもあるが，作者については詳らかではない．加えて，『うつほ物語』の成立過程についても明らかではない．そもそも『うつほ物語』の巻序については諸説あり，現在刊行されている注釈書においても巻序にゆれが認められる．また，従来から『うつほ物語』の記述には矛盾や齟齬などがあることも指摘されている．例えば，第1巻「俊蔭」には，後続する第2巻「藤原の君」の内容が既知であることを前提とした記述箇所が認められ，その一方で「藤原の君」には「俊蔭」の内容を前提とした記述が認められないとの報告がある[180]．つまり，この指摘に基づくと第1巻「俊蔭」は第2巻「藤原の君」が成立した後に執筆されたという可能性が考えられるのである．また，他にも第11巻「内侍のかみ」では，直前の第10巻「あて宮」において死去した源仲澄という人物が再び登場するという矛盾も認められる．

以上が『源氏物語』や『うつほ物語』において論じられる作者の問題および成立過程の問題の概要である．次項ではこれらの問題を関する計量的な研究事例を振り返っておきたい．

3.2.2 『源氏物語』を中心とした計量的な研究事例

これまで取り上げてきた『源氏物語』の問題に直接関係しないが，日本の古典文学作品を対象とした初期の計量的な研究として歴史的な意義を持つのは，1956 年に発表された大野晋による研究である．大野[146]は『万葉集』『枕草子』『徒然草』『方丈記』『紫式部日記』『土佐日記』『讃岐典侍日記』『竹取物語』『源氏物語』を分析対象とし，これら 9 つの文献における品詞の出現率を集計したところ，名詞の出現率が減少するにつれて動詞，形容詞，形容動詞の出現率が増加することを明らかにした．これは「**大野の法則**」と称され，水谷[147]において数理的に定式化された．

『源氏物語』に関する初期の計量的な研究は，主として「宇治十帖」の他作者説をめぐるものであった．まず安本美典によって統計的仮説検定を用いた他作者説の計量的な研究が 1957 年に発表されている．安本[68]では『源氏物語』全 54 巻を「宇治十帖」とその他の 44 巻の 2 つの群に分割し，12 の項目について検定を行っている．検定に用いた項目は(1)長編度(各巻のページ数)，(2)和歌の使用度，(3)直喩の使用度，(4)声喩の使用度，(5)心理描写の使用度，(6)文の長さ(各巻の文の長さの平均)，(7)色彩語の使用度，(8)名詞の使用度，(9)用言の使用度，(10)助詞の使用度，(11)助動詞の使用度，(12)語の長さである．ここで，(2)和歌の使用度，(3)直喩の使用度，(4)声喩の使用度，(5)心理描写の使用度，(7)色彩語の使用度の 5 項目は各巻の 1 ページあたりの頻度を求めている．他方，(8)名詞の使用度，(9)用言の使用度，(10)助詞の使用度，(11)助動詞の使用度の 4 項目については各巻から 1000 字を**サンプリング**し，その中に含まれている各項目の頻度を求めている．最後に，(12)語の長さは各巻からサンプリングした 1000 字の中に含まれている単語数を求めている．なお，(5)心理描写とは「思す」「おぼす」「覚ゆ」などの語で終わる文を指し，これを集計している．したがって，安本[181]における分析は『源氏物語』の全文が分析の対象になっていない．検定では**マン・ホイットニーの U 検定**を行っている．マン・ホイットニーの U 検定とは分布を仮定しない**ノンパラメトリック**(non-parametric)の検定手法である．検定の結果，各巻のページ数，和歌の使用度，直喩の使用度，声喩の使用度，心理描写の使用度，色彩語の使用度，名詞の使用度，用言の使用度，助詞の使用度，品詞数の 10 項目において「宇治十帖」とその他の 44 巻との間に有意差が認められた．有意差が認められなかった項目は文の長さと助動詞の使用度の 2 項目である．この結果に基づいて，安本[181]は「宇治十帖」の文体は作り物語的，用言的，緊密かつ連続的な構想による詳細な描写を特徴とし，一方，他 44 巻の文体は歌物語的，体言的，飛躍的，断続的な構成による直感的描写を特徴とすると考察した．これによって，「宇治十帖」の作者は他 44 巻の作者と同一人物であるとは言いがたいと結論づけている．

次いで，安本[182]においては，安本[181]と同様のサンプリングによって得られた 12 項目を用いて因子分析を行い，再び「宇治十帖」において論じられる他作者説について検討を加えている．因子分析の結果，「宇治十帖」は他の 44 巻に比べ，伝奇的，浪漫的，長編小説的な「作り物語型」の特徴を有し，加えて比喩表現の少ない「比喩節用型」であると結論づけられている．この結論に基づいて，安本[182]では少なくとも「宇治十帖」は他の 44 巻と文体が異なると考えられると論じられている．

また，新井[183]は安本[181]や安本[182]と同様に，「宇治十帖」において論じられる他作者説について計量的な観点から検討を加えている．新井[183]では『源氏物語』各巻の巻頭と巻末を除く中央部から各巻の長さに応じて文字データを機械的にサンプリングし，文章の長さ，頭子音と母音の頻度を『源氏物語』の三部構成説に則り，集計している．文章の長さについては各部における文数，その平均値，標準偏差を求め，頭子音および母音については頭子音と各部，母音と各部で**クロス集計**を行っている．例えば，母音の集計では「あ列」「い列」「う列」「え列」「お列」と「第一部」「第二部」「第三部」の 5 行 3 列のクロス集計となる．文章の長さについては ***t* 検定**（*t* test）を，頭子音および母音にはカイ二乗検定を行い，その結果，「宇治十帖」の作者が他の諸巻の作者と別人であるとは考えられないと述べている．

以上，『源氏物語』の他作者説について 3 つの計量的な研究を紹介した．これらの研究は統計的に『源氏物語』にアプローチしたという点で，それぞれに意義を有するが，いずれも『源氏物語』の全文を用いた分析は行われていない．これは『源氏物語』の本文が電子テキスト化されていなかった，すなわちテキストデータが存在しなかったことによる．

『源氏物語』の本文の電子テキスト化は，青表紙本系の大島本を底本として村上征勝によって 1994 年から 1996 年にかけて行われた．これによって『源氏

表 3.2　村上・今西[87]における『源氏物語』のグループ分け.

グループ	対象数	巻
A	17	1, 5, 7, 8, 9, 10, 11, 12, 13, 14, 17, 18, 19, 20, 21, 32, 33
B	16	2, 3, 4, 6, 15, 16, 22, 23, 24, 25, 26, 27, 28, 29, 30, 31
C	11	34, 35, 36, 37, 38, 39, 40, 41, 42, 43, 44
D	10	45, 46, 47, 48, 49, 50, 51, 52, 53, 54

物語』の計量研究は新たな局面に入ったと言うことができる．その成果のひとつは，『源氏物語』の成立過程について新しい知見を加えることができたことである．このテキストデータを用いて，村上・今西[87]では計量的な観点に基づき『源氏物語』の構造を明らかにすることを目的とし，**数量化Ⅲ類**という多変量解析の手法を用いて分析が行われている．また，村上・今西[87]では現代文に対する分析と同様に，文中において文法的機能を担う助動詞の出現率を特徴量とした．助動詞を特徴量とする背景は，文法的機能を担う単語，すなわち機能語の出現傾向は，語彙的意味を担う単語に比べて描かれる内容による影響を受けにくいと考えられるからである．

先にふれたように『源氏物語』は三部構成であると考えられ，またこのうち第一部は2つの系統に分割できるという指摘がある．これらの見解に基づいて，村上・今西[87]では**表 3.2**のように『源氏物語』54巻をA，B，C，Dの4つのグループに分類し，分析を行っている．なお，Aは紫上系，Bは玉鬘系，Dは「宇治十帖」であり，Cは第二部と「匂宮三帖」が該当する．分析の結果，「宇治十帖」は玉鬘系と類似した傾向を有していることが報告されており，またこの分析結果に基づき，第1巻「桐壺」を起筆の巻，第54巻「夢浮橋」を擱筆の巻と仮定すれば，『源氏物語』はA，C，B，Dの順で成立した可能性があることを論じている．『源氏物語』の他作者説および成立過程の研究の現状については後でふれることとして，次項では上に紹介した研究事例をふまえて，計量的な研究方法の実際について概観したい．

3.3　古典文学作品への計量的なアプローチ

3.3.1　古典文学作品における計量分析の有効性についての検討

作者の問題や成立過程あるいは執筆順序に関連する問題について，計量的な手法を用いて分析するとき，現代文を対象とした研究では助詞や助動詞といった単語，あるいは句読点などの記号の出現傾向を特徴量として分析を行うことが多い．これは名詞や動詞などの語彙的意味を担う単語の出現頻度は物語の内容の影響を強く受けることが予想されるからである．同一作者であっても恋愛小説と推理小説では，作中に出現する名詞や動詞の出現傾向が同様ではない可能性が予想される．それに対して，文法的機能を担う単語や記号の出現頻度は物語の内容の影響を受けにくいと考えられる．そのため，助詞や助動詞などの機能語が文学的文章の計量分析に広く用いられるのである．

機能語の他にも，出現傾向がストーリーの影響を受けにくいと考えられる特徴量が分析に用いられる．例をあげると，対象となる文献における品詞の比率や単語の長さの分布，*n*-gram モデルを用いた単語の共起頻度などである．

これらの特徴量は古典文学を対象とした計量分析においても有効であると考えられるが，古典文と現代文との間に大きな相違点がある．それは近現代の文章は著者によるオリジナルの原稿が現存しているが，『源氏物語』を始めとして古典文学では多くの場合，本章の冒頭で述べたようにオリジナルの原稿が散逸し，書写によって伝えられていることが多いということである．文学的文章を対象とした計量分析では文章の文体的特徴を特徴量として統計解析を行うことが多いが，古典文学作品の場合は作者の文体的特徴が書写を経ることで希釈されている可能性が考えられる．また，先にふれたように現代文の分析では著者の識別を行うために読点などの記号を特徴量として分析に用いることが有効である．しかし，古典文学には文中に句読点などの記号が存在しない．それゆえ，現代文と古典文を取り巻く状況は同様ではないということも留意しなくてはならない．

そこで，まずは現代文を対象とした分析手法が古典文学に対する計量分析においても有効であることを確認するために，『源氏物語』54 巻と『うつほ物語』20 巻を分析対象とし，物語別に分類できるのか検討を加えたい．分析に用いる対象の総数は 74 となる．この 2 つの物語を分析対象とすることは，およそ同時期に成立したこと，和文体であること，長編物語であることという 3 点の共通性に基づく．現代文を対象として行われている計量的な分析手法が古典文学に対しても有効であるのであれば，『源氏物語』と『うつほ物語』との間に計量的な特徴の相違が認められ，それが可視化できると予想される．そこで本章における計量分析では主成分分析を用いる．主成分分析は主成分と呼ばれる合成変数を作成し，これによって元の多次元データが持つ情報を可能な限り損なわずに低次元に縮約する手法である．そのため，主成分分析は次元縮約の手法と称される．例えば，変数が４つあるデータ，すなわち４次元データの可視化は非常に難しいが，このデータを２次元に縮約できれば**散布図**として可視化できるのである．本章においては主成分分析において求められた第１主成分を横軸，第２主成分を縦軸とし，分析対象の**主成分得点**をプロットした散布図を用いて，主成分分析の結果を可視化する．散布図においてプロットされる各個体の図上における距離がそのまま個体間の類似性を表す．つまり，類似している個体は近くに，類似していない個体は遠くにプロットされるのである．本章では主成分分析について適宜補足するが，詳細については他稿に譲りたい．

分析に使用するデータは前掲の村上・今西[87]で使用されたデータと同じものである．このデータは藤原定家に校定された写本系統である青表紙本系の大島本を底本としたテキストデータであり，専門家の手によって『源氏物語』の本文に現れるすべての単語の表記形，終止形，品詞情報などの情報が付与されている．この処理を行う際の単語の認定は『源氏物語大成 索引篇』に準拠している．すなわち，人の手によって形態素解析がなされたデータであると言える．なお，このデータを取りまとめた資料は『源氏物語語彙用例総索引－自立語編－』および『源氏物語語彙用例総索引－付属語編－』として刊行されている．他方，『うつほ物語』のデータは尊経閣文庫蔵前田家本を底本とする『宇津保物語 全 改訂版』の本文が用いられている．こちらも『源氏物語』と同様に専門家の手によって形態素解析が行われたデータである．単語の認定についても『源氏物語』と同様に『源氏物語大成 索引篇』に準拠している．すなわち，『源氏物語』および『うつほ物語』のテキストデータは同一の基準によって単語認定が行われているのである．文学作品を計量的に分析する際に，複数の文献が同一の基準によって単語認定されているということはきわめて重要である．これは，異なる基準で単語認定されている場合，複数の文献あるいは作品の間に計量的な相違が認められたとしても，それが文献や作品の文体的特徴の相違に起因するのか，あるいは単語認定の基準の相違に起因するのか判断できないためである．

表 3.3 『源氏物語』および『うつほ物語』の延べ語数と異なり語数.

	源氏物語		うつほ物語	
	延べ語数	異なり語数	延べ語数	異なり語数
助詞	119694	56	78889	87
補助動詞	19414	7	11054	26
助動詞	43624	26	25547	37
動詞	62897	5286	42497	3353
名詞	65697	5922	55543	6394
副詞	15616	273	8142	253
連帯詞	3106	11	2289	22
形容詞	22263	840	9208	504
連語	8194	645	4689	424
代名詞	2254	46	2984	53
形容動詞	9063	687	2831	309
接続詞	290	6	480	13
感動詞	260	15	343	27
その他	4104	73	3141	79

『源氏物語』と『うつほ物語』に対して主成分分析を行う前に，まず両物語の統計情報をまとめたい．**表 3.3** に示したように，『源氏物語』は全巻を通じて 37 万語以上の単語が使用されており，『うつほ物語』は 24 万語以上の単語が使用されている．また，異なり語数とは見出し語の数を意味する．つまり，各見出し語の頻度を合計すると延べ語数と等しくなる．両物語における品詞別の延べ語数および異なり語数についても表 3.3 を参照されたい．まず，両物語に出現する助詞に注目すると，「ニ」「テ」「ノ」などの単語がどちらの物語においても共通して高い頻度で出現していることが分かる．**表 3.4** は両物語を通じた出現頻度の高い助詞 20 語のリストであり，両物語における出現頻度の合計によって降順にソートしている．また，表中におけるカバー率とは延べ語数に対する累積の出現頻度の割合である．例えば，表 3.4 における「ナド」という単語までのカバー率は 80.0% を超えており，両物語において出現する助詞の 8 割をこれら 9 単語が占めるということである．カバー率は累積使用率とも称される．また，表 3.3 より『源氏物語』には 56 種類の助詞が用いられており，その延べ語数はおよそ 12 万語である．対して，『うつほ物語』には 87 種類の助詞が用いられており，延べ語数は 8 万語弱である．すなわち，『うつほ物語』は『源氏物語』よりも延べ語数が少ないにもかかわらず異なり語数は

表 3.4 助詞の出現頻度上位 20 語.

単語	源氏物語	うつほ物語	合計	カバー率
ニ/助詞	18331	13221	31552	15.89
テ/助詞	16054	11287	27341	29.66
ノ/助詞	14307	9781	24088	41.79
ト/助詞	10673	7100	17773	50.74
モ/助詞	12096	4973	17069	59.33
ハ/助詞	9001	6893	15894	67.34
ヲ/助詞	9608	5574	15182	74.98
バ/助詞	5506	3901	9407	79.72
ナド/助詞	3849	1712	5561	82.52
ナム/助詞	1802	1711	3513	84.29
コソ/助詞	1869	1608	3477	86.04
ヤ/助詞	1994	1442	3436	87.77
ド/助詞	2431	903	3334	89.45
ゾ/助詞	1699	1068	2767	90.84
ヨリ/助詞	1346	1252	2598	92.15
カナ/助詞	670	541	1211	92.76
ツツ/助詞	799	384	1183	93.35
バカリ/助詞	593	501	1094	93.91
ノミ/助詞	738	355	1093	94.46
デ/助詞	576	408	984	94.95

多く，『うつほ物語』に用いられており『源氏物語』に出現しない助詞は 31 語あるということである．この 31 語のうち，『うつほ物語』の全 20 巻を通じて 1 回しか出現せず，なおかつ『源氏物語』に 1 回も出現しない単語は 21 語ある．その一方で，『源氏物語』には出現するが『うつほ物語』には出現しないという単語は，本書で使用しているデータには存在しない．

次に助動詞に目を向けると，**表 3.5** に示すように「ズ」「ム」「タリ」などの単語が両物語において共通して多く用いられていると言える．助動詞に関しては出現頻度上位 20 語までのカバー率が 99.0% を超える．また，表 3.3 を見ると『源氏物語』における助動詞の延べ語数は 43624 語であり，異なり語数は 26 語である．一方，『うつほ物語』における延べ語数は 25547 語であり，異なり語数は 37 語となる．助動詞の各単語の生起状況を調べると，助詞とは異なり，『源氏物語』に出現するが『うつほ物語』には出現しないという助動詞がある．「マス」という助動詞が『源氏物語』において第 7 巻「紅葉賀」および第 26 巻「常夏」において 1 回ずつ出現している．反対に，『うつほ物語』に用

表 3.5　助動詞の出現頻度上位 20 語.

単語	源氏物語	うつほ物語	合計	カバー率
ズ/助動詞	5576	3365	8941	12.93
ム/助動詞	4766	3262	8028	24.53
タリ/助動詞	4312	2269	6581	34.05
ナリ/助動詞	3536	2199	5735	42.34
キ/助動詞	2997	2547	5544	50.35
リ/助動詞	3380	1614	4994	57.57
ヌ/助動詞	3219	1759	4978	64.77
ケリ/助動詞	3637	1202	4839	71.76
ベシ/助動詞	2895	1163	4058	77.63
ツ/助動詞	1485	1218	2703	81.54
ス/助動詞	1267	1049	2316	84.89
ル/助動詞	1453	571	2024	87.81
メリ/助動詞	978	578	1556	90.06
サス/助動詞	686	503	1189	91.78
ラル/助動詞	646	523	1169	93.47
ラム/助動詞	670	472	1142	95.12
ジ/助動詞	521	363	884	96.40
ケム/助動詞	479	184	663	97.36
マジ/助動詞	472	149	621	98.26
マシ/助動詞	398	204	602	99.13

いられており『源氏物語』に出現しない助動詞は 12 語あり,『うつほ物語』において 1 回しか出現せず, かつ『源氏物語』に 1 回も出現しない単語は 9 語ある.

次に当初の目的である古典文学作品を対象としたときに計量的な手法で作品別に分類できるのか検討する. 先にふれたように文章の計量分析では助詞の出現率と助動詞の出現率を特徴量とし, 分析を加えることが多い. **表 3.6** に示すように『源氏物語』および『うつほ物語』の各巻の延べ語数, すなわちストーリーの長さは均一ではないので, 分析においては出現頻度ではなく出現率を用いる. 一般的に出現率は各単語の出現頻度を延べ語数で割ることで求められる. ただし, 分母として分析の対象となる文献の単純な延べ語数を用いるか, あるいは対象となる文献における各品詞の総度数を用いるかで, 単語の出現率の求め方が 2 つに大別される. 例えば,『源氏物語』の第 1 巻「桐壺」における助詞の「ニ」の出現率を求める際に,「桐壺」の延べ語数を用いるか,「桐壺」における助詞の総度数を用いるかという違いである. 前者の出現率は他の

表 3.6 『源氏物語』と『うつほ物語』の延べ語数.

源氏物語						うつほ物語	
巻名	述べ語数	巻名	述べ語数	巻名	述べ語数	巻名	述べ語数
01 桐壺	4804	21 少女	10040	41 幻	4286	01 俊蔭	17430
02 帚木	9383	22 玉鬘	8186	42 匂宮	2696	02 藤原の君	10939
03 空蟬	2187	23 初音	2689	43 紅梅	2517	03 忠こそ	6786
04 夕顔	9566	24 胡蝶	4041	44 竹河	8065	04 春日詣	4792
05 若紫	9406	25 蛍	3767	45 橋姫	7299	05 嵯峨の院	10910
06 末摘花	6139	26 常夏	4351	46 椎本	7290	06 祭の使	9126
07 紅葉賀	5559	27 篝火	653	47 総角	17437	07 吹上上	8868
08 花宴	2009	28 野分	3510	48 早蕨	3557	08 吹上下	4604
09 葵	9167	29 行幸	5235	49 宿木	18839	09 菊の宴	12404
10 賢木	9664	30 藤袴	2795	50 東屋	12999	10 あて宮	5369
11 花散里	724	31 真木柱	7234	51 浮舟	14415	11 内侍のかみ	18739
12 須磨	8391	32 梅枝	3638	52 蜻蛉	11798	12 沖つ白波	4924
13 明石	7865	33 藤裏葉	4430	53 手習	14221	13 蔵開上	18502
14 澪標	6296	34 若菜上	20199	54 夢浮橋	3556	14 蔵開中	11085
15 蓬生	4605	35 若菜下	20223			15 蔵開下	12853
16 関屋	934	36 柏木	7926			16 国譲上	17559
17 絵合	3656	37 横笛	3694			17 国譲中	16762
18 松風	4030	38 鈴虫	2748			18 国譲下	23476
19 薄雲	6023	39 夕霧	14021			19 楼の上上	14747
20 朝顔	3993	40 御法	3720			20 楼の上下	17762

品詞に対する助詞の比率が『源氏物語』全54巻および『うつほ物語』全20巻のすべてにおいておよそ等しいのであれば，多変量解析を行った際の分析結果は後者の出現率を用いた場合と同様になることが予想される．しかし，『源氏物語』と『うつほ物語』の各巻の間において助詞の比率が顕著に相違するのであれば，助詞の単語の出現傾向ではなく助詞の比率の相違が分析結果に表れてしまいかねない．そのため，本章では後者の出現率，つまり各巻における各品詞の総度数を分母とする出現率を用いる．どちらの出現率を用いるかは対象となる文献の特徴と分析目的に応じて分析者が決定しなくてはならない．

まず，助詞の出現率を特徴量として主成分分析を行う．分析を行うにあたって助詞のすべての単語を，つまり87語を用いた．主成分分析の結果は**図3.1**に示す通りである．図3.1の散布図における横軸は第1主成分を示しており，横軸の負の領域に『うつほ物語』の20巻がプロットされており，『源氏物語』の54巻の多くは横軸の正の領域にプロットされている．図3.1に示されたよ

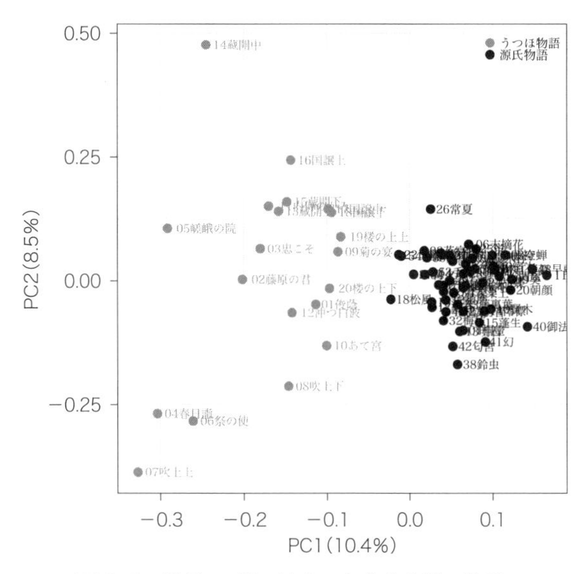

図 3.1　助詞 87 語に対する主成分分析の結果.

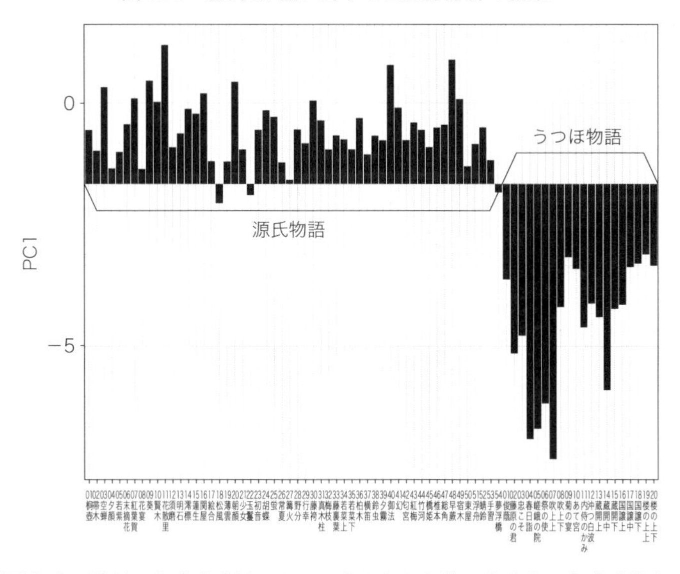

図 3.2　助詞の主成分分析によって求められた第 1 主成分の主成分得点.

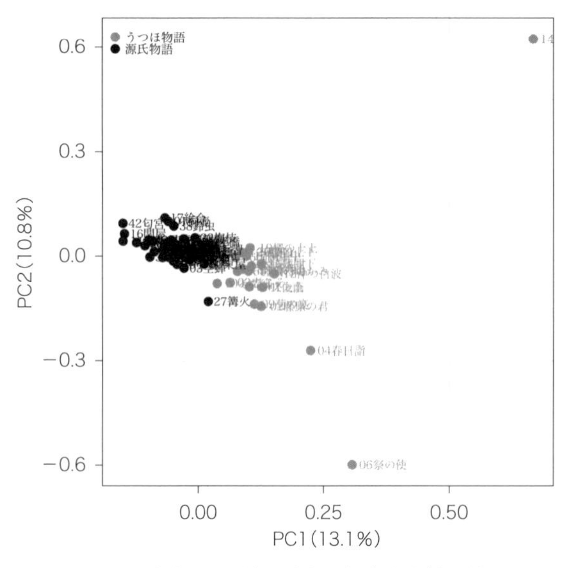

図 3.3　助動詞 38 語に対する主成分分析の結果.

うに,『源氏物語』と『うつほ物語』は第 1 主成分において分類されることから,『源氏物語』と『うつほ物語』は異なる計量的な特徴を持っていると考えられる. **図 3.2** は第 1 主成分の主成分得点を可視化した棒グラフである. 図 3.2 を見ると『源氏物語』の第 18 巻「松風」, 第 22 巻「玉鬘」, 第 54 巻「夢浮橋」の 3 巻の主成分得点が負となるが, 総じて『源氏物語』の諸巻は正の値をとり,『うつほ物語』の 20 巻は負の値をとることから, 両物語における助詞の出現傾向の相違が端的に示されていると言える.

次いで, 助動詞の出現率を特徴量とする分析においても 38 単語すべてを用いて主成分分析を行った. 第 1 主成分と第 2 主成分の主成分得点を可視化したグラフが **図 3.3** である. また, **図 3.4** は第 1 主成分の主成分得点の棒グラフであり,『源氏物語』のおよそすべての巻は第 1 主成分の主成分得点が負となり,『うつほ物語』全 20 巻は正となっていることが分かる. 図 3.3 において『うつほ物語』の第 6 巻「祭の使」や第 14 巻「蔵開中」などが『うつほ物語』の他の諸巻から離れて付置されているが, 第 1 主成分の主成分得点に基づいて判断すると両物語の助動詞の出現傾向に相違が認められると考えられる. しかし, 第 6 巻「祭の使」および第 14 巻「蔵開中」の 2 巻は『うつほ物語』の他の 18 巻から顕著に離れて付置されており, 特に, 第 14 巻「蔵開中」は図中の

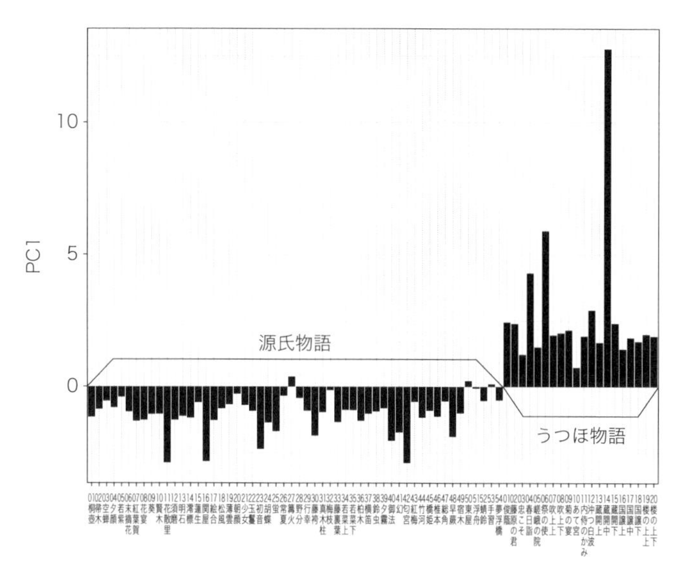

図 3.4　助動詞の主成分分析によって求められた第 1 主成分の主成分得点.

右上に位置し，他の対象から極端に離れて位置している．なぜこの 2 巻が他の諸巻とは異なる傾向を有しているのか検討を加える必要がある．これについては後述する．

これらの助詞と助動詞の出現率を用いた主成分分析では，助詞および助動詞のどちらの分析においてもすべての単語の出現率を変数として分析に用いた．しかし，すべての単語を用いず，基準を設けて変数を選択し分析を行う場合も多い．特に，名詞や動詞などの異なり語数の多い品詞を用いて分析するときは，すべての単語を用いて分析することは少ない．変数を選択して分析するときの基準として出現頻度やカバー率を利用することが一般的である．出現頻度を基準とするのであれば，例えば出現頻度の上位 50 語を用いて多変量解析を行う．この他に，出現頻度上位 100 語や 200 語が分析に用いられることもある．カバー率を基準とするのであれば，カバー率が 80% 以上となる最小の語数を用いて分析を行うことになる．カバー率についても 80% ではなく 90% とすることもあり，出現頻度やカバー率の閾値の設定について厳密なルールはない．しかし，分析を行う度に基準を変えると結論に即した分析結果のみを提示しているという疑義が生じ，分析に対する信頼が損なわれる．それゆえ，複数の分析を行う際には一貫した基準を設けて種々の分析を行うべきである．

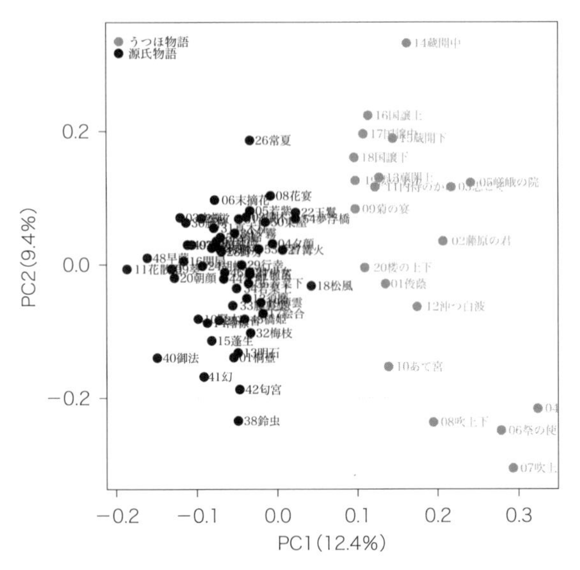

図 3.5　助詞 66 語に対する主成分分析の結果.

また，古典文学作品を対象として計量分析を行う場合，古典文学は書写によって受け継がれていることに鑑みて，低頻度の単語を分析から除外するという考え方もある．先にふれたように『源氏物語』54 巻および『うつほ物語』20 巻を通じて出現頻度が 1 回だけの単語が助詞にも助動詞にも認められる．そこで，出現頻度が 1 回の単語を除外して主成分分析を行う．

図 3.5 は助詞の主成分分析の結果である．分析においては頻度が 1 の単語を除外した助詞の出現頻度上位 66 語を用いた．図 3.5 に示した分析結果は左右が反転しているものの，図 3.1 に示した分析結果と大きな相違はなく，ここでもやはり『源氏物語』と『うつほ物語』の助詞の出現傾向の相違が認められる．次いで，**図 3.6** は助動詞の出現頻度上位 29 語を用いて行った主成分分析の結果である．図 3.3 においては『うつほ物語』の第 6 巻「祭の使」および第 14 巻「蔵開中」が他の個体から離れて付置されたが，図 3.6 においては『うつほ物語』の他の諸巻が付置されている領域に吸収され，外れてプロットされない．これはつまり，両物語を通じて 1 回しか出現していない単語が「祭の使」と「蔵開中」に多く出現していることを意味する．実際に，「祭の使」および「蔵開中」のどちらにおいても頻度が 1 の単語が 3 語ずつ用いられている．また，図 3.6 において『うつほ物語』の第 4 巻「春日詣」が他の 18 巻か

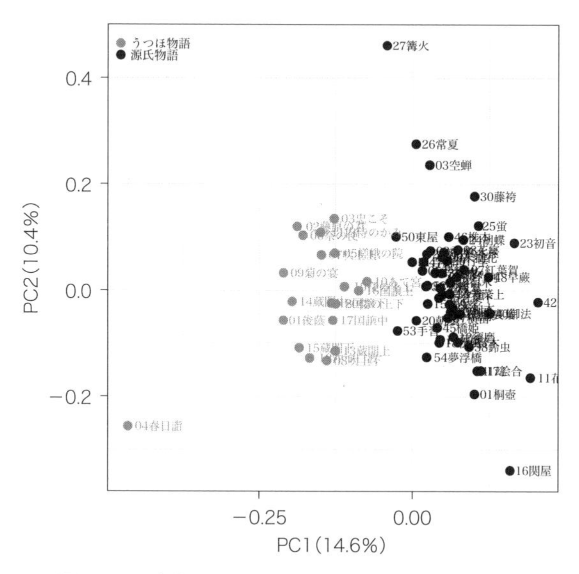

図 3.6　助動詞 29 語に対する主成分分析の結果.

ら離れて位置しているが，これも「祭の使」や「蔵開中」と同様の理由である．**図 3.7** は両物語を通じて出現頻度が 2 回しかない助動詞を除外した出現頻度上位 26 語を用いて行った主成分分析の結果である．図 3.7 においては「春日詣」は図 3.6 における「祭の使」および「蔵開中」と同様に外れて付置されることはなく，『源氏物語』と『うつほ物語』が分離してプロットされている．すなわち，この 2 つの物語は助動詞の出現傾向が相違していると判断され，特に頻度の高い助動詞の出現率が相違していると考えられる．

このように，助詞と助動詞という文法的機能を担う単語を特徴量として計量的な観点より分析を試みた．その結果，『源氏物語』と『うつほ物語』では文体的特徴の出現傾向が相違するということが計量的に可視化された．すなわち，古典文学を対象としても現代文の文章と同様に計量手法によって作品間における文体的特徴の相違を明らかにすることが可能であると言える．そして，古典文学を計量的に分析する際に，用いる変数の数を決定することは重要な問題であると考えられる．しかし，そこに厳然たるルールはなく，分析に取り上げる文献の背景とデータの性質を考え，分析者が変数の数を十分に吟味する必要がある．

これまでの分析結果から，助詞と助動詞の出現率において『源氏物語』と

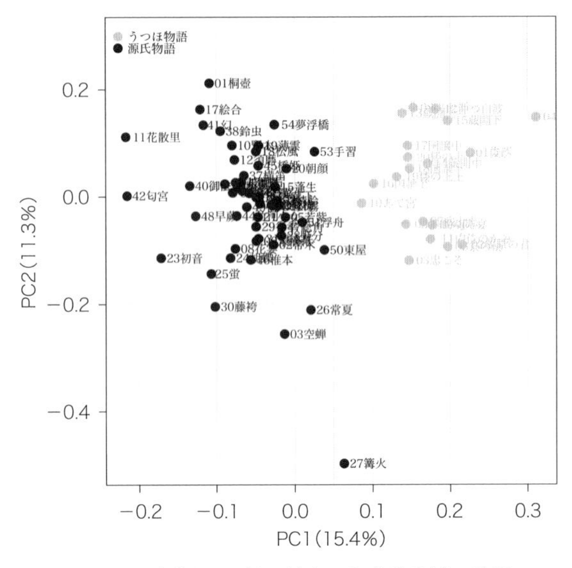

図 3.7　助動詞 26 語に対する主成分分析の結果.

『うつほ物語』は異なる傾向を有していることが明らかになった．そこで，次に『源氏物語』と『うつほ物語』との間において，具体的にどのような文体的特徴の相違があるのか分析を加えたい．

本章では助詞と助動詞の出現率を取り上げていることから，『源氏物語』と『うつほ物語』のどちらかに偏って出現する単語を抽出する．このような出現傾向に偏りが認められる単語のことを**特徴語**と言う．特徴語の抽出にはカイ二乗検定(Chi-squared test)や**ジニ不純度**(Gini impurity)などを利用する方法があり，これについては金[184]に詳しくまとめられている．本章では金[184]においても紹介されている**カイ二乗検定**を用いた特徴語の抽出を行う．カイ二乗検定は 2 つの項目の独立性を検定する手法である．特徴語の抽出においては**表 3.7**のような 2 行 2 列の**クロス集計表**を作成し，カイ二乗検定を行う．なお，表中の a, b, c, d は出現頻度である．このカイ二乗検定を対象とする単語の数だけ繰り返し，p 値の小さい単語を作品間において出現傾向に偏りのある単語，すなわち特徴語として指摘する．また，本章における特徴語の抽出に際して，助詞および助動詞のどちらにおいても出現頻度が 100 以上の単語を対象とした．

表 3.8はカイ二乗検定によって求められた p 値の小さい単語，すなわち特

表3.7　特徴語抽出のためのクロス集計.

	単語A	単語A以外
源氏物語	a	b
うつほ物語	c	d

表3.8　助詞の特徴語10語.

	源氏物語		うつほ物語		出現率の差	p値
	出現頻度	出現率	出現頻度	出現率		
モ/助詞	12096	0.1011	4973	0.0630	0.0380	0.0000
ガ/助詞	2	0.0000	231	0.0029	−0.0029	0.0000
ド/助詞	2431	0.0203	903	0.0114	0.0089	0.0000
シテ/助詞	128	0.0011	323	0.0041	−0.0030	0.0000
ナド/助詞	3849	0.0322	1712	0.0217	0.0105	0.0000
ナム/助詞	1802	0.0151	1711	0.0217	−0.0066	0.0000
ハ/助詞	9001	0.0752	6893	0.0874	−0.0122	0.0000
ヨリ/助詞	1346	0.0112	1252	0.0159	−0.0046	0.0000
ニ/助詞	18331	0.1531	13221	0.1676	−0.0144	0.0000
ヲ/助詞	206	0.0017	34	0.0004	0.0013	0.0000

表3.9　助動詞の特徴語10語.

	源氏物語		うつほ物語		出現率の差	p値
	出現頻度	出現率	出現頻度	出現率		
ケリ/助動詞	3637	0.0834	1202	0.0471	0.0363	0.0000
キ/助動詞	2997	0.0687	2547	0.0997	−0.0310	0.0000
ゴトシ/助動詞	36	0.0008	157	0.0061	−0.0053	0.0000
ベシ/助動詞	2895	0.0664	1163	0.0455	0.0208	0.0000
ツ/助動詞	1485	0.0340	1218	0.0477	−0.0136	0.0000
ス/助動詞	1267	0.0290	1049	0.0411	−0.0120	0.0000
ル/助動詞	1453	0.0333	571	0.0224	0.0110	0.0000
ム/助動詞	4766	0.1093	3262	0.1277	−0.0184	0.0000
リ/助動詞	3380	0.0775	1614	0.0632	0.0143	0.0000
マジ/助動詞	472	0.0108	149	0.0058	0.0050	0.0000

徴的な単語として指摘できる助詞の10語，**表3.9**は助動詞の特徴語10語のリストである．先にふれたように，『源氏物語』および『うつほ物語』はどちらも和文体の物語であるとされるが，和文体に用いられることが多いとされる助詞の「モ」と「ド」は表3.8より『源氏物語』に偏って出現する特徴語であると指摘することができ，漢文訓読の助詞である「シテ」は『うつほ物語』の

特徴語であると指摘できる．また，助動詞の「ゴトシ」も漢文訓読の語であり，この語も表3.9より『うつほ物語』の特徴語であると考えられる．したがって，特徴語の抽出より『うつほ物語』は『源氏物語』に比べて漢文訓読の特徴を備える物語であると言える．なお，表3.8および表3.9におけるp値は0.0000となっているが，厳密に言えばこれは0ではなく非常に小さい値である．

3.3.2 『源氏物語』の他作者説についての計量的な検討

本章ではこれまで平安時代に成立した長編物語である『源氏物語』と『うつほ物語』という2つの物語を分析対象に取り上げ，古典文学作品に対する計量的な分析手法の有効性について検討を加えた．その結果，現代文の文学的文章と同様に古典文学作品が対象であっても，文中において文法的機能を担う助詞および助動詞の出現率を用いた計量分析によって，両物語の計量的な相違を可視化できること，そして出現傾向が顕著に相違する文体的特徴を指摘できることを明らかにした．

そこで，これより『源氏物語』において古くから論じられている他作者説について，計量的な観点から検討を加えていきたい．具体的には，「匂宮三帖」と「宇治十帖」を対象とし，これらにおいて論じられる他作者説について主成分分析を行う．「匂宮三帖」は第42巻「匂宮」，第43巻「紅梅」，第44巻「竹河」の3巻，「宇治十帖」は第45巻「橋姫」から第54巻「夢浮橋」までの10巻である．これら13巻は併せて『源氏物語』の第三部を構成すると考えられており，「匂宮三帖」および「宇治十帖」は個別に他作者説が提起されている．そのため，分析に際し，第三部の13巻を除いた41巻を本章では「他41巻」と称し，「宇治十帖」と「他41巻」，「匂宮三帖」と「他41巻」というように別々に検討する．

まずは「宇治十帖」における他作者説について分析を行いたい．『源氏物語』と『うつほ物語』に対して行った分析と同様に，助詞および助動詞の出現率を用いて主成分分析を行う．**図3.8**は助詞の主成分分析の結果である．分析には助詞56語，つまり『源氏物語』において出現するすべての単語を用いた．図3.8より明らかなように，「宇治十帖」は「他41巻」と図中において混在し，『源氏物語』と『うつほ物語』を用いて行った分析結果において認められ

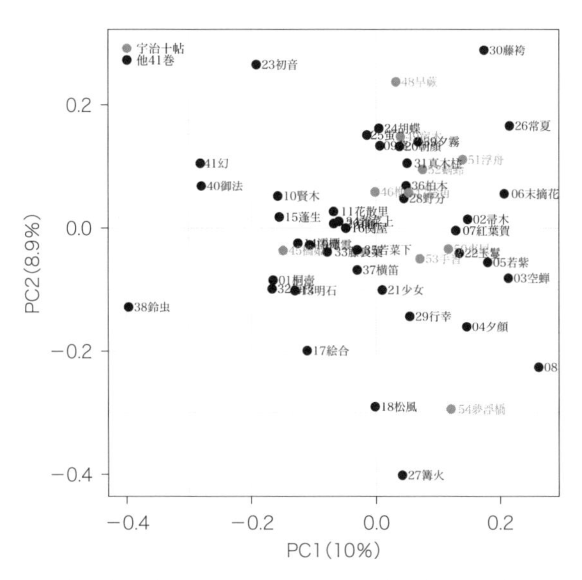

図 3.8　「他 41 巻」と「宇治十帖」を対象とした助詞 56 語の分析結果.

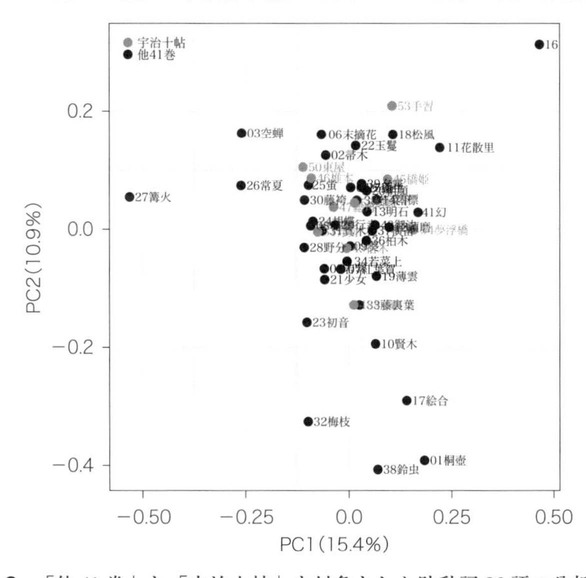

図 3.9　「他 41 巻」と「宇治十帖」を対象とした助動詞 26 語の分析結果.

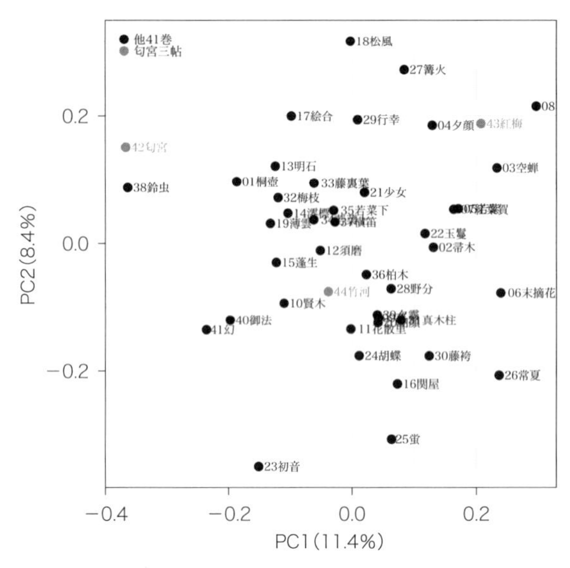

図3.10　「他41巻」と「匂宮三帖」を対象とした助詞56語の分析結果.

たようにグループ別に分離してプロットされない．このことは助動詞の出現率に対する分析においても同様である．**図3.9**は助動詞のすべての単語に該当する26語を用いて行った主成分分析の結果である．図3.9においてもやはり「宇治十帖」と「他41巻」は分離しない．したがって，本章において用いた青表紙本系大島本のテキストデータからは「宇治十帖」と「他41巻」との間に文体的特徴の相違は認められないと言えるのである．

次に，「匂宮三帖」における他作者説について検討を加えたい．分析方法はこれまでと同様である．**図3.10**が助詞56語を用いた主成分分析の結果，**図3.11**が助動詞24語を用いた主成分分析の結果である．どちらにおいても「匂宮三帖」は「他41巻」と分離してプロットされず，「宇治十帖」と同様に「匂宮三帖」と「他41巻」との間に文体的特徴の相違は認められない．なお，助動詞の分析における単語数が「宇治十帖」についての分析における単語数と異なるが，これは「宇治十帖」にのみ現れる単語が2語あるためである．

このように『源氏物語』と『うつほ物語』の分類に有効であった助詞の出現率と助動詞の出現率を用いた分析を応用して，「宇治十帖」あるいは「匂宮三帖」において論じられる他作者説について計量的な観点から検討を加えた．その結果，「宇治十帖」や「匂宮三帖」と他の諸巻との間に文体的特徴の相違は

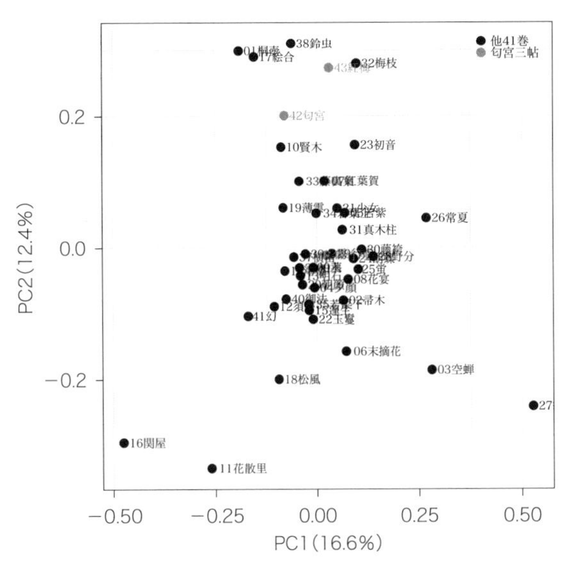

図 3.11　「他 41 巻」と「匂宮三帖」を対象とした助動詞 24 語の分析結果.

明らかにならなかった．すなわち，他作者説を支持する積極的な根拠は認められなかったと考えられる．

しかしその一方で，本章で行った分析と用いた特徴量が異なるが，前掲の安本[68]や安本[182]において「宇治十帖」とその他の諸巻とでは文体に相違があると論じられている．そこで，次に特徴語の抽出を通じて「宇治十帖」と「他 41 巻」との間における計量的な相違について検討を加える．

ここでは形容詞と形容動詞の単語に対して行った特徴語の抽出結果を示したい．**表 3.10** および **表 3.11** は「宇治十帖」と「他 41 巻」を通じて出現頻度が 50 回以上の単語を対象とし，カイ二乗検定によって求められた特徴語のリストである．形容詞の特徴語である表 3.10 を見ると「アヤシ」「ココロウシ」「ツツマシ」「ミグルシ」「ココロボソシ」などといった単語が「宇治十帖」に偏って現れており，これらはネガティブな意味を持つ単語であると言える．これに加えて，形容動詞の特徴語である表 3.11 によれば「ココロコトナリ」が「宇治十帖」に多用される特徴語として抽出されていることから，「宇治十帖」は「ココロ」という**接頭語**を伴う**複合語**が「他 41 巻」に比べて特徴的に出現していると考えられる．また，形容動詞では「キヨラナリ」という語が「他 41 巻」に偏って出現し，「キヨゲナリ」という語が「宇治十帖」に偏って出現

表 3.10 形容詞の特徴語 10 語.

	他 41 巻		宇治十帖		出現率の差	p 値
	出現頻度	出現率	出現頻度	出現率		
アヤシ/形容詞	280	0.0185	221	0.0346	−0.0161	0.0000
ココロウシ/形容詞	97	0.0064	91	0.0142	−0.0078	0.0000
ツツマシ/形容詞	53	0.0035	57	0.0089	−0.0054	0.0000
ミグルシ/形容詞	31	0.0020	40	0.0063	−0.0042	0.0000
イタシ/形容詞	285	0.0188	67	0.0105	0.0083	0.0000
ココロボソシ/形容詞	91	0.0060	71	0.0111	−0.0051	0.0001
オモシロシ/形容詞	117	0.0077	20	0.0031	0.0046	0.0001
メザマシ/形容詞	60	0.0040	7	0.0011	0.0029	0.0006
ウレシ/形容詞	124	0.0082	84	0.0132	−0.0050	0.0007
カシコシ/形容詞	64	0.0042	9	0.0014	0.0028	0.0012

表 3.11 形容動詞の特徴語 10 語.

	他 41 巻		宇治十帖		出現率の差	p 値
	出現頻度	出現率	出現頻度	出現率		
スズロナリ/形容動詞	21	0.0035	29	0.0106	−0.0071	0.0000
ハナヤカナリ/形容動詞	77	0.0128	11	0.0040	0.0088	0.0001
コトナリ/形容動詞	294	0.0488	88	0.0322	0.0166	0.0004
シヅカナリ/形容動詞	56	0.0093	8	0.0029	0.0064	0.0012
アテナリ/形容動詞	39	0.0065	36	0.0132	−0.0067	0.0016
ココロコトナリ/形容動詞	49	0.0081	7	0.0026	0.0056	0.0024
イカナリ/形容動詞	375	0.0622	218	0.0797	−0.0175	0.0025
キヨラナリ/形容動詞	73	0.0121	17	0.0062	0.0059	0.0112
キヨゲナリ/形容動詞	33	0.0055	27	0.0099	−0.0044	0.0207
コトワリナリ/形容動詞	111	0.0184	34	0.0124	0.0060	0.0419

しているという文体上の特徴を明らかにしている．したがって，ここに「宇治十帖」が「他 41 巻」と異なる印象を読者に与える 1 つの特徴を見出すことができる．

最後に，計量的な判断に基づいて『源氏物語』の第三部の構造を明らかにした分析事例を紹介したい．土山・村上[185]では『源氏物語』第三部における品詞の比率，単語の出現率などを特徴量として，本章と同様に主成分分析を行っている．分析の結果，「匂宮三帖」は名詞の比率が高く，動詞および助動詞の比率が低い一方，「宇治十帖」は動詞および助動詞の比率が高く，名詞の比率が低いということを指摘している．また，助詞および助動詞の出現率は「匂宮三帖」と「宇治十帖」との間に顕著な出現傾向の相違は認められないが，名詞，動詞，形容詞，形容動詞の 4 品詞の単語の出現傾向の相違が認められると論じられている．すなわち，「匂宮三帖」と「宇治十帖」の間には文体的特徴の相違が認められることが報告されている．

これに加えて，「宇治十帖」におけるヒロインの 1 人として描かれる浮舟の登場する巻が「宇治十帖」の 5 巻目にあたる第 49 巻「宿木」であることから，ストーリーの観点からは「宇治十帖」を第 45 巻「橋姫」から第 48 巻「早蕨」までの前半 4 巻と「宿木」から第 54 巻「夢浮橋」までの後半 6 巻に分けることが可能である．

しかし，土山・村上[185]では「宇治十帖」の前半 5 巻と後半 5 巻との間において出現傾向に相違が認められることが報告されている．前半 5 巻には名詞・補助動詞・形容詞・形容動詞が相対的に頻出しており，後半 5 巻においては代名詞・動詞・連体詞・助動詞が相対的に頻出しており，名詞，動詞，形容詞，形容動詞などの単語の出現傾向においても相違が認められることが指摘されている．このようなことから，土山・村上[185]では『源氏物語』の第三部には，「匂宮三帖」「宇治十帖前半 5 巻」「宇治十帖後半 5 巻」という 3 つの異なる文体的特徴を有するグループが存在することを論じている．

3.3.3 計量的な観点に基づく『うつほ物語』の形容詞・形容動詞の変化

『源氏物語』の計量的な研究が 1950 年代から行われているのに対して，『うつほ物語』の多変量解析の手法を用いた研究が開始されたのは最近のことである．また，『うつほ物語』には『源氏物語』と同様に作者に関する問題や成立過程に関する問題が提起されている．これまでこれらの問題は物語の内部の考察を中心に進められてきたが，本項では『うつほ物語』において論じられる問題を議論するための基礎となる計量的な資料を示したい．ならびに，これまでの分析では助詞および助動詞の出現率を中心に分析を行ってきたが，ここでは品詞の比率を特徴量とした分析事例である土山[186]を概観したい．

土山[171]では『うつほ物語』全 20 巻における名詞・代名詞・動詞・補助動詞・形容詞・形容動詞・副詞・連体詞・助詞・助動詞の 10 品詞の比率を求め，主成分分析を行っている．**図3.12**はその結果であり，図より明らかなように，第 19 巻「楼の上上」と第 20 巻「楼の上下」の 2 巻が他の 18 巻から離れ

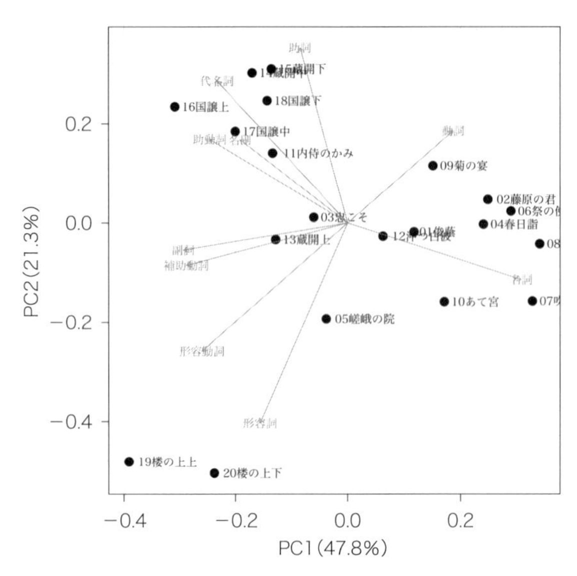

図 3. 12　『うつほ物語』における 10 品詞の比率を用いた主成分分析の結果.

て位置している．図 3. 12 における矢印は**主成分負荷量**を示しており，それゆえ「楼の上上」および「楼の上下」の 2 巻は形容詞，形容動詞の比率が他の巻に比べ相対的に高いと考えられる．主成分負荷量とは主成分分析によって合成された主成分と元のデータの変数の**相関係数**であり，元の変数の主成分負荷量が大きいほど，その主成分をよく説明しているということになる．なお，主成分負荷量は因子負荷量と称されることもある．

次いで，土山[171]ではカイ二乗検定を用いて「楼の上上」および「楼の上下」と他 18 巻との間における形容詞と形容動詞の特徴語の抽出を行っている．「楼の上上」および「楼の上下」の 2 巻に多く現れる形容詞の特徴語として，「ココロヤスシ」「ココログルシ」「ココロフカシ」などがあり，これらの語は「ココロ」という名詞と形容詞との複合語である．これに加えて，「オトナオトナシ」「ホレボレシ」「キラキラシ」「ラウラウシ」「オドロオドロシ」などの語も「楼の上上」および「楼の上下」に多く現れる特徴語であると指摘されている．これらの形容詞は同一の単語あるいは同一の形態素を重ねて 1 語とした複合語であり，このような複合語は畳語と称される．また，形容動詞の「楼の上上」および「楼の上下」の 2 巻に多く現れる特徴語は「ココロシヅカナリ」「ココロノドカナリ」「ココロコトナリ」などがある．形容詞の特徴語と同様に，「ココロ」と形容動詞との複合語が特徴的に「楼の上上」および「楼の上下」に頻出していると言える．また，畳語についても形容詞と同様であり，「サマザマナリ」や「ツレヅレナリ」といった語が「楼の上上」および「楼の上下」に多く現れる．

このように，形容詞および形容動詞の分析において，畳語や「ココロ」と複合する語が相対的に「楼の上上」および「楼の上下」の2巻に頻出していると言え，「楼の上上」および「楼の上下」では形容詞および形容動詞に文体的特徴の変化が認められると論じられている．

3.4　平安時代の文学作品を対象とした計量的な研究の今後の展望

本章では『源氏物語』および『うつほ物語』を対象とした計量的なアプローチによる研究事例を概観した．特に『源氏物語』において提起されている他作者説について，計量的に研究を遂行するための1つのアウトラインを示した．本章で扱った作品を含めて，古典文学作品一般の作者問題について，計量的な観点からの研究は今後も進められることが予想される．その際に本章で取り上げた研究方法が1つの指針となれば幸いである．

なおこれに対して，古典文学作品の成立過程の解明を目的とする計量分析は十分に展開されているとは言えず，今後の課題である．これは現代文を対象とした研究でも同様であり，文体の変化から成立過程を推定することは非常に難しい問題である．今後，本章で紹介したような助詞や助動詞といった機能語の出現率だけではなく，単語の *n*-gram や品詞タグの *n*-gram などを特徴量とする分析や，機械学習の手法を用いた分析など多様な視点からの分析を蓄積することによって，成立過程を解明するための新たな視点や研究成果が提出されることを期待したい．

解析に使用した文献

池田亀鑑(1985)源氏物語大成　索引篇．中央公論社．

上田英代・他(1994)源氏物語語彙用例総索引 自立語編．勉誠社．

上田英代・他(1996)源氏物語語彙用例総索引 付属語編．勉誠社．

室城秀之(1995)うつほ物語 全 改訂版．おうふう．

第4章　リルケでテキストマイニング！

本章では，オーストリアの詩人リルケの小説『マルテの手記』をとりあげる．この小説はマルテという人物が一人称で書いた71の章から成り，日記や手紙の草稿など，章ごとにさまざまなスタイルをとっている．この『手記』の各章の文体特徴に着目し，内容と形式との関連について考察するのが本章の目的である．まずリルケの他の作品集や評論集と比較し，主成分分析により『手記』を特徴づける品詞を抽出し，そのうち従属接続詞dass（英語のthatに相当）が最頻出語であることが分かった．続いてリルケの短編小説と評論から各20，合計40の文書をサンプルとして，RFにより『手記』の全71章について文体判別を行った．その結果，現在の出来事を語る章も，過去の思い出を語る章も，短編小説の文体であったり評論の文体であったりして，文体は現在の出来事か過去の思い出かという違いに左右されないことが分かった．この判別結果に基づいて71章を短編小説グループと評論グループに分類し，ワードクラウドにより頻出語を比較した結果，前者では固有名詞が多く，後者では普通名詞が多いことが分かった．

続いて第1章から第70章までを10章ずつの7つと，第71章とで合計8つの文書に分け，構造的トピックモデルにより，まず名詞のみを対象として主題の変化を，次いでdassと動詞の共起に注目し，dassの用いられ方の変化を分析した．名詞のみを対象とした分析では，前半で支配的だった不安，死，病気などのトピックは次第に語られなくなり，愛，神，愛する女たちなどのトピックと入れ替わること，これら2種のトピックが逆転する物語中盤ではママン，アベローネ，クスミッチュなどの人物名が多いことが分かった．dassと動詞の分析からは，dassの内容の変遷は，名詞のみのトピックの変遷と合致していること，物語中盤では「〜を理解する」「〜を捉える」「〜を感じる」などの表現が示すように，他者を語ることを通して筆記者マルテに認知的変容が起こったことも分かった．このように，一人称形式のモンタージュ的な構造を持つ小説であっても，テキスト内では明示的に語られない潜在的な構造と認知の変容を浮かび上がらせることができた．

4.1 問題設定

本章では，同一の作家が書いた著作物を「短編小説」と「評論」という2つのタイプに大別し，それぞれの文体特徴を手がかりに，文学作品の文体と叙述内容との関連性をめぐる考察を通して，テキストマイニングを用いた新たな文学研究の可能性を示したい[1]．

4.1.1 対象文書の選択

20世紀初頭に活躍したオーストリアの詩人ライナー・マリア・リルケ（1875～1926）の小説『マルテの手記』*Die Aufzeichnungen des Malte Laurids Brigge*（1910）（以下，『手記』と略記）は，さまざまな意味でドイツ語文学史における1つのメルクマールとなっている[2]．日本ではリルケの作品は早くから翻訳されており，古くは森鷗外に遡る．『手記』に関して言えば，1934年の堀辰雄による抄訳を初めとして，大山[187]，望月[188]など数々の名訳があり，最近では松永[189]による新訳も出版された．この作品は，マルテという主人公が一人称で綴った体裁をとり，71章で構成されている．望月[188]は『手記』を以下のように紹介している．

> 「マルテ」は小説とか物語とかいうものではなく，いくつかの断章から組み合わされた「寄せ木細工」のような作品である．パリの経験と，それによって呼び覚まされた幼年時代の思い出とが内容になっていて，この幼年時代の思い出は，幼年時代の体験の思い出と読書の思い出とになっている．

1　本章執筆にあたっては金明哲教授と同志社大学文化情報学研究科博士後期課程の鄭弯弯さんから多大なサポートをいただいた．お二人に心から感謝申し上げる．

2　『マルテの手記』の翻訳は[188]を参照した．

「寄せ木細工」のようと評された通り，71 章から構成される作品は，一人称形式を貫いてはいるものの，ある章は日記形式，また別の章は手紙の草稿というふうに叙述スタイルは異なり，極端に短い章もあれば，数頁にわたって続く長い章もある．ドイツ現代文学を論じたユルゲン・ペーターゼンは，この書は「モンタージュ技法を取り入れた最初の試み」だったと述べ，「ドイツ語文学のモデルネの始まり」と位置づけている[190]．

18 世紀啓蒙主義の時代，ゲーテの『ヴィルヘルム・マイスターの修業時代』(1796)は「教養小説(ビルドゥングス・ロマーン)」というジャンルを切り拓いたとされている．そこでは語り手は，主人公が生まれたときから死ぬまでの長いタイムスパンを把握し，物語世界の全体を俯瞰的に見渡して，主人公の成長物語を語る．こうした「全知全能の語り手」[191]の存在は，20 世紀にはもはやリアリティを持たなくなってしまった．『手記』がさまざまなタイプの文章を寄せ木細工のように組み合わせた作品であることも，全体を貫くストーリー性が希薄であることも，俯瞰的な視点が不可能となった時代に生まれた新たな叙述形式の試行であったと言える．筆記者マルテは，随所で「僕は変わらねばならぬ」と繰り返す．時代が大きく変転するなかでマルテは生き方を変えることを必然と受けとめると同時に，詩人として，語り手として「新しい語り」を目指している．しかしながら，ではどう変わるべきなのか，変化が本当に起こったのかについては，物語の中で明示的に言及されることはない．この点については研究史においてもさまざまに意見は分かれる[192]．よしんばマルテが作中で変わったのだとしても，本来目的とした通りの変化であったかどうかをどう検証したらよいだろう．同じ一人称形式をとるゲーテの『若きウェルテルの悩み』(1774)やヘルマン・ヘッセの『荒野の狼』(1927)は，一人称主体が残した書簡や手記を編纂する第三者が作品内に登場する．物語世界の中にもう 1 つ物語世界をはらむこうした形式を枠物語というが，『手記』では 71 の章は構造的には同じ位相にあり，個々の手記を配列し俯瞰的な視点に立つ者はいない．本章が『手記』をテキストマイニングの題材に選ぶ理由がここにある[3]．

語り手になんらかの変化が本当に起こったのかを，語り手本人の発言内容だけで判断するには困難を伴う．真に根本的な変化であるならば，それは，語り

3　筆者はすでに『マルテの手記』をテキストマイニング法を用いて分析しているが[7]，本章は，構造的トピックモデルを取り入れてさらに発展的に『マルテの手記』を分析するものである．

手自身の当初の意図を超えているだろうからである．そのような変化を，語られるマルテの行動からではなく，マルテ自身の語りから追跡することは可能だろうか．

かつてフランシス・ベーコンは「新しい機関(新しい学問)」を考えたとき，道具なしでは知性もまた何も為しえないと明言した．ベーコンによれば学問の進歩は，言語を獲得しペンを持ったことによって劇的に加速した．その進歩を妨げる要因はただ 1 つ，「正しい補助手段を求めない」点にある．コンパスを用いることによって，元来の能力やスキルに関わらず，誰もが完全な円を描くことができる．それによって学問自体の水準が格段に引き上げられる[193]．同様に，テキストマイニングは，伝統的な文献研究には及ばなかった点を補ってくれるが，分析の結果を適確に読み解くためには，解釈者自身のスキルが欠かせない．テキストマイニングによる分析から得られる結果もまた，解釈を必要とするデータなのである．そのために，先行研究において，『手記』の何が問題提起となりそれについてどう論じられていたかを，分析結果の解釈と照合することは有効であろう．

4.1.2 『手記』の各章の長さ

『手記』研究史において初期に位置するクラインの論は，形式の多様さとして，各章が長短さまざまであること，日付と場所を記した日記形式(第 1 章，第 16 章)や手紙の草稿(第 22 章)が入り混じっていることをあげた[194]．本項ではまず各章の長さを確認する．短い章は 100 語以下——第 13 章(81 語)と第 3 章(93 語)——であり，最も長い章が第 15 章(3326 語)と，かなり隔たりがある．全章の延べ語数をグラフで示したのが図 4.1 である．

図 4.1 で示したように各章の語の数は均一ではなく，最後まで変動が大きい．前半で比較的長い章は，父方の祖父の死を語る第 8 章(1665 語)，世界史のすべては間違っていたと糾弾する第 14 章(1471 語)，母方の祖父について語る第 15 章(3326 語)，ミルクホールでまさに死につつある男を綴った第 18 章(2992 語)，マルテがサルペトリエール病院を訪れる第 19 章(2454 語)である．さらに舞踏病(ハンチントン病)の男が登場する第 21 章(1886 語)，母がインゲボルクのことを語る第 28 章(1499 語)，手が自分から独立して何かを書くという体験を語る第 29 章(1538 語)と続く．先行研究では，第 18 章で「マルテの

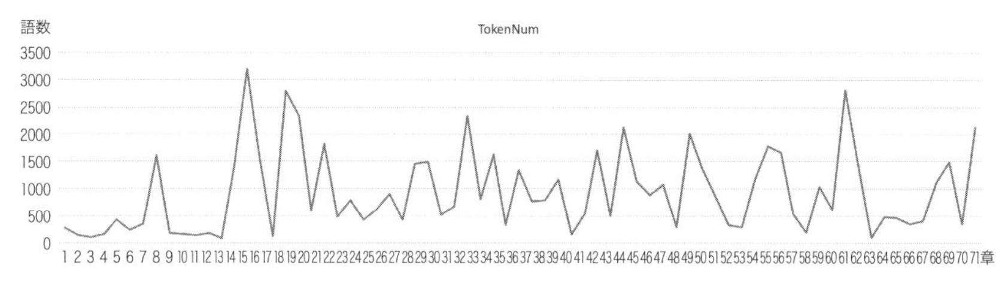

図 4. 1　全 71 章の延べ語数の比較.

死」が起こったとする説[195]，第 19 章でマルテはまさに精神分析を受けたとする説[196]，第 21 章で「主体の死」が起こったとする説[197]，第 28 章でマルテが理想とする語りが示されたとする説が提起されるなど，作品解釈の上でもこれらの章は重要視されてきた[192]．しかし，重要なことを語る章が長くなるのは，ある意味当然とも言える．その合間を縫って，まるで小休止のように挿入される短い章に重要な出来事がないわけではない．形式の多様性を，長さとは別の観点からも考察しなくてはならない．

4. 1. 3　『手記』の頻出語

章ごとに比較するには章の数が多すぎる上に，4. 1. 1 項で確認した通り，長さが違いすぎる．したがって，まずは『手記』を 2 つに分けて比較する．全体のほぼ真ん中にあたる第 38 章と第 39 章との間では頁が改められており，他ではこうした改頁がないため，作者によって示されたこの区切りを手がかりとし，第 1 章から第 38 章までを第 1 部，第 39 章から第 71 章までを第 2 部とする[4]．冠詞類，基数，代名詞類，記号類を除いたすべての品詞を対象とし，語彙の確認を目的とするため，変化形を持つ品詞はすべて原形に戻して集計し（以下，「**原形集計**」と略記），**ワードクラウド**（word cloud）により，第 1 部と第 2 部の頻出語を比較したのが**図 4. 2** である．品詞の分類には形態素解析器 **Tree Tagger** のドイツ語版を用いた．出現頻度が 10 未満の語は除外し，分析対象とした語（変数）の数は 570 となった．品詞の分類と品詞コードは Tree Tagger のサイト[5]にあるドイツ語の subset. documentation を参照されたい．鍵語

4　『手記』を，第 1～26 章，第 27～53 章，第 54～71 章の 3 つに分けられるとする先行研究があるが[7]，これは解釈に関わる問題であるため，まずは作者によって明確に示された区切りに従うことにする．

図 4.2　第１部と第２部の特徴語　1.

の違いをさらに明確にするために，名詞(普通名詞/固有名詞：以下では両者の区別を問題にしない場合，まとめて「名詞」と略記)と形容詞(付加語的用法/副詞的用法：以下では両者の区別を問題としない場合，まとめて「形容詞」と略記)のみを対象に，出現頻度が10未満の語を除外して集計したのが**図 4.3**である．語の数は266となった．ワードクラウド図では文字の大きさが頻度の高さを表し，各語の位置関係はランダムで，近い語との間に類縁性があるわけではない．また，ドイツ語では本来名詞はすべてイニシャルが大文字書きされるが，原形集計したため，名詞も小文字書きで示されている．

図 4.2が示すように，第１部ではich(一人称単数主格)，第２部ではer(三人称単数代名詞主格)が最頻出語となっている．このことは，『手記』の語りが一人称から三人称へと軸足が移ってゆくという，先行研究で何度も提案された仮説に沿うものとなっている．また，『手記』の冒頭では「感情そのものの極限を打ち破るような不安」が縷々述べられるが[198]，こうした実存主義的な色は後半になるにつれて薄まってゆき[199]，最終的には年代史的な語りが実現した[200]などと論じられてきた．図 4.3は，第１部の「不安(angst)」「死

5　https://www.cis.uni-muenchen.de/~schmid/tools/TreeTagger/

図４．３　第１部と第２部の特徴語　2.

(tod)」「病気(krankheit)」などが，第２部では「愛(liebe)」「神(gott)」「心(herz)」「愛する女たち(liebende)」が特徴的になっていることが分かる．このことは，マルテは次第に「実存的な不安」を脱して，愛を語り，神に向かいあうようになるという解釈に沿っている．第１部では「父(vater)」「祖父(groß vater)」の頻度も高いことを考えるならば，実存主義的な不安の原因に「父的なもの」の存在が示唆されるかもしれない．

物語の「変化」については，4.1.1項で述べたように「マルテの死」,「主体の死」など，抽象的な意味における「死」を想定するものが多い．これらを理解するためには，「語られるマルテ」と物語の最後まで語り続けるマルテとを分離して考察しなくてはならない．図4.2のワードクラウドが示すichとerは，これら先行研究の解釈を傍証するものと言える．

4.1.4　頻度としては現れないもの

文学作品において，語の重要性は必ずしも頻度では示されないことに注意する必要がある．『手記』を，マルテという人物の自我が解体するプロセスと捉えた研究は多いが[201, 202, 203]，ヴァルター・ゾーケルはこの解体プロセスを，行為の非人称化への移行と見た[204]．（引用文中の下線は筆者による．）

やがて男の歩みがなんとなく乱れ始め，ちょこちょこと二足駆け，立ちどまってしまった．立ちどまったままであった．左手がそっとステッキから離れ，おもむろに上がり，空でぶるぶるとふるえるのが見えた．男はソフト帽をうしろへすこしずらせて額をなでた．頭をすこし向き変え，うつろな瞳で空を，家を，川を見まわし，そして，緊張をゆるめた．ステッキを手ばなし，翔びたとうとするように両腕をひろげ，痙攣が自然力のようなはげしさで噴き出し，全身をのめらせ，弓形にそらせ，頸をがくがくとさせ，傾けさせ，舞踏の衝動を男の体内から群衆めがけて爆発させた．いつのまにか群衆が男のまわりに集まっていて，男の姿は見えなくなった．

（72〜73 頁）

第 21 章でマルテは，舞踏病の男に出会う．必死に発作を抑え続けた挙げ句，ついに発作が起こったときの男のさまを描写したのが上記のパラグラフである．何かが爆発したかのように制御不能となった身体の動きの主語（主体）を引き受けるのが，es である．下線で示した個所では，畳みかけるように列挙される動詞の多さに比して，たった一度の es というコントラストが「自然力のようなはげしさ」を凝縮する．ワードクラウドは相対頻度を示すものであり，重要な語であっても頻度はそれほど高くないことをも示すとともに，視覚化によって初めて注意が向けられる語もある．**比較ワードクラウド**の場合，双方に頻出する語は，いずれか頻度の高い方にのみ現れる点に注意することも必要である．

4.2 『マルテの手記』と他の作品・評論との比較

形式の多様さを，文体という観点から考察しようとすると，一般的なジャンル分けの問題と，リルケ個人の文体特徴の問題が浮上する．そもそも日記と随筆とを区別する指標は何であろうか．ここでは，リルケという 1 人の作家の文体特徴に焦点を絞り，『手記』をリルケの他の散文と比較する．

4.2.1　作品集・論集の比較

詩作品を別として，リルケの著作物は大きく短編小説と芸術批評の 2 つに分けられる[6]．後者のうち，とりわけ『オーギュスト・ロダン』(以下，『ロダン』と略記)はよく知られている．リルケの生前に公刊された作品集・論集のリストは以下の通りである．

短編・小説

・『人生に沿って』*Am Leben hin*(1898)(11 篇)

・『二つのプラハ物語』*Zwei Prager Geschichten*(1899)(2 篇)

・『最後の人々』*Die Letzten*(1902[書かれたのは 1898/99])(3 篇)

・『神さまの話』*Die Geschichten vom lieben Gott*(1900)(13 篇)

・『死の舞踏』(1896)(2 篇)

・『マルテの手記』

芸術批評

・『ヴォルプスヴェーデ』*Worpswede*(1902)

・『オーギュスト・ロダン』*Auguste Rodin*(1902/07)

上記の作品集と論集に，初期に書かれながら生前には公刊されることのなかった『エーヴァルト・トラーギィー』(1898)を加え，また『手記』が他の作品に比べて倍以上の長さであるため，『手記』を第 1 部と第 2 部に分け，延べ語数と語彙の豊富さを比較したのが**表 4.1** である．語彙の豊富さを示す指標として最も知られているのが *TTR* 値(タイプ・トークン比)である．これは，異なり語数と延べ語数の比率であり，値が大きいほど語彙が豊富であるとされる．しかしながら，この数値は，延べ語数が多いほど低くなる傾向にある．こうした点から，文書の長さに左右されない語彙の豊富さを計算する方法としてユールの方法が提案されている．ユールの *K* 特性値は値が低いほど語彙が豊富であることを示す[96](本書 10～11 頁参照)．

6　リルケはわずかながら戯曲も書いているが，『手記』以降の作品はほとんどが詩である．詩作品は，韻律の問題を無視しがたく，また戯曲はほとんどが会話文により構成されていて，語彙や話し方が登場人物ごとに特徴づけられているために，こと「文体特徴」を分析するには適材とは言えないため，考察の対象外とした．

表 4.1 作品集・論集の長さと語彙の豊富さ(延べ語数による昇順).

	延べ語数	異なり語数	*TTR*	ユール値
『死の舞踏』	3512	1079	0.3072	188.69
『エーヴァルト・トラーギィー』	16054	2703	0.1684	152.43
『最後の人々』	18039	2375	0.1317	194.89
『人生に沿って』	23839	4151	0.1741	161.87
『ロダン』	27451	4292	0.1564	194.05
『神さまのお話』	33735	4239	0.1257	160.33
『手記』第 2 部	34517	5113	0.1481	174.99
『ヴォルプスヴェーデ』	34668	5076	0.1464	194.87
『二つのプラハ物語』	34708	5210	0.1501	166.47
『手記』第 1 部	36022	4992	0.1386	185.88
『手記』	70539	7955	0.1128	179.33

『手記』全体を 1 つの文書とした場合のタイプ・トークン比は 0.1128 と低いが，第 1 部と第 2 部の値はそれぞれ 0.1386 と 0.1481 であり，文書を分けることによって値が高くなる．しかしユールの K 特性値では，手記全体の値(179.33)は，第 1 部(185.88)と第 2 部(174.99)の値の平均に等しい．

『死の舞踏』は延べ語数が最も少なく，『手記』第 2 部，『ヴォルプスヴェーデ』『二つのプラハ物語』は，述べ語数がおよそ 3500 程で，『死の舞踏』のほぼ 10 倍であるが，タイプ・トークン比は『死の舞踏』のほぼ半分である．しかしユールの k 特性値を見ると，この 4 つのテキストのうち最も語彙が豊富なのは『二つのプラハ物語』であり，次いで『手記』第 2 部である．ユールの K 特性値の高さは，同じ語の反復が多いことを示唆するが，その点で『ロダン』や『ヴォルプスヴェーデ』では，同じ語が繰り返し使われていると言える．また，子ども向けの語りという形式をとった『神さまのお話』の方が，芸術批評よりもユールの K 特性値が低いことは意外に感じられる．

4.2.2 品詞の構成比の比較

前項では，『手記』は文体という観点からはリルケの芸術批評に近いことが確認できたわけだが，さらに『手記』の特徴をあぶり出していこう．本項では『手記』と他の作品集・論集を，品詞の構成比という観点から比較する．頻度に関わらずすべての品詞を種類ごとに集計し，分析の対象とした品詞は 54 種類である．頻度データを相対頻度に換算することにより，構成比が求められ

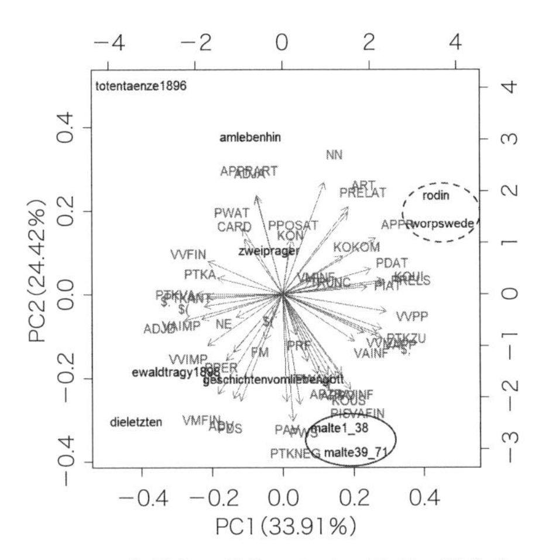

図 4.4　作品集・論集における品詞の構成率.

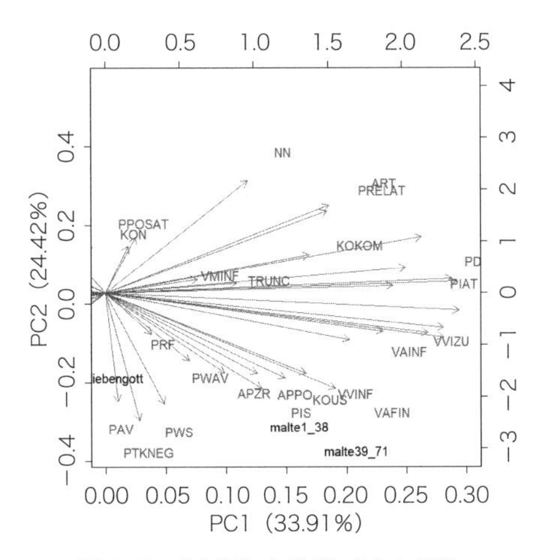

図 4.5　『手記』を特徴づける品詞.

る．主成分分析は，相関係数行列を用いて行った．文書名と近いところにある品詞コードは，その文書に特徴的な品詞を表す．分析の結果は**図4.4**に示す通りである．特に『手記』と関わりの深い品詞を確認するために，右下の半分を拡大して示したのが**図4.5**である．

図 4.4 からは，評論『ヴォルプスヴェーデ』と『ロダン』は互いに近い一方で，『手記』は，第 1 部と第 2 部は相互に似ており，かつ，品詞の構成比という点では評論とは異なることが分かる．図 4.5 からは，『手記』を特徴づける

図 4.6　『手記』を特徴づける品詞に注目した第 1 部と第 2 部の比較.

品詞は，後置される前置詞(APPO)，囲い込み前置詞の後置部(APZR)，従属接続詞(KOUS)，不定代名詞(PIS)，時称助動詞の定形(VAFIN)，動詞の不定形(VVINF)であることが分かる．この結果を，今後の分析を進めていく手がかりとする．

4.2.3 『手記』における dass

前項から得られた『手記』を特徴づける品詞に着目して，本項では，『手記』を分析する．『手記』を特徴づける 6 つの品詞(APPO/ APZR/ KOUS/ PIS/ VAFIN/ VVINF)に限定して原形集計し，出現頻度 5 未満の語は除外したところ，対象となった語(変数)は 100 である．『手記』全体で頻度が高い語を見ると，「いる/〜である(sein[be])」「持つ(haben[have])」に次いで「〜が〜であること(dass[that])」が上位 3 番目となった．さらに，『手記』を第 1 部と第 2 部に分けて同じ条件で集計し，ワードクラウドにより比較したのが**図 4.6** である．

『手記』全体で最頻出語であった sein と haben が図 4.6 では目立たなくなっているのは，第 1 部と第 2 部に共通して頻出するがゆえに相殺されたためであり，3 番目に頻度が高かった dass は，特に第 2 部に特徴的であることを示している．副文を作る従属接続詞（KOUS）のなかで dass の頻度が高くなるのは，リルケに限らず一般的に十分ありうることである．しかし，同じ作家の同じ作品の中でも，第 1 部では不定代名詞や動詞が多いのに対し，第 2 部では dass を初めとし，「～とき（da［as］）」，「～ゆえに（weil［because］），「～とき（wenn［when］）」，「～のように（wie［as］）」，「～したとき（als［as］）」など，副文を導く接続詞が多いことが分かる．このことは，次節で考察する．

4.3　2 つの文体：「短編小説」と「評論」

本節では，『手記』以外の散文を「短編小説」と「評論」という 2 つの群に分け，これらをサンプル文書として『手記』の各章の文体判別を行う．

4.3.1　サンプル文書の用意

「短編小説（Erzählungen）」群は主に『人生に沿って』，『二つのプラハ物語』，『最後の人々』に収録された作品群から構成し，「評論（Aufsätze）」群は『ヴォルプスヴェーデ』や『ロダン』を中心とした．Eder はサンプル文書には，古典語や英語では一文書につき 3000 語以上必要であるのに対し，ドイツ語では 5000 語以上が必要であるとしている［205］．そのため，5000 語に満たない短い作品については複数の作品を 1 つの文書にまとめる一方で，長い評論は分割するなどして，各文書 5000 語以上とし，短編小説群と評論群でそれぞれ 20 文書ずつ用意した．各文書の内訳は章末付表に示した．各文書の長さは**表 4.2** の通りである．なお短編小説群の文書名に「e_」，評論群の文書名には「a_」を付した．

表 4.2 から確認できるように，短編小説群，評論群ともに各文書がおおむね 5000 語以上となっており，2 つの文書群は文体判別のためのサンプルとしての条件を満たしていると言える．

4.3.2　主成分分析

一般的に，短編小説は物語形式であり登場人物たちの行動や会話，時には内的独白を描写するのに対し，評論は対象を叙述し，論評する．しかし，こうした大枠を踏まえた上で，個々の作品や評論にはそれぞれの独自性がある．前項

表 4.2　短編小説群と評論群の構成と延べ語数.

短編小説群	延べ語数	評論群	延べ語数
e01_dasfamilienfest	5142	a01_modernelyrik	9014
e02_dasgeheimnis	5775	a02_maeterlinck	5891
e03_dersterbetag	7754	a03_rodin1_1	9413
e04_diestimme	6688	a04_rodin1_2	5256
e05_bohusch1	6078	a05_rodin2	8562
e06_Bohusch2	5016	a06_einleitung	7222
e07_Bohusch3	6072	a07_ottomodersohn	7079
e08_diegeschwister1	5678	a08_fritzmackensen	7821
e09_diegeschwister2	5466	a09_heinrichvogeler_s	6677
e10_diegeschwister3	6289	a10_ boehmische	6092
e11_imgespraech	6438	a11_ russischekunst	5580
e12_dieletzten1	5065	a12_huchmichel2	6877
e13_dieletzten2	5777	a13_ueberkunst	5569
e14_totentaenze	6571	a14_puppen	5004
e15_dienaeherin	6993	a15_ueberdenjungen	4720
e16_derapostel	6733	a16_hansamende	4721
e17_ewaldtragy	15952	a17_heinrichvogeler_w	4862
e18_dashaus	7945	a18_vonderlandschaft	5098
e19_eincharakter	5591	a19_ueberdendichter	5294
e20_teufelsspuk	5672	a20_interieurs	5934

で用意した 2 つの群の文書は，実際のところ，それぞれ短編小説，評論としての特徴を備えているのだろうか．別の問い方をするならば，短編小説群と評論群とでは，リルケの場合，文体に明確な違いがあるのだろうか．

この問いに答えるために，本項では，一例として各文書における品詞の構成比に着目し，相関係数行列を用いて主成分分析を行う．品詞の種類ごとに集計し，出現頻度に関わらずすべての品詞を対象とした．分析の対象となった品詞は 53 種類である．用いたデータは相対頻度であり，**図 4.7** は，文書ごとの品詞の構成比を基準とした，各文書の分散を示している．

図 4.7 が示すように，評論群(a_)は比較的左上方にまとまっており，群内の分散が小さい．短編小説群(e_)内ではある程度のばらつきがあるものの，群間の分散が認められた．

4.3.3　階層的クラスター分析

本項では，階層的クラスター分析を用いて，短編小説群，評論群の各文書の

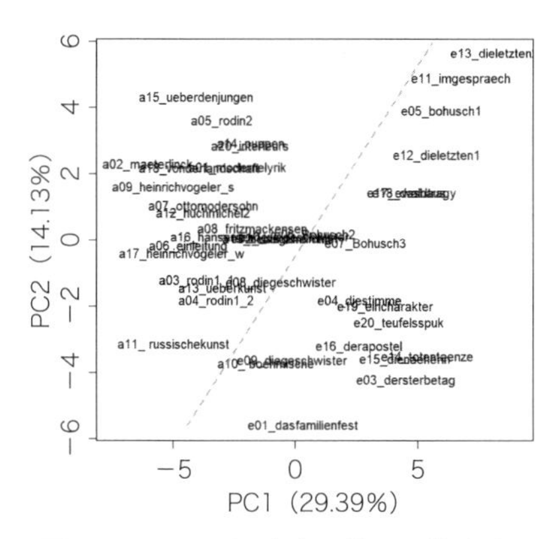

図 4.7　サンプル文書の品詞の構成率.

近さを確認する．ドイツ語の場合，形容詞には「付加語的用法」，「述語的用法」，「副詞的用法」があり，例えば「美しい」という形容詞が，「美しい花」などのように名詞を修飾する付加語的用法，「花が美しい」などのように名詞や代名詞を修飾する述語的用法，「花を美しく飾る」などのように述語を修飾する副詞的用法として3通りに用いられる．いずれの用法においても形容詞は質的な評価・判断を表すものであり，主題から大きく影響を受ける．一方，副詞(ADV)は「再び」「すでに」「いつか」などの語であり，副詞的用法の形容詞とは区別して，「純粋な副詞」とも言われる．こうした副詞は主題による影響が小さく，むしろ文体に関わるものである．したがって，分析に際しては，名詞，形容詞，動詞(定形/不定形/命令形/zu不定詞形/過去分詞：以下ではまとめて「動詞」と略記)を除くすべての品詞を対象とした．また，文体特徴を重視して原形集計はせず，集計の際，出現頻度10未満の語はothersにまとめて分析の対象とした．分析の対象となった語の数は581であり，相対頻度に変換して階層的クラスター分析を行った．用いた方法は**ウォード法**(Ward method)，距離は*JSD*の平方根(*RJSD*)である．

図4.8に示すように，短編小説群と評論群は2つのクラスターになった．

前項で行った品詞の構成比による主成分分析の結果と同様，機能語の使い方による階層的クラスター分析の結果からも，短編小説群と評論群との間には，主題によらない相違，つまり，異なる文体特徴があることが分かる．

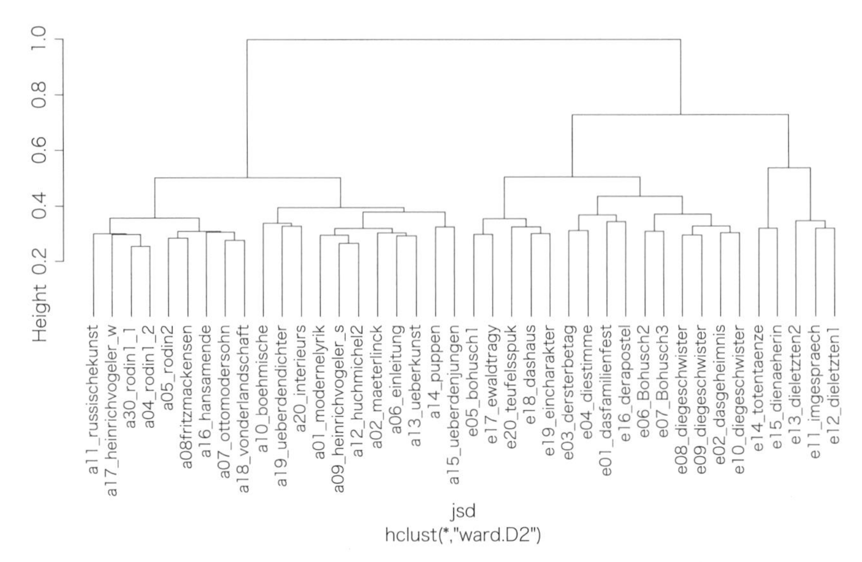

図 4.8　機能語によるサンプル文書の階層的クラスター分析.

4.3.4　ランダムフォレスト法

短編小説群と評論群とで明確な文体特徴の違いがあることを踏まえた上で，これらをモデルとして，本項では『手記』の全章について文体判別を行う．判別に用いる分析法は，教師あり機械学習法の一種，RF である．この分析法では 3 分の 1 のデータを取り除いてサンプリングし，取り除いたデータを **OOB (out-of-bag) データ**と呼ぶ．RF は乱数を用いるアルゴリズムであるため，毎回生成される乱数の異なりにより，結果にゆれが生じる．OOB データのエラー率とは，学習結果を OOB データでテストした結果の誤り率であり，判別の精度を示す[206].

文体特徴を分析したい場合，主題の影響を受けやすい名詞，形容詞，動詞を分析の対象から除外する．しかし，会話体で多く使われるカギ括弧や二人称の代名詞のように，ジャンルの影響を受けやすい品詞もある．ここでは，4.3.3 項で述べた副詞(ADV)のみを分析の対象とする．出現頻度 10 未満の語は others にまとめ対象から外し，相対頻度データを用いる．以上の条件でサンプル文書計 40 と手記 71 章を集計し，分析の対象とした語の数は 153 である．分類に寄与した変数を図 4.9 に示す．RF を 100 回行ったときの OOB データのエ

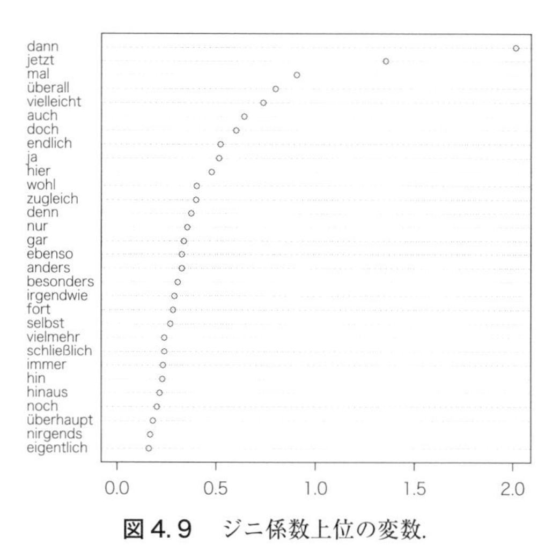

図 4.9　ジニ係数上位の変数.

ラー率の平均は 0.0117，標準偏差は 0.0148 である.

図 4.9 は，短編小説と評論の分類に寄与している変数(語)の**ジニ係数**(Gini coefficient)値を示したものである.「そのとき(dann)」と「今(jetzt)」が突出して値が高く，「mal」や「vielleicht」「nur」「denn」「ja」「endlich」「wohl」などの語が並ぶ. これらの語は，主に語調を整えるために挿入されるものであり，心態詞とも言われている.

図 4.10 は分類に効く変数が，それぞれどちらの群に多く用いられているかを示したものである. グラフが右肩上がりの場合は評論群に多く用いられており，逆の場合は短編小説群に多く用いられている. 図 4.10 からは，分類に大きく影響を与える「そのとき」「今」といった時間点を表す言葉は短編小説群に多く用いられていることが分かる.

分類の結果，71 章のうち 43 章が「短編小説」，28 章が「評論」と判別された. この判別結果に従って，全 71 章を短編小説グループと評論グループに分け，比較しつつ次節で考察を進める.

4.4 『マルテの手記』の特徴

『手記』がモンタージュ技法を取り入れた最初の小説と評されたことはすでに述べたが，そもそもモンタージュ技法は，映画監督セルゲイ・エイゼンシュ

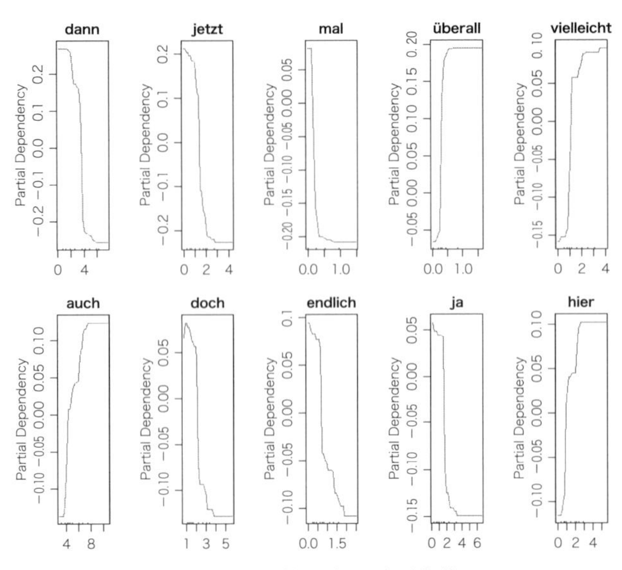

図 4.10 上位 10 個の重要変数.

テインの映画『戦艦ポチョムキン』(1925)に始まり，『手記』の出版はそれより十数年早い．エイゼンシュテインは，モンタージュ的思考とは「有機的な」世界を解体することの頂点であって，単なる断片の連鎖ではないと言う．

> では，モンタージュは何によって特徴づけられているのか[……]．
> それは衝突によってである．互いに対立する二つの断片の闘争によってである． （[207]：40 頁）

物理学では 2 つの球体の衝突から，その球体が弾力を持っているか否か，両方を取り混ぜているかに応じて，「無数の組み合わせ」が生じうることが知られている[207]．ちょうどそのように，文学テキストの中で 2 つの要素を衝突させるならば，そこから無数の組み合わせが，無数の効果が生まれるかもしれない．本節では，モンタージュ技法の考えを参照しつつ，『手記』の分析を進めていこう．

4.4.1 『手記』における 2 つの文体の役割

これまでの考察により，『手記』の各章が短編小説と評論という 2 つのグル

図4.11　短編小説グループと評論グループの頻出語の比較.

ープに分類された. では, 内容的にはこの2つのグループ間にどのような違いが見出せるだろうか. この点を確認するために, ここでは内容語(名詞, 形容詞, 動詞)の分析を行う. 単独のワードクラウドではいずれのグループにおいても,「来る(kommen)」「行く(gehen)」「言う(sagen)」「見る(sehen)」など, ジャンルに関わりなく頻出する一般的な語が突出して大きく示される. したがって, 両グループの違いを明瞭にするため, 比較ワードクラウドで示したのが**図4.11**である.

どちらのグループでも頻度が高かった基本的な動詞「来る」「行く」「見る」は, 図4.11ではみな短編小説グループ側に現れている. 評論グループでは「知る(wissen)」「認識する(erkennen)」「把握する(begreifen)」「愛する(lieben)」などの動詞や,「神(gott)」「運命(schicksal)」「歴史(geschichte)」「世界(welt)」などの語が目立つ. 両グループに共通して頻出する語が相殺されて, 特徴語が見やすくなった, とも言える.

過去の思い出に関する語に注目すると, 短編小説グループには「マルテ」「ママン」「アベローネ」などの固有名があり, 評論グループには「ブラーエ(母方の祖父の名)」や「マティルデ(母の従姉妹の名)」の他に,「侍従官(父方の祖父の職名)」などがあり, 幼年時代を語った章が必ずしも短編小説の文体ではなかったことと合致する．

心理状態に関する語に注目すると，「恐れる(fürchten)」「喜ぶ(freuen)」「微笑む(lächeln)」などの動詞，「不安(angst)」「恐怖(furcht)」「願い(wunsch)」「病気(krankheit)」などの名詞，「疲れた(müde)」「病んだ(krank)」などの形容詞が短編小説グループに現れている一方で，「死(tod)」「愛(liebe)」「感情(gefühl)」「期待(erwartung)」「喜び(freude)」などの名詞，「感じる(fühlen)」「愛する(lieben)」「生きる(leben)」などの動詞は評論グループに現れている．先に述べたように，「運命」「神」「人間」といった語も評論グループに現れており，これまで多くの研究者たちがマルテの不安は実存主義的だと評していたことを思うならば，それは「過度に精神病理的」[198]であったというよりは，思想的な不安であったと言えるのかもしれない．

4.4.2　文体と語られる時間の位相

ウルリヒ・フュレボルンは，個々の手記の間には一定の法則性が働いているとする．現在の生活を極度にグロテスクな仕方で報告する章の後には幼年時代の思い出を綴る手記が続く．それから改めてパリ体験が，幼年時代の思い出の影響を受けて描かれる．それは，過去が現在を呼び現在が過去を呼びつつ交互に入れ替わり，そのように過去と現在が協働してマルテの生全体を形成していると[208]．フュレボルンの説を受け，前節における文体判別の結果に基づき，短編小説グループと評論グループの文体の交替を示したのが**図4.12**である．このうち，幼年時代の思い出を述べた章は網掛けをした．

図4.12からは，短編小説と評論の文体が時に連続しつつ時に交替しつつ，最後まで入れ替わりを繰り返していることが分かる．語られた内容の時間的位相と文体との関係に注目すると，幼年時代の思い出を綴るときはどちらかといえば短編小説の文体が多い．しかし，父方の祖父の「固有の死」が語られる第8章や，それとは対極的な母方の祖父の生の姿が語られる第15章は評論である．母の思い出が初めて語られる第27章と，母の妹インゲボルクの話が語られる第28章は短編小説，続いて壁の向こうから浮かび上がって動く手の思い出が語られる第29章は評論である．子どもの頃に熱を出した思い出の第30章と母との語りあいの第31章は短編小説，それに対し，同じく子どもの頃，衣装部屋に入りこんで仮装をしているうちに鏡に映った自分を見て驚愕した思い

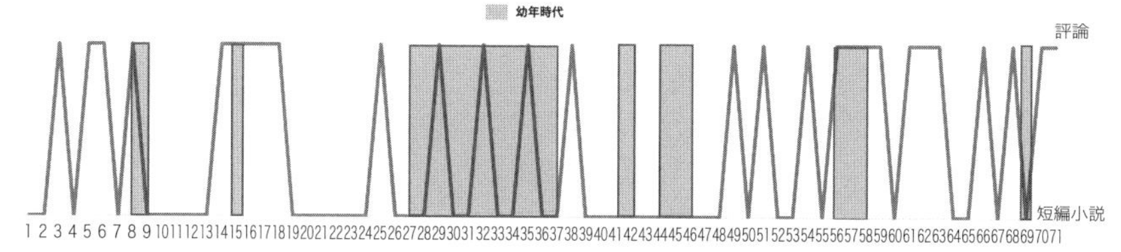

図 4.12　語られる時間的位相と文体変化.

出の第 32 章は評論の文体となっている.

『手記』は，後半になるにつれて愛に生きた女たちが主題となってゆくが，そのきっかけとなるのは，母の妹アベローネの思い出であり，アベローネが初めて語られる第 37 章は短編小説の文体である．続く第 38 章はアベローネに向かって「一角獣と貴婦人」というタペストリーを説明してゆく構成で，評論の文体となっている．一方，もう 1 つの重要な主題である歴史的な語りに関しては，子どもの頃に読んだ本に書かれていたロシアの偽皇帝を語り直す第 54 章が評論，シャルル王を語り直す第 55 章が短編小説，アベローネと過ごした最も幸福な時期を語る第 56 章が評論，そしてアベローネとベッティーネを比較しつつ，愛に生きた女たちについて語る第 57 章が評論，というように，マルテの思い出と考察が入れ替わるごとに文体も変わる．最終章では聖書の放蕩息子の寓話が取り上げられる．この章は，これまでの歴史上の人物や聖者たちの物語の集大成となっていると同時に，「愛されることを拒んだ男」と位置づけられた放蕩息子の姿は，愛に生きた女たちという主題の対ともなっている．この第 71 章が評論の文体となっているように，全体的に見ると，どちらかといえば，前半では短編小説の文体が，後半では評論の文体が連続しており，このことは，後半になるにつれて「年代史的な語り」[200]が実現した，と論じられてきたことと合致する.

放蕩息子は，世俗の人々から愛されることを拒む一方で，ただ神の愛のみを待つ．その「伝説」は，「神の方ではまだ愛そうとはしなかった」という言葉で閉じられる．つまり『手記』全体を締めくくるこの「いまだない」という未然形は，伝説という時間的位相を，無限の未来へと転換する．このように見るならば，現在と過去が入れ替わりつつ互いに補いあってマルテの生を構成しているというフュレボルンの説は示唆的ではあるが，現在・過去という区別では包括できない時間的位相を含めて考察する必要がある.

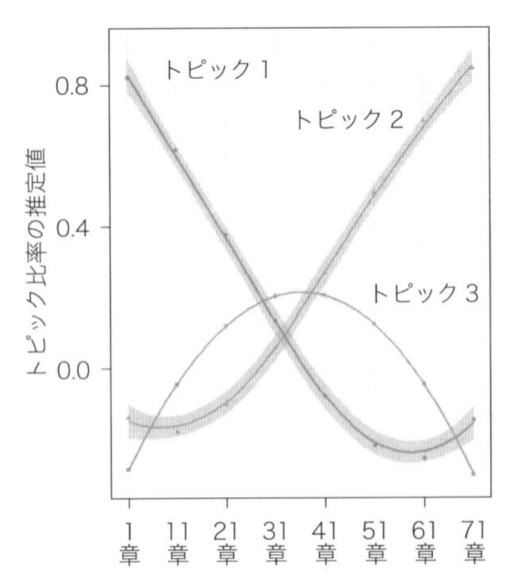

図 4.13　『手記』におけるトピックの変遷.

次に，全 71 章を，第 1〜10 章，第 11〜20 章，第 21〜30 章，第 31〜40 章，第 41〜50 章，第 51〜60 章，第 61〜70 章，第 71 章という 8 つに分け，構造的トピックモデルを用いて，『手記』のストーリー展開を確認する．主題の変遷をたどるため，名詞に限定して，原形集計し，頻度 20 未満の語を others にまとめ分析の対象から除外した．変数は 72 でありトピックの数を 3 として分析したところ，**図 4.13** の通りとなった．

『手記』の冒頭で支配的だったトピック 1 の特徴語には，「不安(angst)」「死(tod)」「病気(krankheit)」などの語が含まれ，後半に進むにつれて語られなくなってゆく．そのトピック 1 に取って代わるのは，トピック 2 である．トピック 2 の特徴語では，「愛(liebe)」「神(gott)」「愛する女性たち(liebende)』の語が目を引く．この 2 つのトピックの交替は歴然としており，マルテの「実存主義的な不安」(トピック 1)は次第に後退し，マルテは最後には「神への愛」(トピック 2)を語るようになるという，本章でもこれまで何度も繰り返し確認されたテーゼに沿っている．そしてトピック 1 とトピック 2 がちょうど交差する中盤で前景化するのはトピック 3 である．トピック 3 の特徴語には，「ママン(maman)」「アベローネ(abelone)」「ニコライ(nikolaj)」「クスミッチュ(kusmitsch)」「隣人たち(nachbaren)」など，固有名や人物を指す語が目立つ．これらは，マルテの幼年時代の思い出に登場する人たちばかりではなく，現在のマルテが関わりを持った人たちである．つまりトピック 3 は広義の「隣人たち」

と呼ぶことができる．マルテは，過去と現在とに関わらず，隣人たちのエピソードを語ることを通して，徐々に不安から解放され，神への愛へと向かっていった，と言える．

4.4.3　命題的態度

リルケの他の作品集・評論集に対して，『手記』を特徴づける品詞に限定して集計したとき，dass が浮上したわけだが，この dass は何を示唆しているのだろうか．

「A 氏は宇宙遊泳をしたいと願っている」，「B さんは自分が恐竜の生まれ変わりだと信じている」など，dass 節によって叙述された内容は，それが事実であるかどうかとは関係なく，誰かが願っている内容として，あるいは誰かが信じている内容として語られうる．そして dass 節の内容が現実とどのような関係にあるかを示すのは，dass 節を導く主文である．この構造のおかげで誰かの想念や信念，高度に抽象的な純粋概念などが，事実性や可能性や蓋然性を留保したまま自在に記述されうる．つまり dass 節の内部で記述された事柄は「命題」であり，どれほど非現実的であったとしても，それを誰かが信じている，望んでいるという形式で，その命題は現実の文脈の中に置かれる．このように，さまざまな想念，感情，思考，願望などを現実とリンクさせるのは，誰かがその命題に対して持つ認知や情動なのである．これをジェシー・プリンツに倣って「**命題的態度**」とし[209]，本章の考察に導入する．

以上を踏まえ，本項では dass を含む従属接続詞(KOUS)と動詞との共起を確認する．動詞をすべて原形集計し，出現頻度 10 以上の共起を bigram で集計のうえ，dass と一般動詞との組み合わせのみを対象とし，構造的トピックモデルにより経過を示したのが**図4.14**である．対象となった語の組み合わせは 15 である．

図 4.14 では，『手記』の冒頭で前面に出ていたトピック 2 は，中盤になるにつれて沈潜し，最後にはほとんど語られなくなってゆく．それに対し，冒頭で 2 番手だったトピック 1 は，トピック 2 以上に強く下降しながら，終盤になって急浮上し，最後ではほとんど支配的となっている．一方，冒頭ではほとんど目立たなかったトピック 3 は，中盤になるにつれて上昇し，強く前景化した後，急速に下降してゆく．トピック 3 が頂点に達するのとトピック 1 が下降か

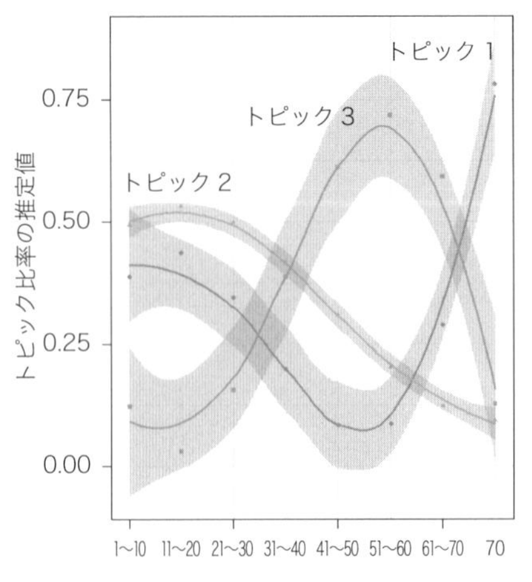

図 4.14　dass と動詞の bigram の構造的トピックモデル.

ら上昇へと転じるのはほぼ同じ頃である. それぞれのトピックの特徴語は以下の通りである.

「愛を始める」　トピック 1:「愛すること(dass_lieben)」「～を考える(denken_dass)」「～が始まる(beginnen_dass)」

「課題」　トピック 2:「死ぬこと(dass_sterben)」「書くこと(dass_schreiben)」「～を思い出す(erinnern_dass)」

「気づき・認知」　トピック 3:「～を理解する(verstehen_dass)」「～を把握する(begreifen_dass)」「～を感じる(fühlen_dass)」

見ること, 想起すること, 書くこと, 愛することは, マルテが物語の展開のなかで順次自らに課した課題であり, とりわけ見ることは『手記』冒頭で強調されている. そして愛することは, これまで繰り返し述べてきたように,『手記』後半の最大の主題である. dass に続く動詞は dass 節内部の命題を構成していると見るならば, 命題内容の変遷は, 名詞のみを対象とした構造的トピックモデルの分析結果と合致していることが分かる. また, dass に先行する動詞は命題的態度を表していると考えるならば, 名詞のみの分析からは物語中盤では過去と現在とを問わず, 親しい人たち, 身近に関わった人たちについて語られていたことが示されたが, その語りの際に,「～を理解する」「～を把握する」「～を感じる」などの表現が多く用いられていることが分かる．つまり他者を語ることを通して，筆記者マルテ自身に認知的変容が起こったことが分かる．

「文体特徴」は，作者の個人的な特性に帰せられるのか，あるいは分析法に依存した操作結果にすぎないのだろうか．この問いに答えるためには，分析を重ね，ときにさまざまな手法を組み合わせて，より多くの分析結果を得て，それらを解釈しなくてはならない．本章ではリルケという1人の作家の著作物を対象としたが，これを，リルケと同世代の作家たち，リルケと同じ文化圏にいた作家たち，リルケと交流のあった作家たちへと同心円的に少しずつ対象を広げて，さまざまな分析法を試み，分析結果を積み上げていくならば，次のスタート地点に立つことができるだろう．つまり，そこに至るまでの分析結果を踏まえて，その先は，どのような分析手法が適当であるか，何と，どのように比較すると，次のステップへと進めそうか，そうした見当を付けるには，一定の経験知が必要なのだ．それは，文献研究がスキルを必要とすることと変わらない．ポーランドのSF作家スタニスワフ・レムは，数に還元することによって初めて見えてくるものがあると言った[210]．それは，第二次世界大戦をユダヤ系の人間として体験し，同胞たちがアウシュヴィッツでどんな目に遭ったかをつぶさに思い知らされ，戦後を共産主義圏で過ごした上で，あえて逆説的に述べた言葉である．文学もまた，数に還元されることを恐れるべきではないのだ．もしも数に還元されることによって文学的なものが破壊されると危惧するならば，それは文学というものを低く見積もり過ぎているのではないかと問い返すところから，次世代の文学研究が始まるのではなかろうか．

4.5 まとめ

近年，認知神経科学の分野では，予測的符号化(predictive coding)，あるいは自由エネルギー原理(free-energy principle)と呼ばれる理論体系が優勢となりつつある[211]．この理論によれば，脳はさまざまな階層において内的モデル(inner model)を構築しているという．それは，当人にさえ決して自覚しえず意識的に操作しえないほど，「内的」と言うにもあまりにも「内的」なモデルである．このモデルが生成する「予測」と，その都度，身体の内外から入力される刺激との間で起こる相互作用は，知覚の仕方をも規定し，認知や感情，意思決定などのあらゆる精神機能を創発すると考えられている．「主体なきエクリチュール」とまで言われたそのエクリチュールを生みだす発生源には，何らかの内なるモデルがやはりあって，主体に代わって，なにかを絶えずコード化しつつ解読する営みを繰り出しているのだろうか．

テキストマイニングの手法を用いた作品解釈はまだ端緒についたばかりであるが，伝統的な文献研究にとって，相補的に示唆的であることが分かる．文献研究と統計的分析とが相互的に新たな視点を提供しあうことによって，文学研究もまた多くの実りを得る．少なくとも，この手法が生みだすさまざまな「分析結果」は，それを解読するよう誘発し新たな問いを触発し続ける．そのようにして文学空間もまた，いっそう豊かになりこそすれ，決して「侵害」されるものではないはずである．

解析に使用した文献

Rainer Maria Rilke: *Sämtliche Werke*, IV, V, VI, Insel-Verlag: Frankfurt am Main 1961–66.

付表　文体判別に用いたサンプル文書．(　)内に出版年，[　]内に単語数を示した．

番号	短編小説の作品名
e01	Das Familienfest (1897) [2731], Das Christkind (1893) [2411]
e02	Das Geheimnis (1897) [4861], Greise (1897) [914]
e03	Der Sterbetag (1897) [1322], Die Flucht (1897) [1709], Kismét (1897) [1222], Weißes Glück (1897) [1813]
e04	Die Stimme (1897) [1411], Alle in Einer (1897) [3201], Einig (1897) [2047]
e05~07	König Bohusch (1897) [17165]
e08~10	Die Geschwister (1897) [17433]
e11	Im Gespräch (1899) [2955], Der Liebende (1899) [3483]
e12~13	Die Letzten (1899) [10842]
e14	Totentänze I, II (1896) [3468], Feder und Schwert (1893) [1039], Pierre Dumont (1894) [2024]
e15	Die Näherin (1894/1961) [3194], Eine Tote (1896) [3799]
e16	Der Apostel (1896) [2106], Heiliger Frühling (1897) [1159], Die goldene Kiste (1895) [1569]
e17	Ewald Tragy (1898/1929) [15952]
e18	Das Haus (1899/1900) [3334], Der Totengräber (1901/1903) [4611]

e19	Ein Charakter (1896) [1573], Ihr Opfer (1896) [1261], Fernsichten (1899) [974], Im Leben (1899) [1826]
e20	Teufelsspuk (1899) [1977], Das Lachen des Pán mráz (1899) [1457], Die Turnstunde (1899/1902) [2239]

番号	評論名
a01	Moderne Lyrik (1898/1965) [9014]
a02	Maurice Maeterlinck (1902) [5891]
a03~04	August Rodin I (1902) [14783]
a05	August Rodin II (1907) [8076]
a06	Einleitung (Worpswede) (1902) [7222]
a07	Otto Modersohn (Worpswede) (1902) [7079]
a08	Fritz Mackensen (Worpswede) (1902) [7821]
a09	Heinrich Vogeler (1902) [5762]
a10	Böhmische Schlendertage I –III (1895) [2735], Furnes (1907) [2849]
a11	Russische Kunst (1900/1901) [2932], Moderne Russische Kunstbestrebungen (1901/1902) [2648]
a12	Friedrich Huch, Peter Michel ›Dritte Besprechung‹ (1902) [715], F.Huch, P.Michel ›2. Besprechung‹ (1902) [950], Thomas Mann's ›Buddenbrook‹ (1902) [893], Jakob Wassermann, Der Moloch (1902) [1010], Hermann Hesse, Eine Stunde hinter Mitternacht (1899) [513], Herman Bang, Das weiße Haus (1902) [666], Das Überbrett'l – Gastspiel (1902) [867], Detlev von Liliencron (1897) [458]
a13	Über Kunst I – III (1898-1899) [1886], Ein Prager Künstler (1899/1900) [1641], Kunstwerke (1903) [351], Demnächst und gestern (1898) [1174]
a14	Puppen Zu den Wachs-Puppen von Lotte Pritzel (1914) [2825], Der Wert des Monologes (1898) - Noch ein Wort über den ›Wert des Monologes‹ (1898) [2179]
a15	Über den jungen Dichter (1913/1931) [2526], Das Jahrhundert des Kindes (1902) [2194]
a16	Hans am Ende (Worpswede) (1902) [4329], Die Bücher zum wirklichen Leben (1907/1908) [335]
a17	Heinrich Vogeler (Worpswede) (1902) [4862]
a18	Von der Landschaft (1902/1932) [1851], Fritz Overbeck (Worpswede) (1902) [3247]
a19	Über den Dichter (1912/1929) [864], Notizen zur Melodie der Dinge (1898) [3106], Der Wanderer (1893/1965) [985]
a20	Intérieurs (1898) [3299], Samskola (1904/1905) [2217]

第5章　文学作品の代筆問題

日本人として初めてノーベル文学賞を受賞した川端康成は，代筆者を使っていたと疑われている．代筆疑惑のある作品は，『乙女の港』，『花日記』，『コスモスの友』，『古都』，『眠れる美女』と『山の音』である．しかし，証拠が乏しいため，今になっても川端康成の代筆問題は解明されていない．本章では，著者識別の方法を用いてこの問題に挑む．著者識別は計量的手法に基づいて匿名文書の著者を推定する方法であり，3つの手順から構成されている．まず，川端康成と代筆者のコーパスを作成する．次に，コーパスから作家の文体を表す文体特徴量を抽出する．最後に，抽出された特徴量に計量的手法を適用し，代筆疑惑が持たれた文書の著者を推定する．本章の結果から，『乙女の港』と『花日記』は川端康成と中里恒子の共同執筆であることが判明した．さらに，『コスモスの友』，『古都』，『眠れる美女』と『山の音』は代筆者によって書かれた可能性が低いことも分かった．

5.1　はじめに

日本近代文学において，何人かの作家は代筆者を使っていたと言われている．1968年のノーベル文学賞を受賞した川端康成もその1人である．川端康成の代筆問題は，彼の作品の底に流れている「孤児根性」と「死の恐怖」から窺える．

川端康成は15歳までに両親，兄弟と祖父母を相次いで亡くし，天涯孤独の孤児になってしまった．そのため，川端文学では孤児の感情を表す「孤児根性」の姿勢を貫いており，「『孤児』は私の全作品，全生涯の底を通って流れる」と語ったこともある[212]．家族のあまりにも早い死は幼い川端康成に病気と早死の恐れを与えてしまい，この感情は彼の作品内容だけでなく，精神状態にも影響を及ぼしている．川端康成は小説『少年』の中に，「私は幼年時代が残した精神の病患ばかりが気になって，自分を憐れむ念と自分を厭う念とに堪へられなかった.」と自分の幼少期の精神状態を綴っている．このような喪失感から生まれた「幼年時代が残した精神病患」は長い間川端康成を苦しめ，のちに精神状態悪化の引き金となった．作家生活を送り始めた川端康成は昼夜逆転の執筆生活を送っていたため，とうとう不眠症を患って睡眠薬を用いるようになった．川端康成が初めて睡眠薬を用いたのは『東京の人』を執筆した1954年とされ，それからどんどんエスカレートし，1960年頃から川端康成は睡眠薬中毒の状態に陥ってしまっていた[213]．1961年1月から『婦人公論』に連載され始めた『美しさと哀しみと』の第一回分「除夜の鐘」の終わりに，「お断り－作者入院のため，少ししか書けませんでした．おゆるしください.」と記してあり，川端康成の精神状態は執筆生活にも影響を及ぼしたことが明らかである[214]．

「孤児根性」の他に，川端康成の作品におけるもう1つの主題は「死の恐怖」である．祖父の病臥中に綴った『十六歳の日記』と最後の肉親である祖父を記念するために書いた『骨拾い』をはじめ，『父母への手紙』，『抒情歌』，『それを見た人達』，『慰霊歌』，『禽獣』，『散りぬるを』などのさまざまな角度から死を扱った作品が発表されている[213]．これほど「死」に関する作品を執筆した原因は，川端康成が幼少期に経験した家族の相次いだ死にあると言われている．「死」について考えているうちに，川端康成の思想と作風は「魔界」に落ちたため，戦後の川端文学は「魔界の文学」と称されている．川端康成自身も「魔界」から這い上がることができなかったせいか，ノーベル文学賞を受賞してからわずか3年後，栄光の絶頂期にガス自殺をしてしまった．

川端康成の研究における1つの重要なテーマは**代筆問題**(ゴーストライター問題)である．この問題は書籍や論文だけでなく，インターネットでもよく取り上げられるようになり，多くの人の関心を呼んでいる．しかし，ある作品が代筆か否かの判断を下すにはどうすればよいだろうか．この問題について，文献調査や周りの人の証言に基づく諸説がある．一例として川端康成の代筆説を支持する矢崎[215]の説を次に示す．

　川端康成は若い頃から遅筆だった．したがって原稿の締切りに間に合わないことがしばしばあった．新聞小説を書くなんて，とうてい無理なことだった．それを敢えて引き受けてしまったのは，本人も含めて編集者たちの暗黙の了解が成立していたからである．川端は一日机の前に座っていても，四百字詰めの原稿用紙一枚仕上げるのが至難だった．新聞小説は少なくても二枚．それが毎日なのだから，誰もが代作を認めていたのである．

（137頁）

矢崎[215]が言及した「それが毎日なのだから，誰もが代作を認めていたのである．」の一文は，川端康成の背後に代筆者がいたことを示唆している．ところで，「川端康成は一日かけても四百字も仕上げられない」は事実であるかを考証できるわけではない．果たして我々はこの説をそのまま受け入れてよいのだろうか．

多くの学者は，矢崎[215]の説を見極めるためにさらなる証拠が必要だと述べている．本章では，データサイエンスに基づいた匿名文書の著者を推定する著者識別の方法を説明し，この方法を用いて川端康成の代筆問題を明らかにする．

5.2　著者識別

伝統的な著者識別は専門家の内省に基づいて行われていた．伝統的な著者識別では，研究者が著者の作品から見つけ出した何らかの特徴に基づいて著者の推定を行っている．著者識別の根拠となる特徴は研究者によって異なるため，伝統的な著者識別の主観性はしばしば指摘されている．

一方，現代の著者識別は伝統的な著者識別のプロセスをモデリングし，統計解析を用いて匿名作品の著者を推定する[25]．現代の著者識別では，候補著者の数によって**閉集合問題**（closed-set）と**開集合問題**（open-set）に大別される．閉集合問題は匿名文書の著者と思われるリスクが存在し，かつ，真の著者がそのリストに含まれると仮定できる問題である．開集合問題は可能な候補者のリストが存在せず，もしくは存在してもそのリストに真の著者が含まれていない場合の問題である．著者識別の特殊なケースとして，候補者リストに含まれる著者の人数可能な候補者が1人しかない場合，著者識別問題は匿名の文書をこの

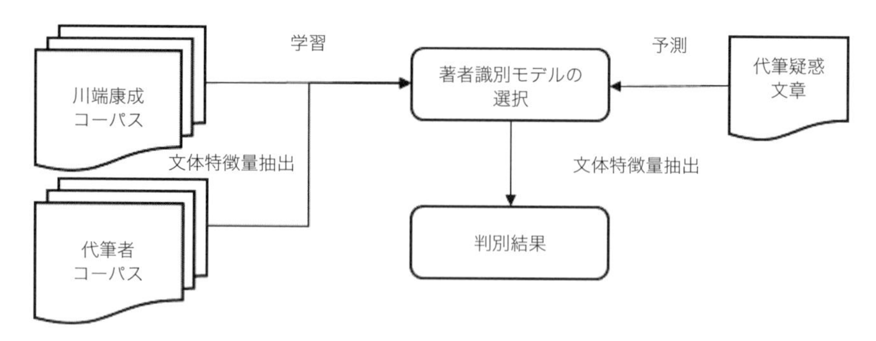

図 5.1　著者識別モデル.

候補者が書いたか否かを判別する問題となり，これは著者検証問題として知られている．本章の川端康成の代筆問題では，いずれも対象文書が存在するため，著者識別の問題として扱える．そのモデルを**図 5.1** に示す．

図 5.1 に示したように，著者識別は文体特徴の抽出と著者識別のモデル選択という 2 つの手順から構成される．文体特徴の抽出では，著者識別に有効とされる特徴量を抽出する．著者識別モデルの選択では，抽出された文体特徴を適切な統計モデルに適用し，匿名文書の著者を推定する．次節でこの 2 つの手順を説明する．

5.3　文体特徴量

文書には書き手の文体が存在している．この特徴は文書の構成単位である文，文節，単語，文字記号などにあたる．文体特徴量(Stylometric feature)は，このような構成単位をカウントし，文書ごとにベクトル化したものである．そのため，文書の書き手の文体は文体特徴量に含まれていると言える．文体特徴量は著者識別の正確性に直接影響を与えるため，その選択と抽出は非常に重要である．文体特徴量はすでに多く提案されており，日本語における代表的なものは，文字，単語の *n*-gram，品詞の *n*-gram と文節パターンなどである．川端康成の代筆問題解明に用いた文体特徴量は，文字記号の bigram，内容語を除いたタグ付き形態素と文節パターンである．

5.3.1　文字記号 bigram

松浦・金田[110]が著者識別における文字 bigram の有効性を示した．Grieve[216]は，文字の他に記号も有効な文体特徴量と述べた．この両者を合わせて，金[112]は文字記号 bigram を文体特徴量として用いた．本章でも，先行研究を踏まえて文字記号 bigram を文体特徴量のひとつとする．

本章で用いた文字記号 bigram は日本語文の文字，仮名と記号のペアを指す．例えば，川端康成の小説『ほくろの手紙』の最初の一文は「あの黒子の、面白い夢を、わたくし昨夜見ました。」である．この文から文字記号 bigram をとると，「あの」，「の黒」，「黒子」，「子の」，「の、」，「、面」，「面白」，「白い」，「い夢」，「夢を」，「を、」，「、わ」，「わた」，「たく」，「くし」，「し昨」，「昨夜」，「夜見」，「見ま」，「まし」，「した」，「た。」の 22 個が得られる．

5.3.2　内容語を除いたタグ付き形態素

形態素は意味を持つ最小単位である．**タグ付き形態素**は，形態素とその品詞の組み合わせを指す．日本語の文書からタグ付き形態素を抽出するために形態素解析が必要である．本章では，形態素解析器 MeCab(IPA 辞書)を用いて形態素解析を行った.「あの黒子の，面白い夢を，わたくし昨夜見ました.」の一文の形態素解析結果を次に示す．

最初に現れた「黒子」や「の」などは文書の形態素である．形態素の右側にある品詞情報を**形態素タグ**と呼ぶ．形態素タグはいくつかの層に分かれ，右側に行くほどより詳細な情報が表れる．解析結果に含まれる名詞，動詞と形容詞などの内容語は，文章著者の特徴ではなく内容との関連性が強いため，本章では，名詞，動詞，形容詞を含む形態素を除いて集計を行った．この一文から「あの_連体詞」，「の_助詞」，「、_記号」(2 回)，「を_助詞」，「まし_助動詞」，「た_助動詞」，「。_記号」の 8 個のタグ付き形態素が得られる．

5.3.3　文節パターン

文節は，文を実際の言語として不自然でない程度に区切ったときに得られる最小単位である．また，日本語の文書から文節パターンを抽出するためには，係り受け解析が必要である．本章では，係り受け解析器 CaboCha を用いて係り受け解析を行った．

CaboChaを用いた解析結果では，米印「*」は文節の区切りを示している．金[124]は著者識別の特徴量として4種類の文節パターンを提案した．本研究では，そのなかで文学作品において分類精度が最も良いものを用いることにした．この文節パターンは，文節内の助詞・記号を除いた形態素の第1層品詞情報と助詞，記号の原形を組み合わせたものである．例えば，解析結果の文節「黒子_の_、」という文節には，助詞「の」と記号「、」が含まれるため，その文節パターンは「名詞_の_、」になる．他の文節も同じように抽出すると，「あの黒子の、面白い夢を、わたくし昨夜見ました。」の一文から得られる文節パターンは，「連体詞」，「名詞_の_、」，「形容詞」，「名詞_を_、」，「名詞」(2回)，「動詞_助動詞_助動詞_。」の7個である．

5.4　著者識別の方法

5.4.1　相対度数の変換

文書から文体特徴量を抽出すると，1篇の文書は1つのベクトルに置き換えられている．さらに複数の文書を縦で並べると**表5.1**に示したデータ形式になる．行と列はそれぞれ作品と変数を表し，表5.1はm行n列のデータである．

本章で用いた文書の長さは異なり，長い文書から抽出した特徴量の数は短い文書より多いため，このまま処理すると不適切である．このような文書の長さの影響を除くために，集計した度数f_{ij}を相対度数x_{ij}に置き換えた．変換に用いた式を以下に示す．式の $\sum_{j=1}^{n} f_{ij}$ は各行の合計を表す．

$$x_{ij} = \frac{f_{ij}}{\sum_{j=1}^{n} f_{ij}}$$

5.4.2　著者識別の方法

本章では，教師なし学習法の対応分析と階層的クラスター分析，教師あり学習法のAdaBoost，**高次元判別分析**(high-dimensional discriminant analysis; HDDA)，**ロジスティックモデルツリー**(logistic model tree; LMT)，RF，SVMを著者識別の方法として用いた．

対応分析(correspondence analysis)の分析対象はカテゴリカルデータである．

表 5.1　相対頻度変換表.

	変数 1	⋯	変数 j	⋯	変数 n
作品 1	f_{11}	⋯	f_{1j}	⋯	f_{1n}
⋮	⋮		⋮		⋮
作品 i	f_{i1}	⋯	f_{ij}	⋯	f_{in}
⋮	⋮		⋮		⋮
作品 m	f_{m1}	⋯	f_{mj}	⋯	f_{mn}

この手法は高次元データを低次元（2〜3 次元が多い）に射影し，低次元上の散布図を用いて個体と変数間の関係を考察する手法である．本章では，高次元の特徴量データを 2 次元に圧縮し，個体(作品)スコアの散布図を用いて作品間の関係を考察する．散布図の横軸は各個体(作品)の第 1 スコアを表し，縦軸は第 2 スコアを表す[217].

階層的クラスター分析(hierarchical cluster analysis)は，個体間の類似度または非類似度(距離)に基づいてデータの構造が似ている個体を同じグループにまとめる分類の方法である．階層的クラスター分析では，まず元データから**距離行列**(distance matrix)を作る．次に距離の近い個体またはクラスターから併合してデータのクラスタリングを行う．最後にデンドログラムという樹形図を作って分類結果を示す．クラスタリングを行うにあたってクラスターの併合方法と個体間距離の計算方法を事前に決めておく必要がある．本章では，先行研究を踏まえてウォード法と *RJSD* を用いることにした．ウォード法は，クラスターを結合する際にグループの分散に対するグループ間の分散を最大にする方法である.

Manuel ら[133]は，179 個の分類器についてベンチマーク UCI データセットを用いて性能の比較分析を行い，RF と SVM が高性能であることを示した．金・村上[134]は，日本語著者識別における RF の有効性を実証した．金[112]は，日本語の文学作品，作文と日記に対して複数の文体特徴量および RF と SVM を含む分類器を用いて著者識別を行った．本章では，Manuel ら[133]，金[112]，金・村上[134]の結果を踏まえ，精度が高く，高次元データ解析に適する次の 5 つの分類器を用いた.

(1) AdaBoost

AdaBoost は Holmes and Forsyth[76]により提案されたアンサンブル学習法による強分類器である．AdaBoost は前の分類器の誤り情報を用いて次の分類器の精度をあげるように工夫し，分類器を繰り返し作成して強分類器を構築する方法である[218].

(2) HDDA

HDDA は Bouveyron ら[219]が提案した高次元判別分析方法で，各クラスにおける高次元を独立に次元縮小するアイディアに基づく高次元データにふさわしい分類器である．文学作品の分類では HDDA は SVM とほぼ同様な性能を示している[112].

(3) LMT

LMT は Landwehr ら[220]が提案し，決定木の葉にロジスティックモデルを適用した分類器である．著者識別においても高い識別率を得ている．

(4) RF

RF は Breiman[221]が提案し，アンサンブル学習法バギングをさらに発展させた分類器である．この手法はブートストラップサンプリングしたデータから作った決定木の結果を統合して分類を行う．分類問題において最良な手法とされている[112].

(5) SVM

SVM は Vapnik[222]が提案し，伝統的な線形判別の境界について，マージンを最大化する方法で求める分類器である．分類問題における SVM は RF とほぼ同等の性能を示している[112, 133, 222].

本章で用いた各文体特徴量における分類器の性能を評価するために，一個抜き交差検証(LOOCV[1])を行い，**表 5.2** に示した混同行列を作る．表 5.2 の TP の正解は川端康成の文書を正しく判別した回数である．FP は川端康成の文書を間違って代筆者と判別した回数である．FN は代筆者の文書を間違って川端康成と判別した回数である．TN は代筆者の文書を正しく判別した回数である．分類器の精度を以下に示した**適合率**(Precision)，**再現率**(Recall)と *F* 値(*F*-measure)を用いて評価する．

$$\mathrm{Precision} = \frac{\mathrm{TP}}{\mathrm{TP}+\mathrm{FP}}$$

1　第 8 章参照.

表 5.2 混同行列表.

		正解	
		正 (Positive)	負 (Negative)
予測結果	正 (Positive)	TP (True Positive)	FP (False Positive)
	負 (Negative)	FN (False Negative)	TN (True Negative)

$$\mathrm{Recall} = \frac{\mathrm{TP}}{\mathrm{TP} + \mathrm{FN}}$$

$$F\text{値} = \frac{2 \times \mathrm{Recall} \times \mathrm{Precision}}{\mathrm{Recall} + \mathrm{Precision}}$$

5.5 川端康成の代筆問題

川端康成の代筆問題についての研究は史料学と文学の分野に集中している.史料学の分野では,主に,川端康成と代筆者の間の書簡を代筆の証拠としている.書簡の内容は,川端康成からの原稿作成依頼や代筆者への執筆指導などである.このような研究は,書簡に記載された代筆についての内容を代筆か否かの判断基準としている.しかし,代筆依頼の書簡があったとしても,川端康成は執筆指導を行った際に代筆者の原稿に手を加えた可能性がある.この場合,川端康成も作品に関わっているため,書簡だけでの代筆判断は難しい.そこで,原稿の内容か文体に基づいた分析が必要となる.

川端康成の代筆疑惑が持たれた作品は,大きく「代筆認定作品」と「代筆疑惑作品」に分けられる.「代筆認定作品」は1984年に完結した川端康成全集の編集の際に削除されたものを指す.削除の理由について1984年に完結した川端康成全集の第1巻の巻末に解題がある.削除された作品は,「一,他者の協力をあおいでなった著作」である.そのうち『小説の研究』の前半は伊藤整の代筆で,『小説の構成』は瀬沼茂樹の代筆である.「二,少年少女小説のうち,戦後に発表された作品」である.そのうち,平山城児が著作『川端康成−余白を埋める』で,『歌劇学校』が平山宮子の代筆であると明かしている.他に削除されていた少年少女小説として,『万葉姉妹』,『花と小鈴』,『親友』と『長

表 5.3　川端康成の代筆疑惑作品リスト.

カテゴリ	小説名	代筆者	証拠
少女小説	乙女の港	中里恒子	書簡，原稿
少女小説	花日記	中里恒子	書簡，論文
少女小説	コスモスの友	中里恒子	論文
睡眠薬中毒時期	古都	北條誠，澤野久雄，三島由紀夫	書簡，証言
睡眠薬中毒時期	眠れる美女	三島由紀夫	証言
その他	山の音	三島由紀夫	証言

い旅』などもあったが，先行研究を調べた限りでは，いずれも削除された理由が記されていない[212].

本節では，代筆問題が解明されていない「代筆疑惑作品」を研究対象とした．この「代筆疑惑作品」はさらに 3 つのカテゴリに分類できる．1 つ目は少女小説である．川端康成名義で発表した少女小説の『乙女の港』，『花日記』と『コスモスの友』は芥川賞を受賞した女性作家・中里恒子による代筆であると言われている[212]．2 つ目は川端康成の睡眠薬中毒時期小説である．その時期に発表された『古都』は川端康成の弟子の澤野久雄，北條誠，三島由紀夫による代筆と疑われ，同じ時期に発表された『眠れる美女』は三島由紀夫による代筆という説もある[223]．3 つ目はその他小説である．『山の音』は三島由紀夫の代筆と言われている[224]．川端康成の代筆疑惑作品，研究対象となる小説，代筆者とその代筆の証拠を**表 5.3** にまとめる.

本節では，著者識別の方法を用いて表 5.3 に示した川端康成の代筆問題を明らかにする．結果の正確性を保つため複数の計量的手法を用いたが，紙面上の都合で結果の一部を示す.

文体計量分析では，1 つ 1 つ文体特徴量で著者の文体特徴を表しているが，どれか 1 つだけを使うと偏りが生じる可能性がある．そのため本研究では複数の文体特徴量と手法を用い，得られた結果を総合的に考察することにした.

5.5.1 『乙女の港』について

『乙女の港』の代筆疑惑

『乙女の港』は 1937 年 6 月から 1938 年 3 月にかけて 10 回にわたって『少女の友』に連載された小説で，1984 年に完結した川端康成全集の第 20 巻に収録されている．この小説は，横浜のミッション系の女学校における女学生の間のエス(擬似的な姉妹となって交際する行為)を描写したものである.

『乙女の港』の代筆者は中里恒子だと疑われている[212]. 中里恒子(1909～1987)は1928年にデビューし, 1939年『乗合馬車』で芥川賞, 1974年『歌枕』で読売文学賞, 1975年『わが庵』で日本芸術院恩賜賞, 1979年『誰袖草』で女流文学賞をそれぞれ受賞した女性作家である. 中里恒子は一時的に川端康成に師事したことがあり, 『乙女の港』を執筆した際にも川端康成の指導を受けたという. そのため, この作品は川端康成が中里恒子の書いた草稿に手を加えて完成させたとされている[212].

『乙女の港』の中里代筆説に関する有力な証拠は, 川端康成と中里恒子との往復書簡である. この往復書簡は1984年に完結した川端康成全集の補巻二に収録されている. その内容を次に示す.

1937年(昭和12年)9月14日付, 川端康成から中里恒子へ[225]. (下線は筆者による.)

> 乙女の港はだんだん文書が粗くなり, 書き直すのがむつかしく, 書き直すといふことは, うまく参りませんゆゑ, なるべく初めの調子でやつていただくと助かります. お書きになるのにもし興が薄れてゆくやうでしたら, 早く切り上げ, 別のものをまた連載するやうにしても, こちらは結構ですが, 受けてゐる様子ゆゑ, なるべく続けていただきたいと思つて居ります. 三千子は港に帰つて, 洋子の心の戻るのに少し曲折あり, この三角関係少しモメタ方が, つなぎやすいかと思ひますがいかがですか. 克子の天下あつてもよいかと思ひます. (300頁)

この書簡は, 『乙女の港』の執筆指導を行うために川端康成が中里恒子に送ったものである. 川端康成は『乙女の港』の添削が難しくなってきたことを示し, 小説は受けているからなるべく書き続けてほしいと述べた. この書簡の内容から中里恒子は『乙女の港』の執筆に関わっていたことが分かる.

1937年(昭和12年)9月18日付, 中里恒子から川端康成へ[225]. (下線は筆者による.)

> 乙女の港お言ば通り注意いたしませう. どんな風に書いても, うまくなほ

して下さる．こんなわがままな考へ方が私にあるからかもしれません．一回分終り，二回目の十枚まですすみましたがお手紙拝見してなほすつもりになりました．廿二日頃まで－もし間にあはねば一回分だけお送りいたします．
(293 頁)

この書簡は中里恒子から川端康成への返信である．「乙女の港お言ば通り注意いたしませう．どんな風に書いても，うまくなほして下さる．」の一文から，川端康成はすでに『乙女の港』に手を加えたと推察できる．

1937 年(昭和 12 年)10 月 16 日付，川端康成から中里恒子へ[225]．（下線は筆者による．）

軽井沢が二度続き，話の進みもヤマも前と余り変りませんので，少し工夫して，大分書き変えました．戦争は入れないこととし，戦前のつもりにしたいと思ひますがいかがですか．最初のやうな調子でなるべく願ひます．
(302 頁)

この書簡は川端康成から中里恒子に送ったものである．「少し工夫して，大分書き変えました」の記述から，川端康成が中里恒子の原稿に加筆した事実が浮き彫りになる．

以上の書簡の内容をまとめる．1 通目は『乙女の港』執筆の方向性を示した執筆指導である．2 通目は川端康成の添削に対する感謝である．3 通目は川端康成からの添削結果の回答である．書簡の共通内容は『乙女の港』に関する執筆指導である．

このような書簡をめぐって数多くの先行研究がなされていたが，その意見は「川端康成作」，「中里恒子作」と「中立」で分かれている．先行研究の結果を**表 5.4** にまとめる．

表 5.4 に示したように，内田[226]は，川端康成は中里恒子の下書きに徹底的に手を加えたことから『乙女の港』は川端康成の作品であると主張した．大森[227]は，同性愛のアプローチから考察を行い，『乙女の港』の同性愛モチーフは川端康成の発案だったと述べ，その同性愛の完成度から『乙女の港』は川端康成に近い可能性が高いと主張した．馬場[228]は，『乙女の港』の第 6 章は

表 5.4 『乙女の港』の先行研究.

先行研究	作品の帰属
内田静枝[226]	川端康成
大森郁之助[227]	川端康成
馬場重行[228]	川端康成
小谷野敦[211]	中里恒子
中嶋展子[229]	中立
下條正純[230]	中立

川端康成の加筆要素が入っていることから，作品全体は川端康成作と主張した．以上の『乙女の港』は川端康成に近い作品という意見に対し，小谷野[212]は，「私見では，川端は文書を直しただけで，筋は中里のものである」と述べ，『乙女の港』は中里恒子の作品であると主張した．その他の先行研究は中立的な立場を示した．中嶋[229]は，『乙女の港』は川端康成の加筆により文書表現が改善され，「広がり彩り」が添えられたと述べた．下條[230]は，中里恒子が横浜市にあるミッションスクールである横浜紅蘭女学校の卒業生であることから，このような女の子の間の擬似的な交際をテーマとして取り上げたと推測していたが，往復書簡だけではどの程度が中里恒子の下書きであるかが不明であると述べた．

『乙女の港』の代筆疑惑検証

本項では，文体計量分析のアプローチから『乙女の港』の代筆問題を明らかにする．分析に用いた川端康成の作品は，『白い満月』，『伊豆の踊子』，『文科大学挿話』，『春景色』，『死者の書』，『温泉宿』，『落葉』，『二十歳』，『禽獣』，『雪国』，『夕映少女』，『高原』，『故人の園』，『婦唱夫和』，『夢』，『女の夢』，『燕の童女』，『夜のサイコロ』，『雨の日』と『再会』の 20 篇である．中里恒子の作品は，『泡沫』，『露路』，『ますく』，『自由画』，『祝福』，『ふみむすびと』，『毛皮』，『花火』，『樹下』，『森の中』，『乗合馬車』，『後の月』，『競馬場へ行く道』，『孔雀』，『老嬢』，『露路』，『毛皮』，『泡沫』，『日光室』と『晩餐会』の 20 篇である．『乙女の港』の各章を**表 5.5** に示す．

本研究では著者識別に有効な文字記号 bigram，内容語を除いたタグ付き形態素と文節パターンを用いることにした．分析手法は対応分析，階層的クラスター分析，AdaBoost，HDDA，LMT，RF と SVM である．紙面の都合で文字

表 5.5　『乙女の港』の各章の詳細情報.

	『乙女の港』の各章	発行時間	雑誌	文字数
1	花選び	1936 年 6 月	少女の友	4761
2	牧場と赤屋敷	1936 年 7 月	少女の友	5320
3	開かぬ門	1936 年 8 月	少女の友	5047
4	銀色の校門	1936 年 9 月	少女の友	2470
5	高原	1936 年 10 月	少女の友	5280
6	秋風	1936 年 11 月	少女の友	5085
7	新しい家	1936 年 12 月	少女の友	5104
8	浮雲	1937 年 1 月	少女の友	5503
9	赤十字	1937 年 2 月	少女の友	6209
10	船出の春	1937 年 3 月	少女の友	5692

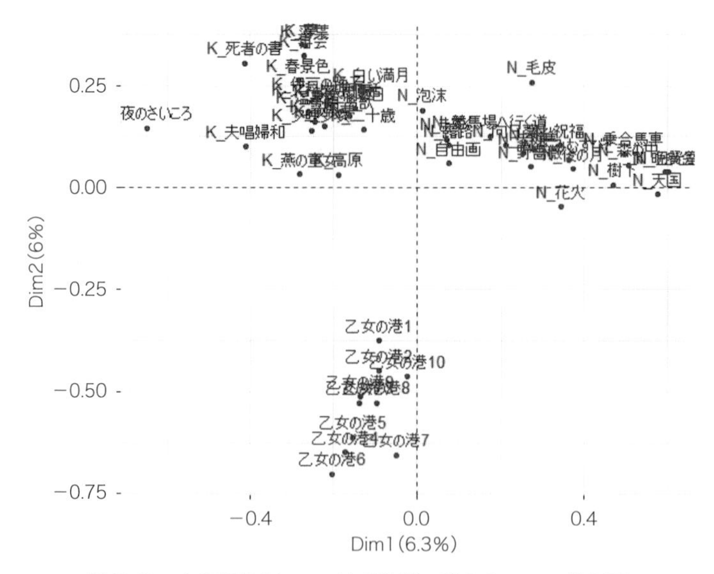

図 5.2　文字記号 bigram 対応分析の第 1, 2 スコア散布図.

記号の bigram の結果だけを示し，内容語を除いたタグ付き形態素と文節パターンの対応分析の結果を割愛する.

『乙女の港』のコーパスから抽出した文字記号 bigram の次元数は 2117 である．文字記号 bigram に対する対応分析の個体の第 1, 2 スコアの散布図を**図 5.2** に示す．図 5.2 では，川端康成の作品は第 2 象限にプロットされた．中里恒子作品の大多数は第 1 象限にプロットされた．『乙女の港』の各章は両作家の

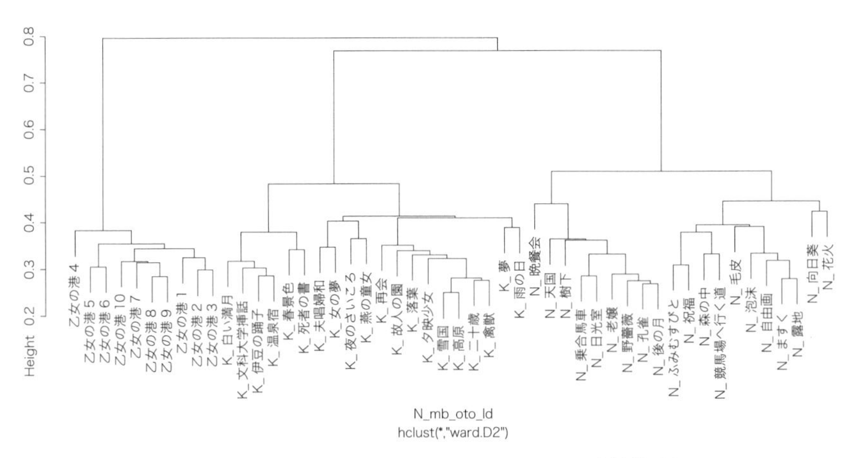

図 5.3　文字記号 bigram の階層的クラスター分析樹形図.

作品グループから離れて第 3 象限にプロットされた．文字記号 bigram を用いた場合,『乙女の港』の文体は川端康成，中里恒子の文体と異なることが見て取れた.

図 5.3 に示した文字記号 bigram を用いた『乙女の港』のクラスター分析では，樹形図は大きく 3 つのクラスターに分かれており，左側から順番に『乙女の港』のクラスター，川端康成のクラスターと中里恒子のクラスターになる.

文字記号 bigram，内容語を除いたタグ付き形態素と文節パターンを用いた川端康成と中里恒子のクラスター分析の結果では,『乙女の港』の各章は川端康成と中里恒子と異なるクラスターに分類されている．内容語を除いたタグ付き形態素の場合,『乙女の港』の各章は中里恒子と先に結合したため，文体は中里恒子に近いことを示した．文字記号 bigram と文節パターンでは,『乙女の港』の文体は川端康成と中里恒子の文体のどちらとも異なることが明らかになった.

さらに，AdaBoost，HDDA，LMT，RF と SVM の 5 つの分類器を用いて判別分析を行った．各特徴量と分類器の組み合わせで得られた適合率，再現率と F 値を**表 5.6** に示す．各特徴量と分類器の組み合わせで 15 通りの分類結果が現れるが，紙面の都合で**表 5.7** に各特徴量における統合結果を示す．統合結果は 5 つの分類器の多数決をとったものである.

表 5.7 を見ると，文字記号 bigram の統合結果では，第 1, 5, 8 章は中里恒子,

表 5.6　各文体特徴量における分類器の性能評価.

特徴量	評価指標	AdaBoost	HDDA	LMT	RF	SVM
文字記号 bigram	適合率	1.00	1.00	1.00	1.00	0.87
	再現率	1.00	0.95	1.00	1.00	1.00
	F 値	1.00	0.97	1.00	1.00	0.93
タグ付き形態素	適合率	0.90	0.95	1.00	1.00	1.00
	再現率	0.95	0.90	1.00	1.00	0.90
	F 値	0.93	0.92	1.00	1.00	0.95
文節パターン	適合率	0.88	1.00	0.83	1.00	0.95
	再現率	0.75	0.95	0.95	1.00	1.00
	F 値	0.79	0.97	0.88	1.00	0.98

表 5.7　『乙女の港』の 3 つの特徴量を用いた判別結果.

乙女の港	文字記号の bigram	タグ付き形態素	文節パターン	統合結果
第 1 章	中里恒子	中里恒子	中里恒子	中里恒子
第 2 章	川端康成	中里恒子	中里恒子	中里恒子
第 3 章	川端康成	中里恒子	川端康成	川端康成
第 4 章	川端康成	中里恒子	川端康成	川端康成
第 5 章	中里恒子	川端康成	川端康成	川端康成
第 6 章	川端康成	川端康成	川端康成	川端康成
第 7 章	川端康成	中里恒子	中里恒子	中里恒子
第 8 章	中里恒子	中里恒子	中里恒子	中里恒子
第 9 章	川端康成	川端康成	川端康成	川端康成
第 10 章	川端康成	中里恒子	中里恒子	中里恒子

第 2, 3, 4, 6, 7, 9, 10 章は川端康成に判別された．タグ付き形態素では第 1, 2, 3, 4, 7, 8, 10 章は中里恒子，第 5, 6, 9 章は川端康成に判別された．文節パターンでは第 1, 2, 7, 8, 10 章は中里恒子，第 3, 4, 5, 6, 9 章は川端康成に判別された．文体計量分析では，1 つ 1 つの文体特徴量で著者の文体特徴を表しているが，どれか 1 つだけを使うと偏りが生じる可能性がある．そのため本研究では複数の文体特徴量と手法を用い，得られた結果を総合的に考察することにした．教師なしの手法では，グラフから見られる傾向を考察すればよい．教師ありの手法の出力はラベルであり，人間の委員会の考え方にちなんで多数決をとって考察する．

以上の分析結果より，『乙女の港』には川端康成と中里恒子の文体特徴が含まれているため，この小説は川端康成と中里恒子の共同執筆と見なせる．

5.5.2 『花日記』の代筆疑惑

『花日記』について

『花日記』は1938年4月から1939年3月にかけて，実業之日本社が発行した少女向けの雑誌『少女の友』に連載された少女小説である．この小説は12章からなり，現在1984年に完結した新潮社発行の川端康成全集の第20巻に収録されている．『花日記』の各章の詳細を表5.8に示す．

『花日記』の代筆問題の証拠となったのは川端康成と中里恒子との執筆指導についての往復書簡である．書簡の内容を次に示す．

1938年(昭和13年)9月17日付，中里恒子から川端康成へ[225]．(下線は筆者による．)

> けふ少女の友買ひ，花日記にかかります．これは自分でも書いてゐてたのしみです．勿論虚構の人物ですけれどその人物に私の思ってゐることをみんなさせているせいかもしれません． (295頁)

1938年(昭和13年)9月25日付，川端康成から中里恒子へ[225]．(下線は筆者による．)

> 原稿拝受．朝日の時評書き上げれば参ります．私共は霧ヶ峰から諏訪へ出て，それから伊那を廻って木曽へ参ることになるかと思ひますが，木曽福島あたりで落ち合へればと存じます．木曽のどこで何日に会ふか，電報しますが，御主人は今日と云って明日お休みになつていらつしゃるといふわけに参りませんかしら．軽井澤を二十七日か八日に出ると思ひます，いづれ速達か電報で打ち合せます． (303〜304頁)

往復書簡の「けふ少女の友買ひ，花日記にかかります．これは自分でも書いてゐてたのしみです．」と「原稿拝受」の文面から，『花日記』は中里恒子による代筆の疑惑が浮上した．このような往復書簡を根拠に，川端康成が中里恒子の作成した原稿に手を加えて『花日記』を完成させたと言われている[212]．また，大森[227]は，同性愛の完成度の観点から，少女小説の『乙女の港』，

表 5.8 『花日記』の各章の詳細情報.

	『花日記』の各章	発行時間	雑誌	文字数
1	姉嫁ぐ	1937 年 4 月	少女の友	4387
2	菫のなかで	1937 年 5 月	少女の友	2587
3	嘘の妹	1937 年 6 月	少女の友	3095
4	うしろすがた	1937 年 7 月	少女の友	6900
5	うしろすがた（つづき）	1937 年 8 月	少女の友	4048
6	唱歌会	1937 年 9 月	少女の友	4326
7	夏の海	1937 年 10 月	少女の友	3865
8	花日記	1937 年 11 月	少女の友	2874
9	新学期	1937 年 12 月	少女の友	3956
10	級長選挙	1938 年 1 月	少女の友	4778
11	姉病む	1938 年 2 月	少女の友	4339
12	（標題なし）	1938 年 3 月	少女の友	4640

『花日記』と『美しい旅』の比較分析を行い，『花日記』の完成度が低いと結論づけた．しかし，大森[227]は，「同性愛のモチーフは川端康成の作意に発するものかを俄に推断し難い」とも述べ，同性愛の内容分析から『花日記』の著者帰属問題が解決できなかった．川端康成研究書である『川端康成詳細年譜』には，『花日記』は川端康成と中里恒子の共同執筆とされている[231]．

『花日記』の代筆疑惑検証

『花日記』の代筆疑惑問題の分析に用いたコーパスは『乙女の港』と同じである．以上の計量分析の結果より，『花日記』の分類結果には川端康成と中里恒子の結果が表れているため，『花日記』には川端康成と中里恒子の文体特徴が含まれる．小谷野・深澤[231]の『花日記』は共同執筆であるという説はデータ分析によって確認された．また，分類器による判別分析では川端康成になる結果が多いため，川端康成は中里恒子の原稿に手を加えたと考えられる．紙幅の都合で，本項から分析結果の詳細を割愛するが，もっと知りたい方は孫[8]と孫・金[27]を参照されたい．

5.5.3 『コスモスの友』の代筆疑惑

『コスモスの友』について

『コスモスの友』は，1936 年『少女倶楽部』の第 10 号に発表され，1984 年完結した川端康成全集の第19巻に収録されている少女小説である．川勝[232]は，この作品も中里恒子によるものだと指摘している．この小説は『乙女の港』と『花日記』の1章ぐらいの長さ（4997文字）である．『コスモスの友』は敬体で書かれたものである．敬体と常体で書かれた文書には「です・ます」調と「である」調の違いがあるため，文体を分析する際にこのような違いは著者特徴のノイズとなる．そのため，文体を分析する際に本研究では敬体表現を常体表現に改めた上で分析を行った．

『コスモスの友』の代筆疑惑検証

『コスモスの友』の代筆疑惑問題分析に用いたコーパスは『乙女の港』と同じである．対応分析と階層的クラスター分析の結果では，『コスモスの友』の文体は川端康成に近いことが示された．また，分類器を用いた判別の結果では，文字記号bigramとタグ付き形態素では川端康成に，文節パターンでは中里恒子に判別された．以上の分析より，『コスモスの友』には川端康成と中里恒子の文体が混在しているが，多くの分析結果では，川端康成の文体に近い傾向が現れたので，中里恒子と比べ，『コスモスの友』の文体は川端康成に近いため，この作品は川端康成の自筆だと推察される．

5.5.4 『古都』の代筆疑惑

『古都』について

川端康成は幼少期から精神状態が不安定で，作家デビューしてから執筆のために昼夜逆転の生活を送り，その影響で精神状態がさらに悪化した．川端康成は当時不眠症に襲われ，やむを得ず睡眠薬に頼るようになった．その睡眠薬依存の最たる時期は1962年で，川端康成はこの年睡眠薬中毒の影響で入院までした．精神科医の栗原[233]は，「川端康成の不眠症は亡くなる直前も若干悪化していた形跡がある」と述べ，睡眠薬の影響で川端康成が自殺を図ったのではないかと推測した．このような重度の睡眠薬依存の状態にあったにもかかわらず，川端康成は『古都』や『眠れる美女』などの傑作を次々と書き上げた．その状態での執筆は不可能であると思われ，当時の川端康成名義で発表された『古都』は代筆者が書いたと主張する研究者は少なくない[10, 19]．

『古都』は川端康成のノーベル文学賞の受賞対象作のひとつと言われ，日本

表 5.9　『古都』の各章の詳細.

	『古都』の各章	文字数
1	春の花	6820
2	尼寺と格子	6430
3	きものの町	6544
4	北山杉	6914
5	祇園祭	9150
6	秋の色	5652
7	松のみどり	4808
8	秋深い姉妹	8860
9	冬の花	5952

だけで3回も映画化されるほど絶大な人気を博した作品である[234]．この作品の人気ぶりは日本だけでなく，『古都』は多くの外国語に翻訳され，海外でも知名度をあげている．『古都』は古都・京都を舞台に双子の姉妹の物語を描いた小説である．この小説は『朝日新聞』に昭和36(1961)年10月から昭和37(1962)年1月まで計107回にわたって連載され，単行本が発行された際に9つの章にまとめられた．各章の詳細情報を**表5.9**に示す．

川端康成は『東京の人』の執筆時(1954年)から睡眠薬を用い，『古都』の執筆期間が終わる(1962年)までの間使用していた[213]．『古都』の執筆が終わり，睡眠薬をやめようとした川端康成はひどい禁断症状に襲われ，10日間意識不明の状態となり東大沖中内科に入院していた．

川端康成の当時の精神状態は『古都』の内容にも影響をもたらしている．川端康成入院時の担当医であった栗原[233]は，「古都の一部にはふわふわと上すべりする感じがする．これはおそらく睡眠薬による影響であって，半覚半醒状態のときにあとからあとからと浮かぶ空想を，筆にしたものともいえる」と述べた．また，山田[235]は次のように述べている．

> 本質的なことは，川端が『古都』という作品において，知らず知らずのうちに霊界との交感をおこなっていたということである．北山杉の村には現世と隔絶した霊界の磁場が張られ，その内奥に〈未生〉および〈死後〉の世界がひそんでいた．その霊界からあらわれたかのような苗子は，主人公千重子を北山杉の村へといざない，千重子に〈未生の時〉をかいま見せるのである．こうした現世と霊界との交感を，川端は眠り薬に侵されたうつつない

薄明の世界で，何ものかに促されるように書いていったのである．

（368〜369 頁）

栗原[233]と山田[235]の研究は川端康成の精神状態と『古都』の内容の関連性を示した．川端康成自身もそれに気づき，『古都』の執筆中に自分の精神状態について次のように記している[225]．

『古都』執筆期間のいろんなことの記憶は多く失われていて，不気味なほどであった．『古都』になにを書いたかもよくはおぼえていなくて，たしかには思い出せなかった．私は毎日『古都』を書き出す前にも，書いているあいだにも，眠り薬を用いた．眠り薬に酔って，うつつないありさまで書いた．眠り薬が書かせたようなものであったろうか．『古都』は「私の異常所産」というわけである．（中略）この作品に対する同情と慰謝によって，私は校正にとりかかった．果しておかしいところ，辻褄の合わぬようなところが少なくなかった．校正でだいぶん直したが，行文のみだれ，調子の狂いが，かえってこの作品の特色となっていると思えるものはそのまま残した．校正は骨が折れた．（661 頁）

「記憶は多く失われる」や「毎日眠り薬を用いて，うつつないありさまで『古都』を書いた」などの内容から，当時川端康成はとても執筆できるとは思えない．『古都』の連載時に使った原稿について，ある出版関係者は「あのときはもう川端さんの原稿は全く使いものにならないものばかりでした．発表されたものは全部第三者が書いたものです．つまり代筆者がいたんですよ」と明かしている[223]．また，その代筆者は，川端康成に師事していた澤野久雄，北條誠と三島由紀夫であることも言及している[223]．そのうち最も有力な澤野久雄説について小谷野[212]は次のように述べた．（下線は筆者による．）

『古都』の連載が始まったのは十月八日である．しかし川端は，直前まで何も考えていなかったようで，九月末，澤野久雄に手紙を書いて，何も書くことがないと言った．京都を舞台に描くということで，京都に家を借り，連作を引き受けて，直前になってこれである．澤野は驚き，慌てて京

都へ行くと，北山杉を川端に教え，これをモティーフにするよう示唆した．（484 頁）

『古都』の代筆疑惑検証

本項では文体計量分析を通して『古都』の代筆問題を明らかにする．代筆問題解明に用いた川端康成の作品は，『あの国この国』，『たまゆら』，『たんぽぽ』，『みづうみ』，『横町』，『岩に菊』，『弓浦市』，『故郷』，『自然』，『小春日』，『水月』，『日も月も』，『千羽鶴』，『並木』，『片腕』，『雨の日』，『無言』，『名人』，『明月』，『離合』の 20 篇である．澤野久雄の作品は『雨しきり』，『炎上』，『遠い音』，『果樹園の道』，『花火』，『花燭』，『古調』，『古典』，『孤客』，『初恋』，『雪譜』，『笛の夜』，『晩年の石』，『粉雪』，『未明』，『揺籃』，『落葉樹』1〜2[2]，『離合』，『聯壁』の 20 篇である．北條誠の作品は『アカシヤの唄』1〜2，『バラが咲いた』，『花はなんの花』，『月の砂漠』，『五月の風』，『五百マイル』，『山のむらさき』，『秋扇』，『翠のころ』，『赤い夕焼け』，『朝つゆの道』1〜4，『白い夜風』，『風のあと』，『別れの曲』，『豊かなるもの』，『緑なる人』の 20 篇である．三島由紀夫の作品は『遠乗会』，『鴛鴦』，『家庭裁判』，『果実』，『海と夕焼』，『近世姑気質』，『携帯用』，『月』，『孤閨悶々』，『詩を書く少年』，『修学旅行』，『女流立志伝』，『食道楽』，『雛の宿』，『朝顔』，『日曜日』，『博覧会』，『百万円煎餅』，『憂国』，『離宮の松』の 20 篇である．

『古都』は川端康成の名義で発表され，澤野久雄，北條誠と三島由紀夫の代筆と疑われる小説である．対応分析の結果とクラスター分析の結果では，『古都』は三島由紀夫による代筆の可能性が低いことが分かった．また，5 つの分類器を用いた判別分析では，文字記号 bigram とタグ付き形態素の統合結果では，『古都』の各章はすべて川端康成に判別された．文節パターンの統合結果では，第 3, 4, 6, 7, 8, 9 章は北條誠，第 2, 5 章は北條誠か川端康成，第 1 章は川端康成に判別される結果になった．

以上の結果より，『古都』の文体と最も似ているのは川端康成で，その次は北条誠，最後は澤野久雄である．『古都』についての先行研究では，澤野久雄による代筆の可能性が高いと言われたが，本項の結論から『古都』の文体は川

2　作品名につく数字は，長編作品を分けて用いたために振った通し番号である．

端康成の作品に最も似ていることが明らかとなり，また，代筆者が存在するとすれば北條誠になる可能性が高い．

5.5.5 『眠れる美女』の代筆疑惑

『眠れる美女』について

『眠れる美女』は1960年に雑誌『新潮』1月号から6月号までと，1961年1月号から11月号まで，約半年の空白期間を挟んで17回にわたって連載された作品である．その17回の詳細を**表5.10**に示す．

この作品は昭和37年毎日出版文化賞を受賞したが，昭和35(1960)年『眠れる美女』が刊行となって間もない頃，川端康成は睡眠薬の禁断症状を起こし，数日間意識不明の状態となった．そのため，『眠れる美女』の執筆中に川端康成は睡眠薬の影響を受けていると先行研究では明かしている．『眠れる美女』には半年間の執筆空白期間があり，今村[236]は川端康成が睡眠薬中毒による入院の影響で執筆が滞ったことが一因であるとした．河野[237]は，「題材や内容からすると『眠れる美女』は川端康成の妄想から生んだ小説で，睡眠薬に酔って書いたものである」と述べた．『眠れる美女』の代筆問題に関して，板坂[223]は，対談の中で，「『眠れる美女』は三島由紀夫の代筆である」と言及した．また，『眠れる美女』の原稿を見たことがあるという安藤[3]は，原稿に書いてある字は川端康成の字ではないと述べた[224]．一方，小谷野[212]は，著作『川端康成伝－双面の人』の中で，「『眠れる美女』の代筆はありえない」と代筆説を否定した．

このように，『眠れる美女』の代筆問題に関して先行研究では意見が分かれている．本項では，文体解析の観点から『眠れる美女』の代筆問題の解明を試みる．『眠れる美女』は，当初17回にわたって連載され，その後5つの章にまとめられた．毎回の連載の分量は400字詰めの原稿用紙10枚程度で，会話文を除いても文体分析に堪えるデータ量が得られると思われるため，本項では，『眠れる美女』を17回に分けて考察することにした．

『眠れる美女』の代筆問題を検証するにあたり，川端康成と三島由紀夫の全集から作品を選んでコーパスを作成した．川端康成の作品は，『千羽鶴』，『雨

3　安藤武：三島由紀夫の研究者である．

表 5.10 『眠れる美女』各回の詳細情報.

『眠れる美女』各回	発行時間	雑誌	文字数
1	1960 年 1 月	新潮	3942
2	1960 年 2 月	新潮	4227
3	1960 年 3 月	新潮	5540
4	1960 年 4 月	新潮	3369
5	1960 年 5 月	新潮	4753
6	1960 年 6 月	新潮	2093
7	1961 年 1 月	新潮	1976
8	1961 年 2 月	新潮	2190
9	1961 年 3 月	新潮	3926
10	1961 年 4 月	新潮	1429
11	1961 年 5 月	新潮	3067
12	1961 年 6 月	新潮	2137
13	1961 年 7 月	新潮	3053
14	1961 年 8 月	新潮	2020
15	1961 年 9 月	新潮	2341
16	1961 年 10 月	新潮	2283
17	1961 年 11 月	新潮	2357

の日』,『たまゆら』,『岩に菊』,『自然』,『名月』,『無言』,『日も月も』,『水月』,『名人』,『みづうみ』,『横町』,『離合』,『小春日』,『故郷』,『あの国この国』,『弓浦市』,『並木』,『片腕』,『たんぽぽ』の 20 篇である. 三島由紀夫の作品は,『果実』,『日曜日』,『孤閨悶々』,『食道楽』,『鴛鴦』,『家庭裁判』,『携帯用』,『女流立志伝』,『遠乗会』,『離宮の松』,『朝顔』,『近世姑気質』,『修学旅行』,『雛の宿』,『詩を書く少年』,『博覧会』,『海と夕焼』,『百万円煎餅』,『憂国』,『月』の 20 篇である.

『眠れる美女』の代筆疑惑検証

タグ付き形態素と文節パターンを用いた『眠れる美女』の対応分析とクラスター分析の結果では,『眠れる美女』の各回は三島由紀夫より川端康成に近いケースが多い. 5 つの分類器を用いた判別の場合, 各文体特徴と分類器の統合結果では,『眠れる美女』の各回はすべて川端康成に判別された. 以上の分析に基づき,『眠れる美女』は三島由紀夫による代筆の可能性は非常に低いという結論に至った.

5.5.6 『山の音』の代筆疑惑

『山の音』について

『山の音』は戦後日本文学の最高峰とされた川端康成の長編小説で，第7回野間文芸賞の受賞作でもある．『山の音』の各章は，1949年から1954年にかけて複数の雑誌に断続的に発表された．川端康成は51歳の時にこの作品を書き始め，ちょうど『山の音』の執筆の前半に新潮社から『川端康成全集』全16巻が刊行された．川端康成は刊行の「あとがき」に亡くなった友であった片岡鉄兵，横光利一と菊池寛に哀悼の意を述べ，50歳は自分の生涯の谷であると述べた．完結版の『山の音』の各章の詳細情報を表5.11にまとめる．発表当時は17章からなる小説であったが，その後の改版で16章にまとめられた．また，全集を編集する際に初出各章の改正が行われ，改正前各章のタイトルを括弧の中に示す．

川端康成の他の小説と比べ，『山の音』は異常に長く，しかも中断も挟んで5年間をかけて複数の雑誌に発表されたことで代筆疑惑を持たれている．『山の音』の代筆問題をめぐり，三島由紀夫の妻は「『山の音』は自分の旦那の代筆です」と証言している[224]．これに対して，小谷野[212]は「『山の音』の代筆はありえない」と代筆説を否定した．本項では，このように対立した先行研究に基づき，『山の音』の代筆問題を解明する．

『山の音』の代筆問題を検証するにあたり，川端康成と三島由紀夫の全集からそれぞれ20篇の小説を選んでコーパスを作成した．川端康成の作品は，『夢』，『再婚者』，『少年』，『千羽鶴』，『岩に菊』，『北の海から』，『舞姫』，『たまゆら』，『虹いくたび』，『自然』，『名月』，『無言』，『月も日も』，『水月』，『名人』，『みづうみ』，『横町』，『離合』，『小春日』，『故郷』の20篇である．三島由紀夫の作品は，『果実』，『日曜日』，『孤閨悶々』，『食道楽』，『鴛鴦』，『家庭裁判』，『携帯用』，『女流立志伝』，『遠乗会』，『離宮の松』，『朝顔』，『近世姑気質』，『修学旅行』，『雛の宿』，『詩を書く少年』，『博覧会』，『海と夕焼』，『百万円煎餅』，『憂国』，『月』の20篇である．

『山の音』の代筆疑惑検証

『山の音』は川端康成の名義で発表され，三島由紀夫の代筆と疑われる小説である．『山の音』の内容語を除いたタグ付き形態素と文節パターンにおける

表 5.11 『山の音』各章の詳細.

	章	発行日	発行先雑誌	文字数
1	山の音	1949 年 9 月	『改造文藝』第 1 巻第 3 号	6538
2	日まわり （蟬の羽）	1949 年 10 月	『群像』第 46 巻第 1 号	7663
3	雲の炎	1949 年 10 月	『新潮』第 46 巻第 10 号	3968
4	栗の実	1949 年 12 月	『世界春秋』第 1 巻第 2 号	7560
5	女の家 （栗の実の続き）	1950 年 1 月	『世界春秋』第 2 巻第 1 号	
6	島の夢	1950 年 5 月	『改造』第 31 巻第 4 号	6600
7	冬の桜	1950 年 10 月	『新潮』第 47 巻第 5 号	5287
8	朝の水	1951 年 10 月	『文學界』第 5 巻第 10 号	3952
9	夜の声	1951 年 3 月	『群像』第 7 巻第 3 号	6341
10	春の鐘	1951 年 10 月	『別冊文藝春秋』第 28 号	5799
11	鳥の家	1952 年 10 月	『新潮』第 10 号	4197
12	傷の後	1952 年 12 月	『別冊文藝春秋』第 31 号	5611
13	都の苑	1953 年 4 月	『新潮』第 50 巻第 1 号	6693
14	雨の中	1953 年 4 月	『改造』第 34 巻第 4 号	3965
15	蚊の夢 （蚊の群）	1953 年 10 月	『別冊文藝春秋』第 33 号	4083
16	蛇の卵	1953 年 10 月	『別冊文藝春秋』第 36 号	5524
17	鳩の音 （秋の魚）	1954 年 4 月	『オール讀物』第 9 巻第 4 号	5743

対応分析の結果では，『山の音』の各章は三島由紀夫より川端康成に近いケースが多い．クラスター分析の結果において，内容語を除いたタグ付き形態素では，『眠れる美女』は川端康成と三島由紀夫のグループから離れていたが，内容語を除いたタグ付き形態素では，川端康成作品のクラスターに入っている．5 つの分類器を用いた判別では，すべての文体特徴と分類器の組み合わせで，川端康成に判別された．以上の分析より，『山の音』は三島由紀夫による代筆の可能性はきわめて低いことが分かった．

5.6 まとめ

本章では，日本を代表する文豪である川端康成の代筆問題を取り上げた．川端康成の代筆問題は，主に少女小説の『乙女の港』，『花日記』と『コスモスの友』，睡眠薬中毒時期の『古都』と『眠れる美女』，その他に『山の音』があげられる．文字記号 bigram，内容語を除いたタグ付き形態素と文節のパターンを文体特徴とし，対応分析，クラスター分析，AdaBoost，HDDA，LMT，RF と SVM を計量的手法として代筆問題の検証を行った．その結果，少女小説の『乙女の港』，『花日記』は川端康成と中里恒子の共同執筆であることが判明した．また『コスモスの友』，『古都』，『眠れる美女』と『山の音』は代筆者が書いた可能性が低いことが分かった．

解析に使用した文献

川端康成（1969–1974）川端康成全集．新潮社．
中里恒子（1979–1981）中里恒子全集．中央公論新社．
三島由紀夫（2000–2006）三島由紀夫決定版全集．全 42 巻．新潮社．
北條誠（1958）新編現代日本文学全集 第 20 巻〈北条誠集〉．東方社．
澤野久雄・菊村到（1964）新日本文学全集 第 16 巻〈澤野久雄・菊村到集〉．集英社．

第6章　計量文体学からたどる文体の変化

本章では，文体変化の問題を取り上げ，計量分析によって得られた研究成果について，とりわけ，日本人作家の芥川龍之介と宇野浩二の文体変化を中心に紹介する．芥川龍之介の文体に関しては，いくつかの先行研究を紹介しながら，助詞と接続詞の使用に見られた文体変化を説明する．芥川の作品における係助詞「は」，格助詞「が」および異なる接続類型がともに1920年前後に格別な変化を見せた．宇野浩二の文学創作は，進行麻痺の発病および戦争と妻の死去によって執筆が2回中断した．異なる時期に創出された作品はそれぞれ異なる文体を持つと言われるが，宇野文学に関する研究は評論や個別の作品に対する論述がほとんどであり，その文体変化を巨視的に捉えるのに十分とは言いがたい．本章では，宇野の文学作品のコーパスを作成し，語彙の豊富さやフレーズの長さ，読点の打ち方，品詞構成率などのデータを抽出し，病後と戦後の文体が病前と比較してどのように変化したかを計量のアプローチから分析した．その結果，宇野の文体は2回の執筆中断を境として大きく変化し，各時期の文体特徴に相違があることが明らかになった．また，文体変化の兆しが執筆中断の前にすでに現れ始めていたという興味深い現象も観察された．

6.1　文体論

統計学に基づいた文体論的アプローチが文学研究の方法論のひとつとして提唱されてから，計量的文体分析は枚挙にいとまがないほど行われてきた．これにより，文学研究は新たな発展を遂げつつあるものの，いまだに多くの可能性が秘められている挑戦的な課題も存在する，本章では，文体変化に関する計量的研究を取り上げて紹介する．まず，そもそも「文体」とは何であるかという議論が古くからなされてきた．その概念は研究者によって認識が異なる．文体論を長年研究している中村明は，「対比的にとらえた」表現上の特殊性という側面から文体を次のように定義した[238].

> 文章の表現上の性格を他と対比的にとらえた特殊性．文体を類型面でとらえるか個性面でとらえるかによって大きく二分され，現実に次のように多様な意味で用いられている．(1)文字表記の違い　(2)使用語彙の違い　(3)語法の違い　(4)文末表現の違い　(5)文章の種類の違い　(6)文章の用途の違い　(7)ジャンルの違い　(8)調子の違い　(9)修辞の違い　(10)文章の性格の違い　(11)時代の違い　(12)使用言語の違い　(13)表現主体の属性の違い　(14)文学史上の流派の違い　(15)作家ごとの文章や表現の違い　(16)執筆時期の違い　(17)作品ごとの文章や表現の特徴の違い．
>
> (『日本語の文体・レトリック辞典』，365～366 頁)

言語学者の牧野成一は，**パロール**(parole：個人の特徴を発揮する部分)と**ラング**(langue：ある言語の総体)の概念に基づき，文体の個別性と類型性を区別しながらその定義を再検討した[239]．個人の言語形式の選択を表現する個性的な文体と異なり，類型的な文体は，個人が主体的に選択する余地のない部分であると解釈した．そして，書き手が用いる言語形式の総体は，創作過程において物語の内容や構成，情報の伝達，またはある特定の文学的効果を読み手に喚起させようとするときに個人の認識に基づいて選択したものであり，書き手の認知の表れでもある．

> 文体とは表現者が個人的にラングのなかから言語形式を選んで表現する様式で，基本的にはパロールに属する．その選択がくり返されると，その総体は個人の認知的な視点を表現する．
>
> (村上春樹の日本語はなぜ面白いのか：文体を中心に，2 頁)

このように論者たちは，一般的に「個別性」と「類型性」という 2 つの視点から文体を捉えている．個人文体に関する研究は，文体の個別性から行われる典型的な例である．また，書き手が創出した文学作品に対して，個々の読み手はそれぞれ独創的な解釈を持って鑑賞していると考えられる．読者の 1 人である研究者も無論文体への迫り方はさまざまである．それゆえ，文体分析，特に伝統的な手法を用いた研究においては，主観に基づく印象評価を避けることが重要である．

一方，コンピュータサイエンス技術の発達による計量文体論の発展は，このような問題の解決に新たな視点をもたらした．計量文体分析は，文学批評または歴史的史料を出発点とし，文章から抽出した文字，記号，品詞，文節など文章を構成する要素のデータに基づき，さまざまな統計的手法を駆使して結論を導き出す研究方法である．特に，大規模な文学作品のコーパスから文体素を抽出し，作家の生涯の作品を分析することが可能になった．また，書き手の文体特徴を計量化する特徴量の提案や計量分析手法の開発も盛んに行われてきた．

6.2 文体の変化

計量文体学の射程は幅広い研究分野に広がったが，著者識別など実際の課題を解決する際，書き手がそれぞれ独特かつ安定した文体特徴を持つという前提条件に縛られることが多い．しかし，文体の相違は異なる著者の間に存在するだけではなく，同一著者であっても時期によって文体が異なる可能性もある．その上，文体に影響を与える要因はさまざまであり，時代変化の外的要因がある一方，著者の加齢や病気，自身が置かれる立場の変化およびそれに伴う感情的・心理的変化などの内的要因も考えられる．近年，個人文体の変化は**計量文体学**のサブカテゴリとしてさまざまな視点からアプローチされ，一定の成果を収めることができている．

例えば，Pennebaker and Stone[240]は，言語使用と年齢の関係を調べるにあたり，調査によって得られた英語のテキストサンプルと 10 人の著名作家，脚本家および詩人の作品で構成されたコーパスから，感情辞書 LIWC（Linguistic Inquiry and Word Count）[241]に基づき，書き手の年齢と強い関連を示す 14 カテゴリの語彙を抽出して分析した．その結果，年齢の増加とともにポジティブ感情表現と未来時制の動詞が増えることが分かった．Can and Patton[242]は 2 人のトルコ人作家の前期と後期に執筆したトルコ語の新聞コラムと小説の文体をそれぞれ比較し，単語の長さと頻出語を用いて異なる時期の作品を高い正解率で判別でき，両者の後期の作品における単語がより長いことを明らかにした．Hoover[243]は，クラスター分析や主成分分析などの手法を用いて作家ヘンリー・ジェイムズの文体変化を分析し，後期では-ly副詞とより抽象的な表現を好むようになったことが分かった．Evans[244]はイギリスの女性脚本家アフラ・ベーンの英語の劇作における頻出単語，機能語と出現頻度が中程度の単語を分析した結果，ベーンが20年にわたるキャリアのなかで，3つの段階を経てスタイルを発展させ，それぞれ異なる特徴を持つ劇世界を構築したことが判明した．さらに，Gómez-Adornoら[245]は7人のイギリス人作家の英語テキストを分析対象とし，語彙の豊富さ，単語・文の長さ，記号などの文体的特徴を用いて，最低約56%の正解率で異なる時期の作品を判別した．Klaussner and Vogel[246, 247]はヘンリー・ジェイムズとマーク・トウェインの作品を取り上げ，タグ付き形態素や句読点，単語の*n*-gram，品詞の*n*-gramなどの情報を用いて執筆時期を推定すると同時に，個人内の変化と同時期に一般的に使用される言語の変化との比較を行った．

また，重病を患った作家の文体変化に関する研究も多くなされている．Lancashire and Hirst[248]は，アルツハイマー病と疑われるイギリスの小説家アガサ・クリスティの作品について分析し，後期の作品では語彙量が減少し，重複と曖昧表現"thing"の使用率が増えたことが分かった．また，クリスティの作品とアルツハイマー病で亡くなったアイリス・マードックおよび健康的に加齢したP・D・ジェイムズの作品について，語彙や構文などの側面から比較分析を行った研究もあげられるが，アルツハイマー病の兆候が患者の文体特徴の通時的分析から観察できるという仮説を支持する結果[249]がある一方，文体に見られる変化を病気と直接関連づけることが難しいとの主張もある[250]．

同様に，さまざまな原因で文体に変化が現れた日本人作家も少なからずいる．例えば，夏目漱石や芥川龍之介，太宰治など複数の著名作家は心の病に悩まされ，創作活動も大きく影響されたことが知られている．また，「小倉左遷」と称される不本意な異動は，森鷗外の文学創作の大きな変わり目になった．さらに，谷崎潤一郎の文体が東京から関西に移住後にコペルニクス的転回を見せたことも周知の事実である．こうした興味深い文体変化の問題は，計量文体学の知見を活用することにより，これまでの伝統的な文体分析の蓄積の上に新たな展開が期待できる．そこで，本章では日本人作家の芥川龍之介と宇野浩二の作品をあげ，その文体変化の計量分析を詳しく紹介する．

6.3　芥川龍之介の文体変化

芥川龍之介(1892〜1927)は，長年にわたる**精神疾患**に苦しんだ末，1927年に服毒自殺を遂げた．芥川の神経衰弱の兆しは1922年の中頃から現れ始め，次第にその創作にも影響をもたらすようになったと，宇野浩二は評伝『芥川龍之介』の中で記している．特に，作品の題材や構成について論じ，芥川の執筆が文章の構成や洗練さにより気力が要る古典を素材とした小説から回想小説を経て身辺小説に変わったと指摘している[251].

> 芥川の神経衰弱は，死ぬ前の年(つまり，大正十五年)あたりに，起こったやうに，一般的には，思われてゐるが本当は，すでに大正十一年中頃から，その兆しはあったのである．(156頁)
> 大正十三年の初め頃からますます健康のわるくなってゐた芥川は，次第に創作力もおとろえて来た，得意であった歴史物の種も尽きて来た．
> (252頁)
> さうして，病気のために，芥川は，たとひよい素材が見つかっても，得意の，構想を工夫する気力も，文章を練る気もちも，なくなった．(254頁)
> (前略)芥川は，そういう昔を題材にした小説が書けなくなると，まず，「私小説」の形で，回想の小説を書きはじめ，それから，身辺小説のような物に，はいって行った．(260頁)

宇野の記述から分かるように，芥川の精神衰弱は彼の文学創作に大きな影響を与えている．そして，芥川のわずか十数年の短い創作活動を前期(〜1919年)・中期(1920〜1923年)・後期(1924〜1927年)に分けて考えることは，文学研究の諸分野で概ね受け入れられている[252]．また，時期の変化に伴う文体変化も議論されてきた．本節では，計量分析によって見えてくる助詞と接続詞の使用に起こった変化を紹介する．

6.3.1　助詞の使用

芥川の文体変化に客観的な根拠を提示した代表的な研究として，金[35]の分析があげられる．金は作品の執筆時期の推定に焦点を当て，助詞，形態素および読点の使用率を用いて回帰モデルを作成し，平均的に1.5年を下回る残差で執筆時期を推定できると報告した．同時に，作品における助詞の経年変化，とりわけ，係助詞「は」，格助詞「に」，「を」，「の」が経年に伴って増加すること，格助詞「が」，「と」，接続助詞「て」が減少することを明らかにした．そのうち，変化が最も顕著に現れる係助詞「は」と格助詞「が」の使用率の分析結果を引用して**図6.1**に示す．原著論文では，「青空文庫」からダウンロードした1906年から1927年までに発表された計309篇の作品を分析に用いた．ここでは，同じコーパスを利用するが，形態素解析器はMeCab（IPA辞書）を用いることにした．形態素解析済みのテキストから係助詞「は」と格助詞「が」のデータを抽出し，助詞の総度数に対する割合を求めた．ただし，図6.1は発表年ごとに使用率を計算して描いたものである．

芥川の作家活動は1914年10月に『新思潮』に小説『老年』を発表した後に正式に始まったとされるが，金[35]の分析ではその文体特徴を概観するために1914年以前の習作期の作品をも取り入れた．ただし，1914年以前に発表された作品数は少なく，かつ比較的短い文章が多いため，年ごとにまとめても十分なデータが得られない場合がある．例えば，1911年は1篇の作品（2492文字）しかないため，その前後の作品での使用率に大きな変動が見られたとしても，「は」と「が」の使用状況を十分説明できる安定した分析結果であるとは言いがたい．したがって，ここでは1914年以降の作品に注目して考察する．1914年から1919年までの作品において，「は」と「が」の使用率は概ね横ばいで推移しているものの，それ以降はそれぞれ大幅な変化を見せた．「は」の使用率は1919年から数年連続で上昇したが，「が」の使用率は「は」の変化より2年遅れて減少に転じた．1923年以降は比較的に安定して推移している．このような助詞の使用に見られた変化の時点が，文学者が指摘する創作時期の区分（前期：～1919年；中期：1920～1923年；後期：1924～1927年）と概ね一致することは，興味深い現象である．それに，「は」の使用率に現れた急激な変化は，宇野浩二が感じた病気の兆しよりやや早く現れたことが分かった．

また，渡辺・金[253]は芥川の作品における係助詞「は」と格助詞「が」の使い分けが統語的に近い関係を持つ語に応じて決定されるという仮説を立て，**統語構造**（syntax structure）に基づいて助詞の使用を分析した．両助詞が出現した文節と，その文節と直接の係り受け関係を持つ文節の主辞に関する情報をデ

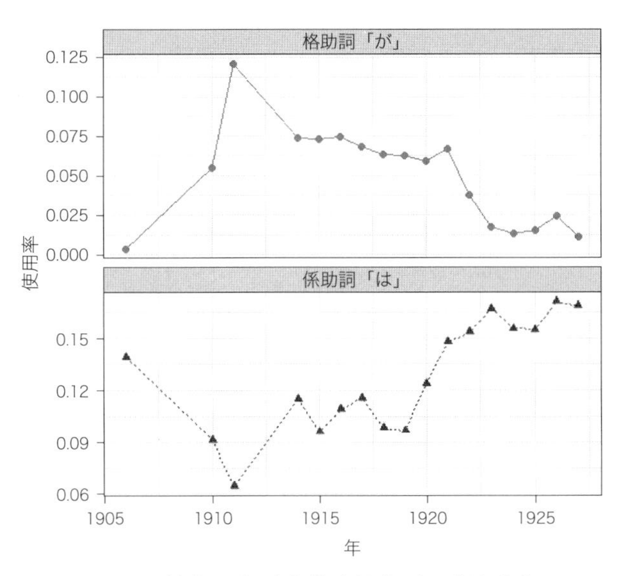

図 6. 1　係助詞「は」と格助詞「が」の経年変化.

ータとして抽出し,「は」と「が」の使用の判別を行った結果, 約 69% の正解率が得られた. 判別係数の分析により, 係助詞「は」は人名や人称代名詞などに付随して用いられる傾向が強く, 格助詞「が」はより幅広く使われていることが明らかになった.

6. 3. 2　接続詞の使用

芥川の後期の作品は, 逆接の接続詞や接続的な語句を多用する傾向があり,「屈折型文体」であるとも評されている[254, 255, 256, 257]. 長尾[254]は統計の視点からアプローチし, 芥川の作品に用いられた逆接の接続詞またはそれに準ずる表現を 19 項目取り上げ, 53 作品からデータを集計し, 文章の長さに対する使用率を計算した. その結果, 中期と後期の作品は逆接の使用率がそれぞれ前期の約 2, 3 倍であることが分かった.

接続詞は, 指示詞(特に文頭に置かれる指示代名詞)とともに文の連接や文脈の展開において重要な役割を果たすとされる. 市川[258]は文の連接関係を「順接型」,「逆接型」,「添加型」,「対比型」,「転換型」,「同列型」,「補足型」と「連鎖型」の 8 つの類型に分類した. 本項では, 芥川の作品で用いられた接続詞を分析対象とし, 6. 3. 1 項のコーパスからデータを抽出し, 市川の分類に

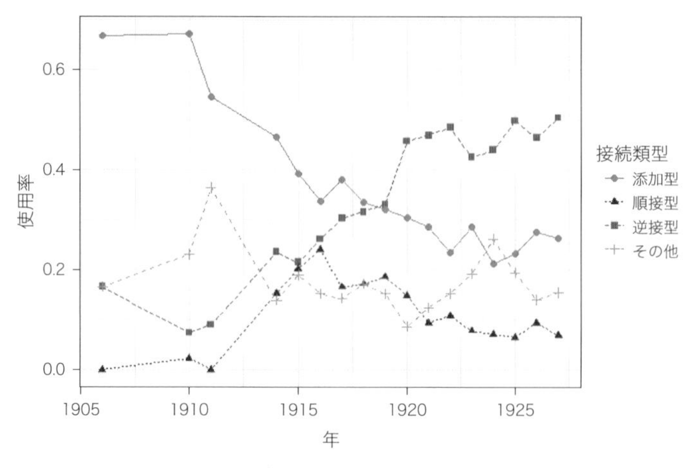

図 6.2 各類型の接続詞の経年変化.

従って**接続類型**の分析を試みた．ただし，連鎖型は前文の内容に直接結びつく内容を後文に述べる型であり，一般的に接続詞が用いられないとされているため，ここでは考察の対象外とする．また，「じゃあ」と「では」は順接型と転換型の 2 種類の用法が存在するため，分析から除外した．出現頻度が低い接続類型をその他にまとめ，順接型や逆接型，添加型とともに**図 6.2** に示す．

最も大きな変動を示したのは，逆接型と添加型の接続詞である．先行研究で指摘された通り，逆接型の接続詞は経年に伴い増加する傾向にあり，1919 年頃から添加型の接続詞を上回って最も多く使用される型になった．このことから，芥川は後期の創作において，前文の内容に対して情報を付け加えることよりそれに反することを述べるという逆の論理関係の文を好むようになったと推測できる．

6.4 宇野浩二の文体変化

宇野浩二(1891～1961)は，大正から昭和にかけて活躍していた作家である．1927 年 3 月頃に梅毒による進行麻痺を発症し，同年 6 月中旬に症状が悪化したため，執筆活動を中断して入院治療を始めた[259, 260]．入院するまでの経緯に関しては，広津和郎が『あの時代』や『年月のあしおと』の中で詳しく述べている[261]．1927 年の初め頃，宇野浩二の行動は一時期常軌を逸し，薔薇の花を食べたり，路上で家族を抱きかかえて大声で叫んだりしたことがあった[259, 260]．このような精神が不安定な状態にあるにもかかわらず，6月に入院する前に『軍港行進曲』(2月)，『日曜日』(3月)，『続軍港行進曲』(4月)と『恋の軀』(4月)の4篇の作品を発表した．その後，約6年にわたる療養生活を経て，1933年に『枯木のある風景』の発表で復帰したが，その文体は別人のように変化したと評論家の間でしばしば議論が引き起こされた．**言語障害**は進行麻痺の代表的な症状のひとつとされるため，宇野浩二の再起した後の文体変化は病気の投影であると考えるのが文壇の通説になっているようである[259, 260]．その変化は物語の構成や叙述，登場人物に対する描写，さらに，文の饒舌さや流暢さ，ユーモア，語彙量，仮名および句読点の使用などさまざまな側面で表れたと指摘されている[259, 260, 262]．また，進行麻痺による執筆中断期のみが，宇野文学の唯一の決定的な分岐点とは言えず，第二次世界大戦終戦後に発表された作品の文体も独特であると評されている．1944年から1945年頃は第二次世界大戦の終結を背景に，妻の看病や配給品の受け取りや買出しなどに奔走し，宇野浩二は再び執筆活動を中断した．1946年から執筆を再開し，『思ひ川』，『うつりかはり』といった作品を発表したが，注釈が施された箇所が多く，句読点や仮名の使用率が高くなったと指摘されている[260, 263, 264, 265]．

宇野浩二の作品に関する研究は，データに基づいた計量的分析が見られず，文学的な評論や伝統的な文学研究がほとんどであるため，劉・金[36, 266]，Liu and Jin[267]は2回の執筆の中断をめぐる文体変化に注目し，計量文体学のアプローチから宇野浩二の文体特徴の変遷をたどった．このような計量分析は，宇野浩二の文体の全体像を把握するためには不可欠であり，個人文体の**時系列変化**を考究することにも役立つものと考えられる．以下では，分析のプロセスと一部の結果を詳しく紹介する．

6.4.1 コーパス

上述したように，宇野浩二の創作活動は2回の執筆中断によって病前(1921年～1927年)，病後(1933年～1943年)および戦後(1946年～1961年)の3つの時期に分けられる．そこで，宇野浩二の文体変化問題を解明するにあたって，3つの時期に刊行された67篇の小説を電子化し，コーパスを作成した．全集

表 6.1　作品のリスト.

時期	作品	文字数
病前 28 篇 (1921〜1927)	『歳月の川』『夢見る部屋』『子を貸し屋』『或る春の話』 『ぢゃんぽん廻り』『従兄弟の公吉』『俳優』『心つくし』 『東館』『昔がたり』『古風な人情家』『晴れたり君よ』 『鼻提灯』『浮世の窓』『思ひ出の記』『人癲癇』『千万老人』 『如露』『人に問はれる』『十軒路地』『従兄弟同志』 『足りない人』『高天ヶ原』『「木から下りて来い」』 『軍港行進曲』『日曜日』『続軍港行進曲』『恋の軀』	504805
病後 25 篇 (1933〜1943)	『枯木のある風景』『枯野の夢』『子の来歴』『湯河原三界』 『人さまざま』『線香花火』『女人不信』『人間往来』 『文学の鬼』『夢の跡』『旅路の芭蕉』『終の栖』 『風変りな一族』『夢の通ひ路』『鬼子と好敵手』 『母の形見の貯金箱』『楽世家等』『器用貧乏』『木と金の間』 『善き鬼・悪き鬼』『女人往来』『人間同志』『二つの道』 『身の秋』『水すまし』	516923
戦後 14 篇 (1946〜1961)	『青春期』『思ひ草』『西片町の家』『思ひ川』『富士見高原』 『秋の心』『うつりかはり』『自分一人』『相思草』『大阪人間』 『寂しがり屋』『友垣』『自分勝手屋』『人間同志』	623696

に収録されている病後と戦後の作品は比較的少ないため，それに基づいて作品数と文字数を考慮し，病前の作品から発表時期が病気の期間に近い 28 篇を選出した．作品のリストを**表 6.1** に示す．

なお，1000 文字以下の作品は分析から省いた．前編と後編に分かれて発表された作品(『軍港行進曲』，『続軍港行進曲』)は，それぞれ別に扱う．また，病後の 5 つの長編小説(『人間往来』，『器用貧乏』，『木と金の間』，『善き鬼・悪き鬼』，『人間同志』)は冒頭の一部を用いた．それに加え，会話文と地の文の文体特徴が異なるため，以下の分析では地の文のみを用いる．前処理を行った結果，3 つの時期の作品は文字数に大きな差がなく，バランスが取れているため，以降の分析ではこのコーパスを用いる．

6.4.2　病前と病後の文体相違

本項では，病後の文体変化に注目し，病前と病後の作品を語彙の豊富さ，フレーズの長さ，読点の打ち方と品詞の側面から比較分析を行った結果について説明する．

語彙の豊富さ

語彙の豊富さを示す指標は多く提案されている(第1章参照). 宇野浩二の病気前後の作品における語彙量の問題に関しては, 筆者は作品ごとにユールの K 特性値[96]を計算し, 発表年順に並べて考察を行った(**図6.3**). 三角と丸はそれぞれ病前と病後の作品を表し, 破線はスプライン関数でユールの K 特性値を平滑化した値である.

図6.3から分かるように, 前期の作品では K 特性値の変動がやや大きかったが, 経年に伴い小さくなる傾向がある. 復帰直後の作品の K 特性値は, 病前の作品に比べて明確な差がないが, 後半になると急激な上昇が見られた. つまり, 先行研究で議論された語彙量の減少は, 宇野浩二が復帰した直後の作品ではなく, 1940年前後に発表された作品(『人間同志』1940年, 『二つの道』1941年, 『身の秋』1941年, 『水すまし』1943年)で顕著に現れたことが分かった.

フレーズの長さ

脳の大患を経験した宇野浩二は, 病後の執筆において文を組み立てる際に用いた要素の長さに変化が生じる可能性があると考えられる. 文を構成する要素について, 単語や文節, 句など異なる単位で考えることができるが, ここでは句読点間のフレーズ, いわゆる, 句読点の打たれる間隔に注目して分析した結果を紹介する. 句読点の打たれる間隔は, 記号の使用率の多寡だけではなく, 作者が好むフレーズの長さの表れのひとつとして捉えることもできる. また, 日本語は漢字仮名交じり文であり, 創作と鑑賞の過程では, 作者も読者も黙読または音読を通して文章の推敲や理解を行うと考えられるため, 読み仮名を基本単位としてフレーズの長さを計測することにした.

データを抽出する前に, すべての作品に対して漢字を仮名に変換する前処理を行った. 例文「彼は、今度こそ、未練なく、散歩に出た。」から抽出したフレーズの長さのデータを下記に示す.

例文　：彼は、今度こそ、未練なく、散歩に出た。
仮名に変換　：かれは、こんどこそ、みれんなく、さんぽにでた。
フレーズの長さ(読み仮名数)：3, 5, 5, 6

例文は読み仮名数がそれぞれ3, 5, 6であるフレーズで構成されている. その

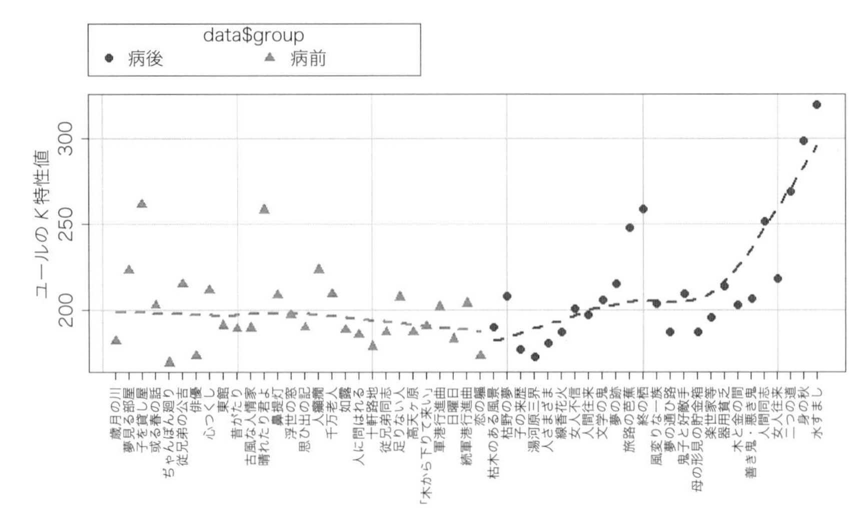

図 6.3 ユールの K 特性値の経年変化.

表 6.2 フレーズの長さのデータセット(53 行×69 列).

	Len(1)	Len(2)	Len(3)	Len(4)	…	others
病前 _ 歳月の川	3	16	5	12	…	0
病前 _ 夢見る部屋	22	59	158	278	…	1
…	…	…	…	…	…	…
病前 _ 恋の軀	14	33	49	37	…	0
病後 _ 枯木のある風景	7	11	33	96	…	3
…	…	…	…	…	…	…
病後 _ 身の秋	12	61	164	182	…	0
病後 _ 水すまし	16	40	134	221	…	0

うち，長さが 5 であるフレーズが 2 回用いられた．各長さのフレーズの使用頻度を集計し，すべての作品における合計出現頻度が 10 以下のものを「others」にまとめ，**表 6.2** で示すような 53 行(個体：作品)×69 列(変数：フレーズの長さ)のデータセットが得られた．変数は作品から抽出したフレーズの長さを表す．変数名の Len(数字)の数字はフレーズの長さ，各セルの値は各作品においてある長さのフレーズが用いられた回数を表す．例えば，作品『歳月の川』では長さが 1 のフレーズの使用頻度は 3 である．

作品の分布および特徴の考察には，主成分分析を用いた．ここでは，表 6.2 で示している度数データを相対頻度に変換し，相関係数行列に基づいた主成分分析を実施した．抽出された第 2 主成分までの主成分得点と負荷量の散布図を

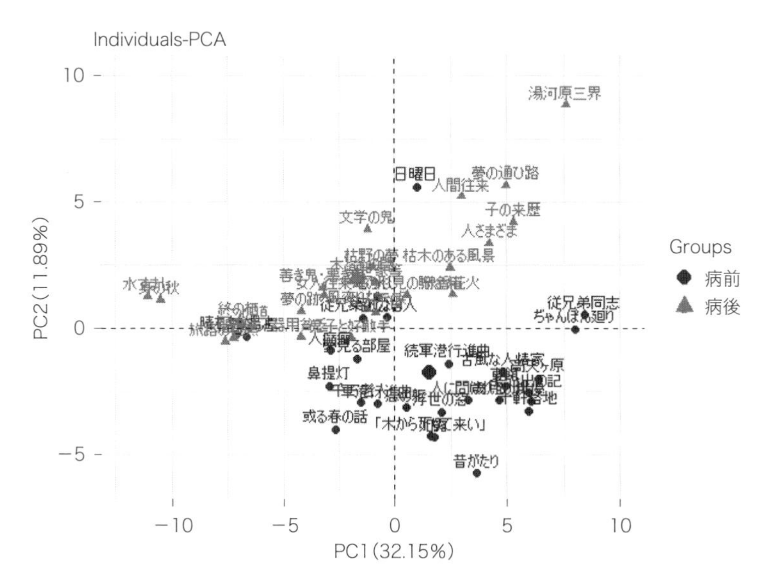

図 6.4　フレーズの長さの主成分得点の散布図.

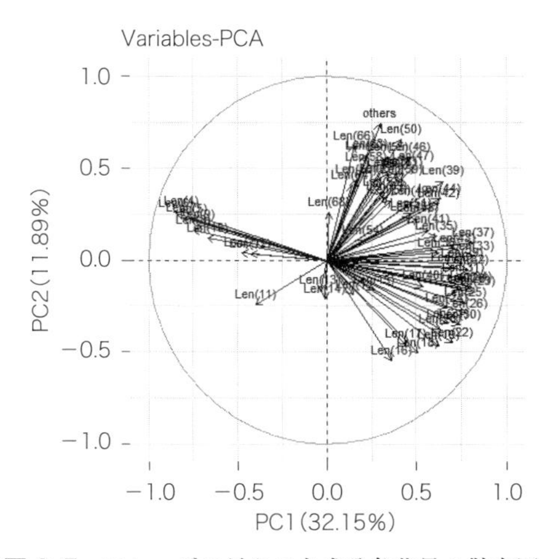

図 6.5　フレーズの長さの主成分負荷量の散布図.

それぞれ図 6.4 と図 6.5 に示す．図中の PC1 と PC2 はそれぞれ第 1 主成分と第 2 主成分に対応する．

病前と病後の作品は，おおよそ主成分得点の散布図の X 軸を境界線として 2 分割され，下側に配置される病前の作品では，長さが 10〜30 文字のフレーズが多いことに対して，第 1，第 2 象限に位置する病後の作品では，フレーズの長さに大きな差が見られた．句読点が滅多に用いられず，文字数が50を上回るフレーズが多い作品がある一方，文が細かく区切られ，2〜4文字ごとに句読点がつけられる作品も存在する．なお，文を細かく区切る傾向は，主に病後の後半の作品に見られる．

読点の打ち方

句読点は，文を構成する要素のひとつとして多く研究されている．文章の分析に統計の視点を導入した嚆矢とされる波多野[142]は，谷崎潤一郎と志賀直哉の文章の比較に句読点の使用を取り入れた．また，大類[268]は文学作品を豊富に引例して句読点の文学的効果を分析し，文体因子のひとつとして句読点を加えることを試みた．しかし，これらは作品から引例するまたはランダムサンプリングする方法を利用する研究がほとんどである．計量文体学や関連する技術の発展に伴い，複数の文章からもれなく句読点の情報を抽出し，使用頻度だけではなく，打たれる場所なども書き手の識別や文体の特徴づけに用いられるようになった[120]．

宇野の作品における読点の使い方について，読点がどの文字または品詞の後に打たれたかを分析した．読点前の品詞の種類を集計した結果，53行(作品)×10列(品詞＋読点)のデータセットが得られた．データの形式は，表6.2で示したフレーズの長さのデータセットと同様である．主成分分析を実施し，主成分得点と負荷量の散布図をそれぞれ**図6.6**と**図6.7**に示す．

図6.6から分かるように，両時期の作品は概ね散布図のY軸の左右に分かれて分布している．このことにより，病前と病後の作品は，読点の打ち方においてはっきりと区別されることが分かる．その差異は図6.7で確認できるように，病前の作品では接続詞，形容詞と助詞の後，病後の作品では名詞と動詞の後，それぞれ異なる品詞の後に読点を打っていることが明らかである．

読点前の1文字の結果図は紙面の都合上割愛するが，その分析から見られた読点の使用特徴を簡単にまとめる．病前の作品では「か」，「や」，「て」，病後の作品では「し」，「り」，「れ」，漢字の後に読点が多く打たれる傾向が観察された．**KWIC**(Keyword in Context)**検索**によって考察すると，病前では動詞の「テ」形と読点で区切る文が多かったが，病後では連用中止形と読点を用いるようになったことが分かった．また，「や」と「か」の後に打たれる読点につ

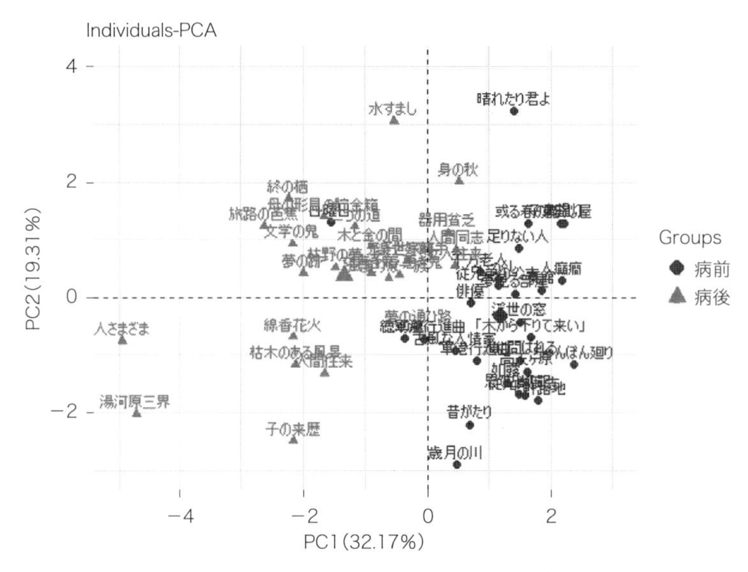

図 6.6 読点前の品詞の主成分得点の散布図.

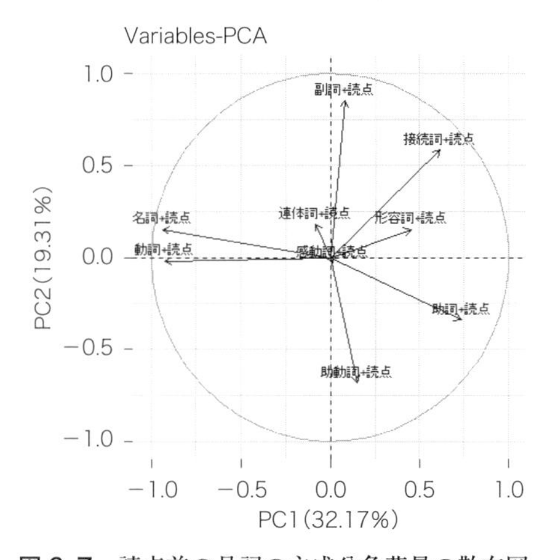

図 6.7 読点前の品詞の主成分負荷量の散布図.

いて考察した結果，病前では並列助詞「や」と「とか」で並列語句をつなげ，かつ助詞の後に読点を打つことが特徴であったが，病後では語句の羅列に読点のみを用いることが多くなった．その一例を下記に示す(下線は筆者による)．

(前略)それ等は彼の家を除くと，役者とか，幇間とか，芸者とか，博奕打とか，旦那とか，ことごとくそんな風な変り種の人たちばかりだった．

（『宇野浩二全集』第5巻「木から下りて来い」，405頁）

（前略）汽車の行く手には，右側に，二上山，葛城山，金剛山，左側に，信貴山，百足山，生駒山などが墨絵の景色のように眺められ，目の下の野には，ときどき村落，ときどき森林（後略）．（『宇野浩二全集』第6巻，106頁）

品詞構成率とMVR

文体分析を行う際に，文がどのような品詞の単語から構成されているかに注目する方法もある．

品詞の分類は，形態素解析器MeCabのIPA辞書に従って行う．なお，分析対象は，自立語のみとし，名詞，動詞，形容詞，副詞，連体詞，接続詞と感動詞が含まれる．抽出されたデータセットのサイズは53行（作品）×7列（品詞）である．**図6.8**と**図6.9**は，それぞれ主成分分析で得られた主成分得点と負荷量の散布図である．図6.8から，病前と病後の作品は若干重なっているが，病前の作品が右，病後の作品が左に位置するという傾向が見て取れる．また，図6.9を見ると名詞が第1主成分の負の方向に大きく寄与することから，名詞の多用が病後作品の特徴であると言える．

また，品詞構成比率の視点から文体の特徴を統計的に分析し，読者に与える主観的な印象を客観的に評価する代表的な指標として，**MVR**（modifying words and verb ratio）があげられる[70]．MVRは，自立語を品詞の機能によって体（名詞）・用（動詞）・相（形容詞・形容動詞・副詞・連体詞）・他（接続詞・感動詞）の4つに分類し，用と相の関係を考察し，式「100×相の類の比率/用の類の比率」で計算される指標である．体の類との組み合わせから文章を分類し，名詞率が高くMVRが小さいものを「要約的な文章」，名詞率が低くMVRが大きいものを「ありさま描写的な文章」，名詞率が低くMVRも小さいものを「動き描写的な文章」としている．

図6.10は，宇野浩二の作品における名詞率（%）に対するMVRの分布である．全体的に名詞率とMVRは負の相関関係（相関係数：−0.47，p値：0.0006）を示している．図6.10から，主に右下にプロットされている病後の作品は名詞率が高く，MVRが小さい「要約的な文章」としての特徴があることが見て取れる．それに対して，散布図の左上に多く配置される病前の作品は

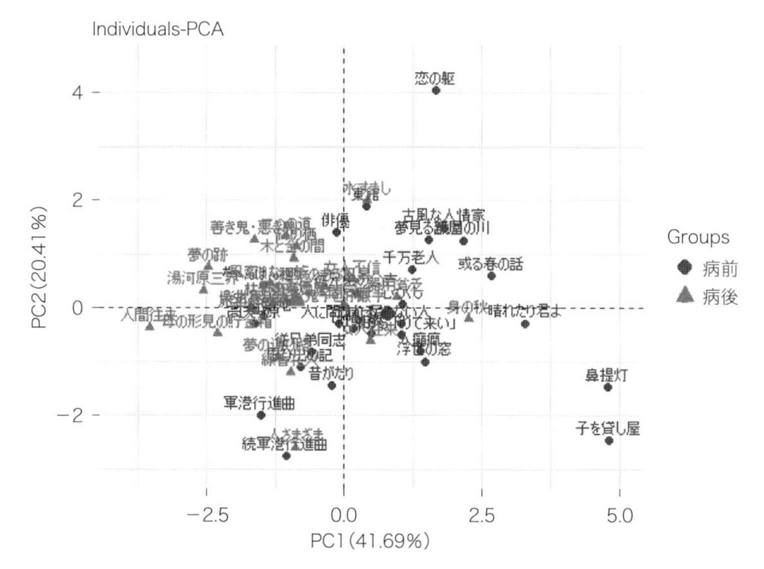

図 6.8　品詞構成率の主成分得点の散布図.

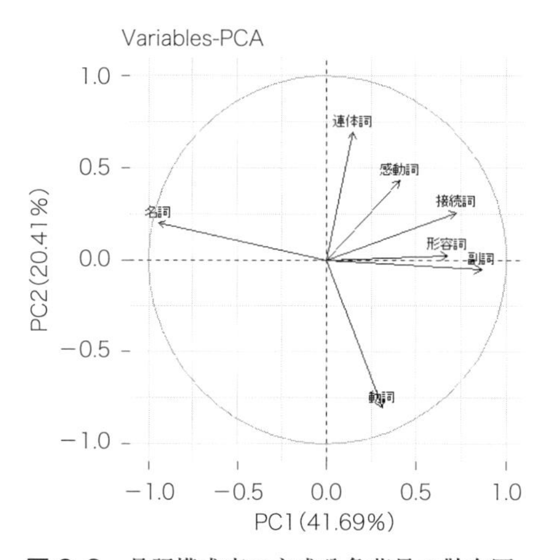

図 6.9　品詞構成率の主成分負荷量の散布図.

MVR が高く，描写的な傾向がやや強い.

以上，語彙，フレーズの長さ，読点の打ち方，品詞構成率および MVR を中心に宇野浩二の病気前後の作品を比較した．創作時に用いたフレーズの長さが短くなることと読点の打ち方の変化は，文学的評論で言われ続けてきた流暢さと饒舌さの喪失にも関係していると推測できる．語彙量の減少や品詞構成率の

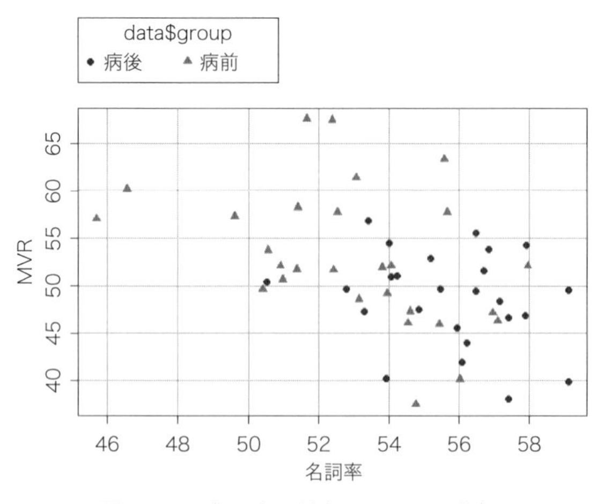

図 6.10　名詞率に対する MVR の分布.

相違，動詞の連用中止法で文をつなげるといった変化も，読者に与える印象を変えることが考えられる．また，フレーズの長さは意識して変えることが可能であるが，語彙量，読点の打ち方，品詞の構成比などに起こった変化のすべてが意識的な工夫によるものとは考え難い．したがって，これらの変化は，さまざまな出来事によって引き起こされた作者の内面的な変化の無意識の表れである可能性が高い．さらに，ここでは文体変化と病気との関連づけの解明に研究の焦点を当ててはいないが，複数の面に表れた文体特徴の変化は，文学創作において，病後の宇野浩二が以前といかに違うかを物語っている．

6.4.3　宇野文学のグラデーション

本節の冒頭で述べたように，宇野浩二の文体は進行麻痺の発症を機とした変化だけにとどまらず，戦後にもそれに勝るとも劣らない変化を見せたと言われている．本項では，宇野浩二の病前，病後と戦後の生涯の作品を網羅したコーパスから形態素タグの bigram と文節パターンのデータを抽出し，**トピックモデル**（topic model）を用いてその文体特徴のダイナミックな変化を概観する．また，トピックモデルで得られたデータを利用し，主成分分析を用いて作品の分布や特徴の考察などさらなる分析を行う．分析方法および抽出したデータセットについては，以下で詳しく述べる．

トピックモデル

トピックモデルは，文書に複数の潜在的なトピックがあり，文書内の単語は各トピックが持つ確率分布に従って出現すると仮定したモデルである．言い換えれば，ある文書はその文書に潜在するトピックの分布（文書ごとのトピック構成比率）と単語の分布（トピックごとの単語比率）から確率的に生成される．そのプロセスのイメージを**図6.11**に示す．

図6.11の左側に示すように，文書集合にはいくつかのトピックが存在すると仮定すると，ある文書は図の右側に示す通りに生成される．まず，トピックの分布（ヒストグラム）に基づいて1つのトピックを選定し，次に，選ばれたトピックの単語分布から単語を選出する．このプロセスを繰り返すことにより，単語列，すなわち文書が生成できる．さらに，同じトピックに高確率で出現する単語同士は共起性があり，同じようなトピック分布を持つ文書同士は類似した文書である可能性が高いと考えられる．このため，トピックモデルは文書要約・分類，情報検索やトレンド分析などさまざまな研究タスクに応用されている．また，一般的なクラスタリングと異なり，1つの個体を複数のクラスターに分けることができるため，分類の手法として用いられることも多い．

文学作品の分析にトピックモデルを用いた研究も多くあげられる．例えば，Jockers and Mimno[270]は，19世紀の小説のコーパスからトピックを抽出することを試み，男性と女性の同じものに対する関心の度合いに相違が存在することを示した．Schöch[271]は，フランス演劇の分析にトピックモデルを適用し，独特のトピックを持つサブジャンルがあることを明らかにした．Navarro-Colorado[272]は，スペイン詩における単語のトピックを分析し，LDAモデル（トピックモデルの一種）が主題やテーマだけではなく，詩のモチーフも表せることを明らかにした．

トピックモデルは自然言語処理向けに提案されたが，画像，音声などのデータも処理できる．近年では，生物や医療データの解析にも応用されるようになった．例えば，塩基配列パターンの検出などのタスクでは，一般的に遺伝子を文書中に出現する単語と見なしてトピックモデルを適用することが多い．

また，トピックモデルに関しては，これまでさまざまな改良モデルが提案されてきた．ここでは，トピックの経時的変化の検出に適する**構造的トピックモデル**（structural topic model; STM）を取り上げる．STMはトピック間の相関を認

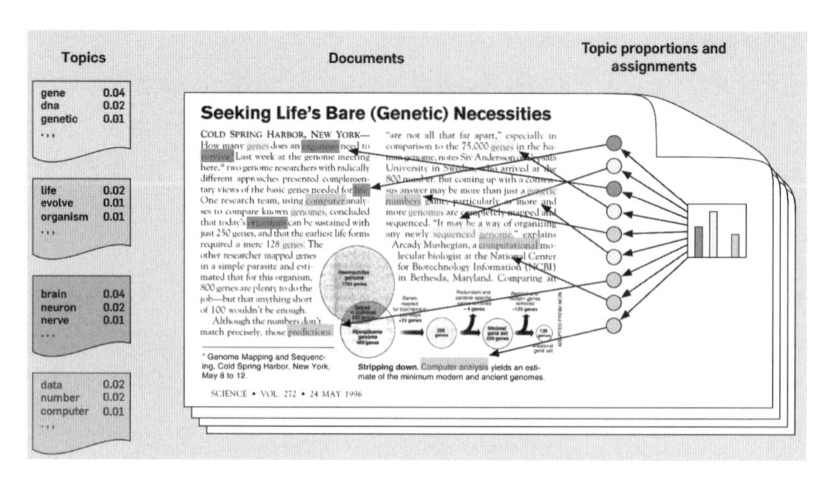

図 6.11　トピックモデルのイメージ(Blei[269]より引用).

める上で，時間や性別などトピックに関連するメタデータを導入することにより，潜在的トピックの抽出および経時的変化の考察を簡単にするモデルである[273, 274, 275]．ここでは，宇野浩二の文体分析に STM を取り入れ，作品から抽出した特徴データに基づき，時間の経過に伴う文体変化を概観する．また，宇野浩二の文体は二度にわたって大きく変化したと指摘されているため，その作品に潜在するトピック数が 3(病前，病後，戦後)であると仮定する．

トピックモデルに用いたデータ

上述したように，トピックモデルは自然言語処理向けに提案された分析手法であるため，文書に用いられる単語の種類と頻度にフォーカスする研究が多く行われている．個々の単語を文書の基本構成要素とする場合，推定されたトピックは各トピックにおける単語の使用に基づいて解釈できる．一方，そのトピックモデルの応用は必ずしも単語に限定されず，n 個の単語のかたまりや文節などを 1 単位の要素と見なしてトピックの推定に用いることも考えられる．そこで，宇野浩二が異なる時期で創作した作品において品詞と文節の使用が相違すると仮定し，**形態素タグ**の bigram と文節パターンの 2 種類のデータを抽出してトピックモデルを用いて分析する．

形態素タグの bigram は，文中で隣接して出現する 2 つの形態素タグのデータである．品詞および記号の共起関係を捉えることができるため，書き手を識

表 6.3 形態素タグの bigram の例.

形態素	タグ	形態素タグの bigram(頻度)
そこで	接続詞	
、	記号	記号_名詞(2)
今度	名詞	接続詞_記号(1)
は	助詞	名詞_助詞(1)
、	記号	助詞_記号(1)
成功	名詞	名詞_動詞(1)
し	動詞	動詞_助動詞(1)
た	助動詞	助動詞_記号(1)
。	記号	

表 6.4 形態素タグの bigram のデータセット(67 行×117 列).

	名詞_助詞	助詞_動詞	…	接頭辞_形容詞	Year
病前_歳月の川	819	529	…	0	1921
病前_夢見る部屋	3982	2169	…	1	1922
…	…	…	…	…	…
病後_枯木のある風景	1636	784	…	0	1933
病後_枯野の夢	5391	2533	…	0	1933
…	…	…	…	…	…
戦後_自分勝手屋	2810	1098	…	0	1957
戦後_人間同志	292	114	…	0	1961

別する有効な特徴量として多く用いられている[111, 112]. 形態素のタグは, 形態素解析器 MeCab の IPA 辞書に従って付与し, すべての品詞は細分類を行わず, 名詞, 動詞, 形容詞といった大分類の情報を用いる. 例文「そこで、今度は、成功した。」から得られた形態素タグの bigram を**表 6.3** に示す.

形態素解析済みの作品から出現頻度が 15 回以下の bigram を除き, 計 116 個の変数が抽出できた. そして, 作品が発表された年代を考慮するトピックモデルを構築するために, 年代情報(西暦)をトピックの**共変量**(covariate)(メタデータ)として加えた. データセットの一部を**表 6.4** に示す. サイズは 67 行(作品)×117 列(形態素タグの bigram + Year)である. 各セルの値は, 各作品における bigram の出現回数を表す. 作品の年代情報は一番右の列に示されている.

また, 金[124]は日本語の構文解析の基本単位となる文節をモデル化し, 書

表 6.5 文節パターンの例.

形態素	文節	文節パターン(頻度)
そこで 、	接続詞_記号	接続詞_、(1)
今度 は 、	名詞_助詞_記号	名詞_は_、(1)
成功 し た 。	名詞_動詞_助動詞_記号	名詞_動詞_助動詞_。(1)

表 6.6 文節パターンのデータセット(67×1174).

	名詞_の	名詞_に	…	連体詞_名詞_で	Year
病前_歳月の川	136	114	…	0	1921
病前_夢見る部屋	829	496	…	0	1922
…	…	…	…	…	
病後_枯木のある風景	314	156	…	0	1933
病後_枯野の夢	948	585	…	0	1933
…	…	…	…	…	
戦後_自分勝手屋	531	269	…	0	1957
戦後_人間同志	45	25	…	0	1961

き手を識別する特徴量として提案した．ここでは，文節を手掛かりにして，宇野浩二の作品の構文特徴の変化について分析する．構文解析は解析器 CaboCha を用いた．例文「そこで、今度は、成功した。」から抽出した文節とそれをパターン化したものを**表 6.5** に示す．文節パターンでは，助詞と記号は原形，それ以外の要素は品詞(大分類)タグで示す．

構文解析済みのテキストから抽出したデータセットは，年代情報を含めて 67 行(作品)×1174 列(文節パターン＋ Year)になり，その一部を**表 6.6** に示す．

形態素タグの bigram の結果

形態素タグの bigram のデータセットに STM を適用し，得られたトピックの経年変化を**図 6.12** に示す．横軸と縦軸はそれぞれ作品が発表された年代と作品内の各トピックの**推定確率**を表す．なお，トピックの推定確率にスムージン

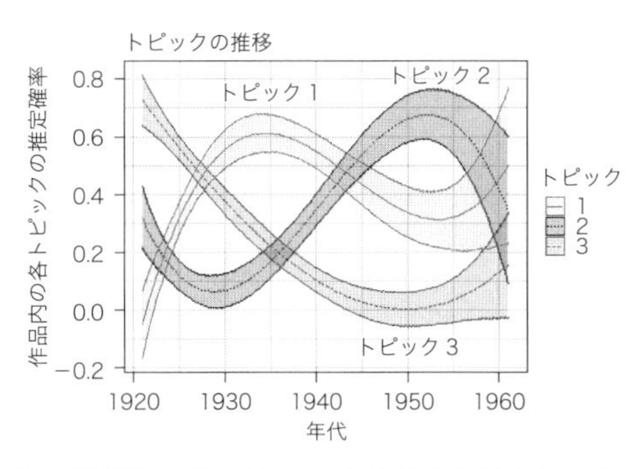

図 6.12　形態素タグの bigram から見られるトピックの推移.

グ処理を施したため，執筆が中断した時期においても確率が割り当てられている．図から分かるように，STM によって検出された 3 つのトピックは経年に伴って変化し続けている．トピック 1 とトピック 2 は年代の経過とともに昇降する過程が緊密な逆連動関係を見せている．トピック 3 は全体的に減少する傾向にあるが，1950 年代後半ではやや上昇の兆しが見える．

そして，3 つのトピックのピークが出現する年代とトピックの転換タイミングを合わせて考察すると，トピック 1，トピック 2 とトピック 3 は，それぞれ病後(1933〜1943 年)，戦後(1946〜1961 年)，病前(〜1927 年)という執筆時期の区分とほぼ対応して推移していることが見て取れる．したがって，STM によって得られた 3 つのトピックをそれぞれ病前(トピック 3)，病後(トピック 1)，戦後(トピック 2)と名づけることが妥当である．ただし，トピック 3(病前)からトピック 1(病後)への転換は 1920 年代の後半に発生し，文学評論家が指摘した復帰後に現れる文体変化にやや先行している．

また，トピックを構成する変数に基づき，各トピックの特徴を解釈することが可能である．STM で分析した結果には，トピックごとに**表 6.7** で示すような Highest Prob(highest probability)，FREX，Lift，Score という 4 つの指標が得られる．**Highest Prob** は，各トピックにおいて出現確率が最も高いと推定された項目である．**FREX**(frequency-exclusivity: matrix of highest ranking frex)は，全体の出現頻度およびトピックに対する排他性によって計算された該当するトピックを特徴づけるものである．**Lift**(matrix of highest scoring words by lift)と **Score**(matrix of best words by score)は，各項目が属するトピック以外のトピックにおける出現頻度を考慮して計算した指標である．Lift は，他のトピックで

表 6.7　各トピック内の上位 10 項目の bigram.

	トピック 1(病後)
Highest Prob	名詞_助詞, 助詞_名詞, 助詞_動詞, 名詞_名詞, 記号_名詞, 助詞_記号, 動詞_助動詞, 動詞_助詞, 助動詞_記号, 助動詞_名詞
FREX	名詞_名詞, 助詞_名詞, 名詞_助詞, 記号_名詞, 助詞_動詞, 名詞_記号, 動詞_助動詞, 連体詞_名詞, 名詞_動詞, 副詞_名詞
Lift	接頭辞_記号, 形容詞_副詞, 連体詞_助動詞, 形容詞_接頭辞, 名詞_接続詞, 感動詞_名詞, 名詞_接頭辞, 名詞_名詞, 助動詞_接頭辞, 助詞_接頭辞
Score	名詞_名詞, 接頭辞_記号, 名詞_助詞, 助詞_名詞, 記号_名詞, 名詞_記号, 助詞_動詞, 動詞_記号, 名詞_動詞, 副詞_名詞
	トピック 2(戦後)
Highest Prob	名詞_助詞, 助詞_記号, 記号_名詞, 助詞_動詞, 動詞_助詞, 助詞_名詞, 動詞_助動詞, 名詞_名詞, 助動詞_記号, 記号_動詞
FREX	助詞_記号, 記号_動詞, 記号_名詞, 名詞_記号, 記号_副詞, 接続詞_記号, 記号_助詞, 記号_ 連体詞, 記号_接続詞, 副詞_記号
Lift	記号_動詞, 連体詞_記号, 副詞_記号, 記号_接頭辞, 記号_助動詞, 記号_形容詞, 感動詞_助詞, 形容詞_記号, 感動詞_動詞, 助詞_感動詞
Score	記号_動詞, 記号_名詞, 助詞_記号, 副詞_記号, 名詞_記号, 記号_副詞, 接続詞_記号, 記号_助詞, 動詞_記号, 記号_記号
	トピック 3(病前)
Highest Prob	名詞_助詞, 助詞_動詞, 助詞_名詞, 動詞_助詞, 代名詞_助詞, 動詞_助動詞, 助詞_記号, 記号_代名詞, 助動詞_記号, 助動詞_名詞
FREX	代名詞_助詞, 記号_代名詞, 助詞_代名詞, 名詞_助動詞, 助動詞_名詞, 助詞_副詞, 助詞_助詞, 助詞_ 連体詞, 副詞_代名詞, 代名詞_名詞
Lift	接続詞_代名詞, 副詞_代名詞, 助動詞_代名詞, 形容詞_代名詞, 助詞_代名詞, 動詞_代名詞, 接続詞_副詞, 助動詞_接続詞, 連体詞_代名詞, 接続詞_ 連体詞
Score	接続詞_代名詞, 代名詞_助詞, 助詞_代名詞, 記号_代名詞, 助詞_名詞, 助詞_動詞, 名詞_助動詞, 動詞_助詞, 助動詞_名詞, 副詞_代名詞

頻繁に出現しない項目に高い重みをつけて計算された項目を示す．あるトピックに特に現れやすいものをリストアップする．Score は該当するトピックと他のトピックでの対数頻度の割り算で求められ，すべてのトピックの分布を考慮した項目である．

表 6.7 から分かるように，「名詞_助詞」，「助詞_名詞」，「助詞_動詞」，「助詞_記号」，「動詞_助動詞」，「動詞_助詞」，「助動詞_記号」といったほぼすべての日本語の文で用いられそうな形態素タグの bigram は，出現率の高い項目として 3 つのトピックともに現れている．一方，FREX の欄から各トピックの異なる特徴が確認できる．病前の作品(トピック 3)は代名詞，病後の作品(トピック 1)は名詞，戦後の作品(トピック 2)は記号を含む bigram がそれぞれ多く使用されていることが分かった．

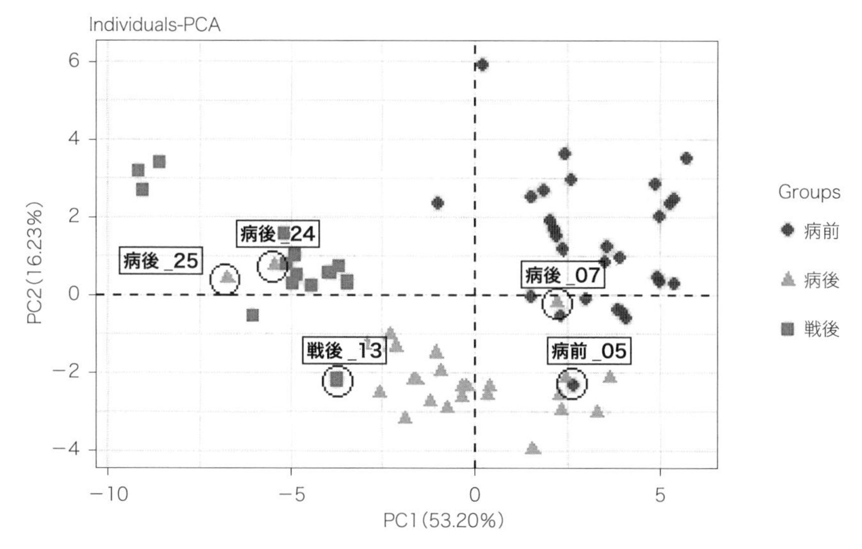

図 6.13　FREX の bigram を用いた主成分得点の散布図.

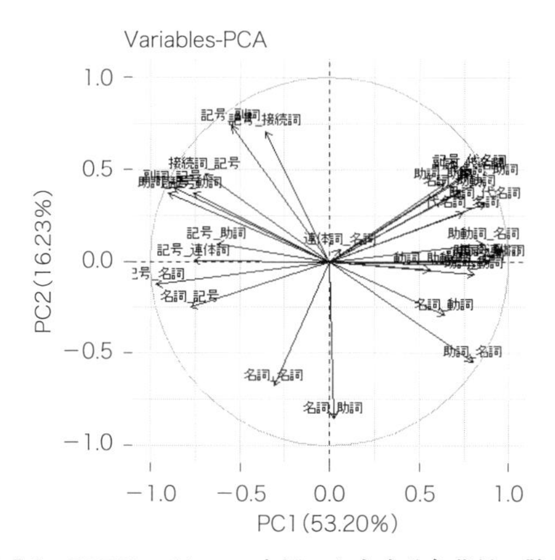

図 6.14　FREX の bigram を用いた主成分負荷量の散布図.

また，STM モデルによって得られた作品内の各トピックの推定確率および Highest Prob，FREX などの指標によってリストアップされた bigram に基づいて，作品のグルーピングや特徴分析を行うことができる．もちろん，主成分分析などの手法を活用し，作品のグルーピングや分布，特徴を可視化することも考えられる．そこで，表 6.7 で示した各トピックの FREX の上位 10 個の bigram を抽出し，主成分分析を用いて作品の分布と特徴を考察する(**図6.13**と**図6.14**)．3つのトピックで重複してリストアップされた bigram を取り除き，計 28 項目の変数が得られた．集計したデータを bigram 全体に対する**相対頻度**を求めて分析に用いた．作品の分布を確認しやすくするために，これ以降の散布図では病前，病後と戦後の作品をそれぞれ丸，三角形と四角形で示す．

図 6.13 から分かるように，戦後の 3 作品(『戦後_05』，『戦後_06』，『戦後_08』)がやや外れている以外，すべての作品は概ね病前，病後，戦後の時期の通りにグループに分かれた分布をしている．病前，病後と戦後の作品はそれぞれ第 1 象限，第 3, 4 象限と第 2 象限に配置されている．『病前_05』，『病後_07』，『病後_24』，『病後_25』と『戦後_13』の 5 作品は，実際の発表時期と違う作品グループに入ったことが図から読み取れる．ただし，そのうち，作品『病後_24』，『病後_25』は病後から戦後という時期の変わり目に発表されたものである．

図 6.14 に示す主成分負荷量の散布図から，各グループの作品の特徴が確認できる．表 6.7 の結果の通り，病前の作品では代名詞を含む bigram(代名詞_助詞，助詞_代名詞，副詞_代名詞，記号_代名詞など)，病後の作品では名詞を含む bigram(名詞_助詞，名詞_名詞，助詞_名詞など)，戦後の作品では記号を含む bigram(助詞_記号，接続詞_記号，記号_名詞など)がそれぞれ特徴的な項目としてあげられる．

文節パターンの結果

文節パターンのデータに対して STM を実施し，得られたトピックの経年変化を**図6.15**に示す．文節パターンが捉えた変化は，形態素タグの bigram から見られた変化に似ていることが図から分かる．トピック 1，トピック 2 とトピック 3 は，それぞれ病後(1933〜1943 年)，戦後(1946〜1961 年)，病前(〜1927 年)の執筆時期に対応する．トピック 3(病前)からトピック 1(病後)への転換は 1930 年，トピック 1(病後)からトピック 2(戦後)への転換は 1945 年に現れ，ちょうど執筆中断の真最中にあたる．1950 年代の後半になると，3 つのトピックは互いに近づき，絡みあう傾向を示した．

各トピックの特徴的な文節パターンを**表6.8**に示す．使用率の高い項目に関して，「名詞_の」，「名詞_を」，「名詞_に」，「動詞_助動詞_.」のパターンは

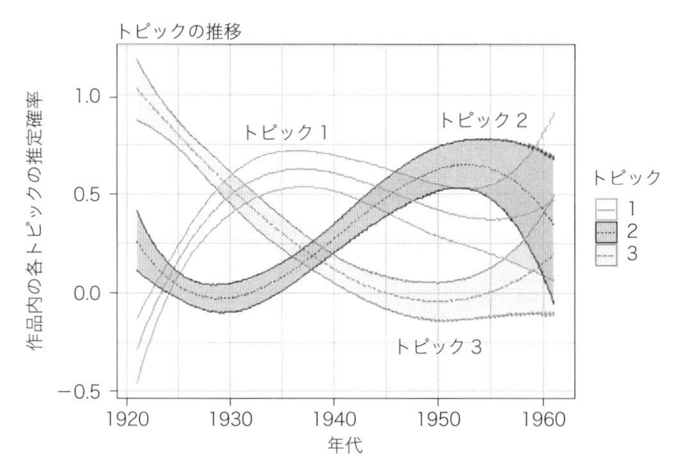

図 6.15　文節パターンから見られるトピックの推移.

3つのトピックともに出現している．これら以外に，「名詞_が」，「名詞_は_,」，「代名詞_は」などのパターンは，それぞれトピック1(病後)，トピック2(戦後)とトピック3(病前)の頻出項目としてリストアップされた.

また，形態素タグのbigramと同様に，作品の分布および特徴を主成分分析にて確認する．各トピックのFREXの上位10個の文節パターンを抽出して分析データとする．主成分得点と負荷量の散布図をそれぞれ図6.16と図6.17に示す．図6.16から分かるように，3つの時期の作品は若干重なっているが，概ねグループ化されていることが確認できる．『病後_12』，『病後_22』，『病後_24』と『病後_25』の4篇は，戦後の作品と混ざっていることが明らかである.

また，病前の作品の特徴的な文節パターンとして，「代名詞_は」，「代名詞_に」，「接続詞」，「代名詞_が」，「と」，「動詞_て」と「代名詞_の」があげられる．そのうち，「代名詞_助詞」と動詞「テ」形および会話文の削除によって残された助詞「と」などの多出により，病前作品では代名詞，動詞の「テ」形接続および会話文が比較的多いことが示唆される．病後のグループでは，「名詞_は_,」，「名詞_と」，「名詞_名詞_に」，「名詞_名詞_を」，「動詞_て」など，特に名詞を含むパターンが特徴項目になっている．一方，戦後の作品では，「名詞_は_、」，「副詞_、」，「名詞_が_、」，「名詞_を_、」，「名詞_の_、」，「形容詞_、」などが特徴的なパターンとしてあげられる．いずれのパターンにおいても読点が含まれていることが分かる.

表 6.8　各トピック内の上位 10 項目の文節パターン.

トピック 1(病後)	
Highest Prob	名詞_の, 名詞_を, 名詞_に, 名詞_が, 連体詞, 副詞, 動詞_助動詞_。, 動詞_助動詞, 名詞_は, 名詞_名詞_の
FREX	名詞_名詞_が, 名詞_動詞_助動詞_。, 名詞_名詞_は, 『_名詞_の, 名詞_名詞_に, 名詞_まで, 連体詞_助動詞, 名詞_と, 名詞_名詞_から, 名詞_名詞_を
Lift	名詞_という_名詞_助動詞, (_名詞_名詞_名詞_)_の, 『_名詞_は, (_名詞_が, 名詞_が_と, 名詞_の_助動詞, 接頭詞_名詞_名詞, 名詞_だけ_助動詞_助動詞_、, 名詞_』_が, 名詞_の_助動詞_、
Score	名詞_という_名詞_助動詞, 名詞_は, 名詞_が, 名詞_を, 名詞_に, 名詞_の, 名詞_名詞_は_、, 名詞_は_、, 名詞_と, 名詞_で
トピック 2(戦後)	
Highest Prob	名詞_の, 名詞_は_、, 連体詞, 接続詞_、, 名詞_を, 副詞_、, 動詞_助動詞_。, 名詞_に, 名詞_に_、, 動詞_て_、
FREX	副詞_、, 名詞_を_、, 名詞_が_、, 接頭詞_名詞_は_、, 名詞_は_、, (_接続詞_、, 名詞_名詞_に_、, 名詞_の_、, 形容詞_、, 『_名詞_』_を
Lift	接続詞_、_と_、, 『_名詞_』_に_、, 『_動詞_』_を, 『_動詞_』_の, 『_名詞_』_を_、, 副詞_の_、, 名詞_で_、_と_、,)_副詞_、, 名詞_は_、_と_、, 副詞_、_と_、
Score	接続詞_、_と_、, 名詞_は_、, 副詞_、, 名詞_が_、, 名詞_に_、, 接続詞_、, 名詞_を_、, 接頭詞_名詞_は_、, 動詞_て_、, 名詞_助動詞_ど
トピック 3(病前)	
Highest Prob	名詞_の, 名詞_に, 名詞_を, 副詞, 連体詞, 名詞_が, 代名詞_は, 動詞_助動詞, 代名詞_の, 動詞_助動詞_。
FREX	代名詞_は, 代名詞_の, 代名詞_が, と, 接続詞, 代名詞_と, 代名詞_名詞_の, 代名詞_に, 動詞_て, 名詞_助動詞_。
Lift	代名詞_迄, 名詞_だに, 名詞_を_も_、, 代名詞_と_は, 名詞_助動詞_名詞_助動詞_。, 名詞_助動詞_助動詞_名詞_助動詞_。, 形容詞_名詞_名詞_に, 動詞_迄_も_形容詞_、, 名詞_か_、_接続詞, 動詞_助動詞_名詞_助動詞_が_、
Score	名詞_を_も_、, 代名詞_は, 代名詞_の, 代名詞_が, 副詞, 名詞_は, 動詞_て, と, 接続詞, 名詞_に

STM 結果の考察

本項では，宇野浩二の文体特徴の移り変わりについて，トピックモデル(STM)を用いて分析を行った．なお，ここでは各作品中に出現している形態素タグと文節パターンの出現頻度に基づいて作品の類似度と特徴を分析していることは，従来の単語に基づいたトピックモデルの実施とは若干異なる．STM モデルによって推定されたトピックの推移は，執筆時期の変化と一致する．その作品は，概ね病前，病後と戦後の時期の通りにグルーピングできるが，特徴データによっては実際の時期の変わり目よりトピックの転換が先に起こる現象が見られた．

初回の文体変化が 1927 年の初め頃から兆しがあったことは，フレーズの長

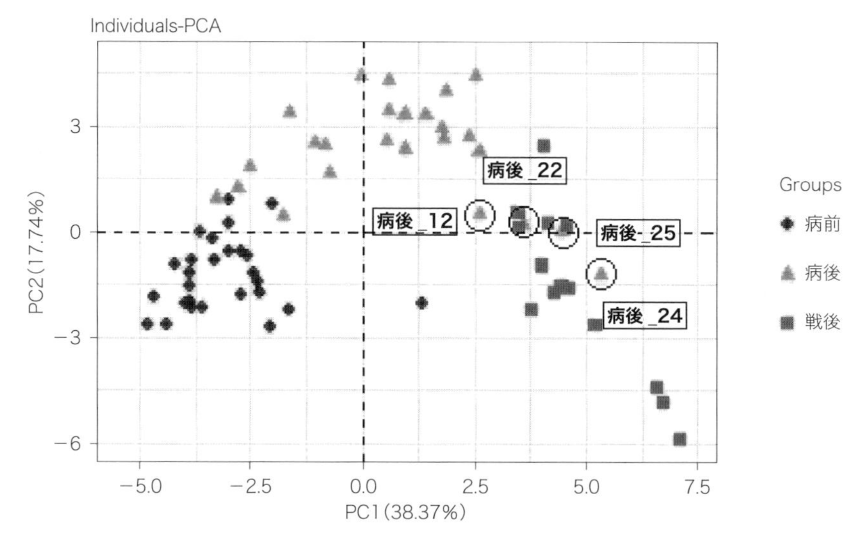

図 6.16　FREX の文節パターンを用いた主成分得点の散布図.

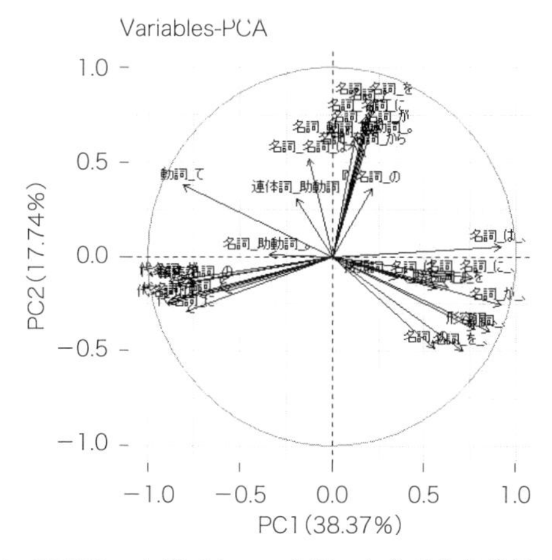

図 6.17　FREX の文節パターンを用いた主成分負荷量の散布図.

さと読点の打ち方の分析においても観察できる．例えば，宇野浩二の入院直前(1927 年)に書いた『日曜日』という作品は，病後のグループに入っている(図 6.4 と図 6.6)．また，入院する直前に発表された作品に関する詳細な分析は，拙文「入院する前に宇野浩二の文体はすでに変わっていたのか」(『情報知識学会』27 巻 3 号)を参照されたい．2 回目の中断期に入る直前の作品も，戦後の作品に似た特徴があり，戦後のグループに分類されることが見られた．このことにより，文体の形成は一朝一夕にしてできることではないように，その変化も瞬時に成し遂げられるものではなく，異なる文要素に現れる変化の蓄積によって漸進的に進行していくと考えられる．最終的に文学評論家は，宇野浩二の文体が「別人のように変化した」という認知を得ることに至ったのであろう．

また，形態素タグの bigram の分析では，病前，病後と戦後の作品はそれぞれ代名詞，名詞，記号を多用する傾向があることが分かった．さらに，文節パターンの分析を通して，代名詞と名詞の後に続く助詞や記号の用い方が明らかになった．戦後の作品で記号が多用されることに関しては，文学評論家たちの指摘と一致する．6.4.2 項で示した句読点間のフレーズもその兆しを見せている．病後の後半の作品からフレーズの長さがきわめて短くなり，いわゆる，句読点が多く用いられていると言える．具体的に，文節末が読点で終わることも明らかになっている．また，句読点以外に，丸括弧で注釈をつけて説明を加える傾向もあり，後期の作品における記号の増加にさらなる影響を与えている．ここでは，作品からいくつかの文例をあげる．(下線は筆者による．)

> そこで，牧も，立ちあがった．立ちあがって，牧は，少し後の方へ，(押し入れと反対側の壁の近くへ，)寄った．(中略)物おきを通りぬけて，この台所の横(つまり，左側)から入ることもできた．そうして，林は，たいていこの台所の横から入って来るのが常であった．
>
> (『宇野浩二全集』第 9 巻，112 頁)
>
> そこで，直木は，早速，その跡をつけて，その女(つまり，織恵)が，富士見町の色町の中の，『半助』という料理屋のお上になっていることを，突き止めた．(同上，257 頁)

上例は，1950 年に発表された宇野浩二自身をモデルとした小説『相思草』から抜粋したものであり，主人公の牧が昔の愛人(三重)と再会し，彼女の夫の林とともに食事する場面を描いている．林が外から部屋に入ってきたとき，牧が「少し後の方へ寄った」様子について，「後の方」を具体的に「押し入れと反対側の壁の近く」と説明した．また，林が台所の「左側」から部屋に入ってくることまでこだわって書いている．このような細部描写の正確さを通して，

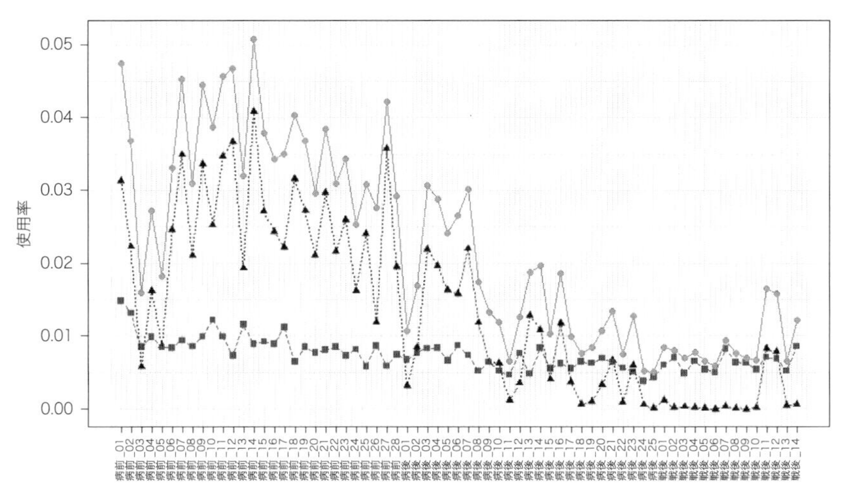

図 6. 18　「代名詞 + 助詞」の経時的変化.

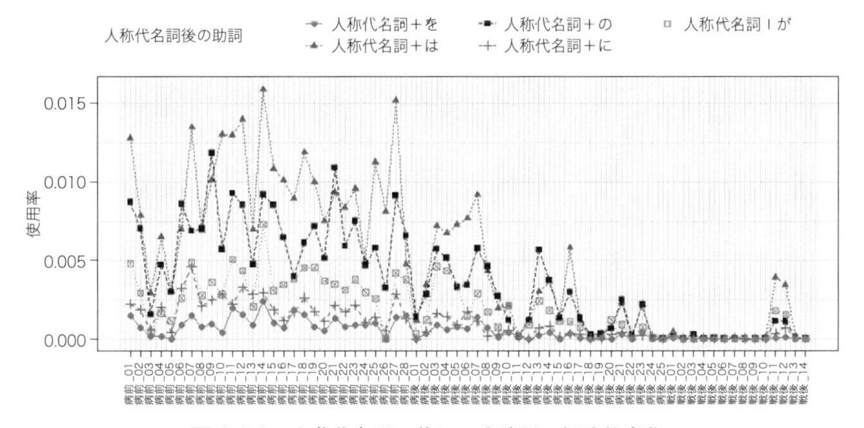

図 6. 19　人称代名詞の後につく助詞の経時的変化.

3 人が三重の部屋で食事する情景が生き生きと描出され，読者があたかも文字によって作り出された空間の中にいるような臨場感が高められる．さらに，後期の作品では人称代名詞の代わりに人名名詞を直接用いる傾向が見られた．下例で示すように，「その女」を書くとしても，「つまり，織恵」の情報をつけ加えることが多い．これは記号の多用だけではなく，病前での代名詞の bigram と病後からの名詞の bigram の増減にも影響を与えたと考えられる．

さらに，代名詞を含む bigram の減少について，「代名詞_助詞」のペアに注目して考察を行った．**図6.18**に「代名詞_助詞」，「人称代名詞_助詞」と「指示代名詞_助詞」の経時的変化を示す．作品ごとに形態素タグの bigram の総数に対する使用率を計算した．図 6.18 から分かるように，「代名詞_助詞」の使用は全体的に減少し続けている傾向にある．そして，この現象は主に人称代名詞の減少に起因していることが分かる．人称代名詞の代替として人名名詞が多く使われ，後期の作品における固有名詞の増加にもつながると考えられる．

人称代名詞の後につく助詞に関しては，大きな割合を占める「は」，「が」，「の」，「を」と「に」の使用率の変化を**図6.19**に示す．主格を表す「は」と所有格を表す「の」の変化が最も顕著であることが図から見て取れる．

6.5 総括

本章では文体変化に関する計量的分析，とりわけ，精神障害を患った経験がある芥川龍之介と宇野浩二の文体変化について紹介した．芥川龍之介の作品に対する計量分析を通して，その助詞と接続詞の使用に現れる文体変化の一面があぶりだされた．係助詞「は」，格助詞「が」および異なる接続類型は，いずれも 1920 年前後に格別な変化を見せた．宇野浩二の文体は，その生涯を通して二度大きく変化した．進行麻痺の発病と第二次世界大戦の時代の波に翻弄されるなかで妻を失ったことによる 2 回の執筆中断を境とすることが妥当であるが，変化の兆しが中断の前にすでに現れ始めていた．

このような計量研究においては，個別文要素の変化の意味解釈は難しく，課題として残されることが多いが，文章から断片的に見えてくる文要素の変化を組み合わせて，「文体」とはそもそも何であるかを考えながら，その変化の全体像を描くことが期待できる．また，文体変化の背後には，病気や加齢，時代背景の変動，家族の死去およびこれらの出来事に伴う心理的変化などの外的または内面的要因があるが，どの要因が強く働いているのかが不明瞭である．これらの課題については，実証データの蓄積と並行して理論的な考察をさらに深めることが必要であろう．

解析に使用した文献

宇野浩二(1968-1969)宇野浩二全集. 第3-9巻. 中央公論社.

第 7 章　文学作品の模倣に関する計量的比較分析

芸術作品の創作活動において，すでに評価を得た作品の作風や形態などを真似ることは，訓練や作品の魅力の再現などさまざまな目的のために，文学や音楽，絵画などの領域で古来より広く行われてきた．文学作品の場合には，模倣の着目点としてテーマ，構成，語句，リズム等があげられるが，オリジナル作品が湛えた魅力を再度創り出すためにはどこに力を注ぐべきか，それは類似度の問題なのか，模倣作品において原作者と模倣者自身の個性の表れを分別することが可能なのであろうか等々の問題がある．こうした疑問について，計量的な切口から考察することができる．

本章では[1]，夏目漱石の長編小説『明暗』および水村美苗の『続明暗』を研究例として取り上げ，統計的アプローチを利用して，2 作品における文体の異同，ストーリー展開の変化を確認することを通して，従来の作品解釈と統計的手法の融合による新しい文学研究の試みを提示する．

7.1　模倣作品の計量分析への誘い

昨今，「文豪の文体模倣」という文章創作の遊びが Twitter をはじめとするソーシャルメディアで話題となり，文体模倣のブームまで巻き起こしている．その発端となったのは，村上春樹の独特の言い回しを真似して，カップ焼きそばを作って食べるまでの過程を描写した「もしも村上春樹がカップ焼きそばの作り方を書いたら」というツイート投稿[2]（2016 年 5 月 15 日）である．この投稿がインターネットで広く拡散され，「もし○○がカップ焼きそばの作り方を書いたら」を題に，さまざまな有名人の文体を模倣してカップ焼きそばの作り方

1　本章は李・金[9][10]を踏まえて再構成したものである．

2　翌年出版の『もし文豪たちがカップ焼きそばの作り方を書いたら』[276]に収録されている．

を綴ることが流行になった．最初の投稿者である菊池良が神田桂一とともに，文体模倣の形式で100通りの「カップ焼きそばの作り方解説」を書いて，『もし文豪たちがカップ焼きそばの作り方を書いたら』というタイトルで2017年に出版し，わずか2ヵ月で10万部を発売した．その後，同じテーマの本が続々と出版されている．

この**文体模倣**のブームはSNSが浸透するにつれ，広がってきたのであるが，すでに評価を得た作家の言語形式や形態を真似して，その文章の魅力を再現させようとする試みは，実は古くからあった．模作執筆を文学創作の学習段階または準備段階とする人もいれば，自らおよび読者を楽しませることと考えて一貫して続ける人もいる．また，「あらゆる小説は多かれ少なかれ，他の小説を手本にし，影響を受け，技を盗み，足跡を追いかけて書かれるものだ」[277]という見解がある．他人の文章を模倣することは，一見簡単そうに思えるが，模倣対象となる作品や作家の特徴を会得するセンスや咀嚼力，その特徴を自分の文章作成に活かす技量が問われている．優れた模倣作は，オリジナル作品と比べても遜色ない魅力を持ちうる．

一方，模作を文学ジャンルとして理論的に定義した研究[278]はすでにあったが，模倣作品の創作・受容過程および模倣の秀作と評価された作品の構造特徴についての研究は，十分になされてきたとは言いがたい．作品の模倣はどのように成立するのか．なぜ読者は似ている印象を受けたり，作品の雰囲気や形態の類似性を認識できたりするか．書き手はどのような要素に注目し，どこまで似せているか．こうした疑問は，創作論・文体論および認知言語の研究においても興味深い課題となる．

模倣作と模倣対象作の共通特徴およびその差異を捉えることは，両者の関係，創作者および読者の認知の仕組みの解明につながっていると考えられる．文体や物語の特徴を浮き彫りにすることについて，近年興ってきた計量文献学は目覚ましい成果を収め，作品の真贋判別，執筆年度，執筆順序などさまざまな問題の解明に応用されている[279]．計量文献学の成果を援用することにより，文学作品の模倣に関する研究に新たな見解をもたらすことが期待できる．

7.2　夏目漱石著『明暗』と水村美苗著『続明暗』について

本章では，夏目漱石(1867～1916)の長編小説『明暗』および水村美苗(1951～)が漱石の文体を模倣して書いた『続明暗』を研究例として取り上げ，統計的手法を利用して，2 作品の文体における異同，ストーリー展開の変化および水村の模倣の特徴に迫りたい．

夏目漱石の遺作『明暗』は，1916 年 5 月から同年 12 月まで『朝日新聞』に連載されたが，作者の病没によって第 188 回で中断され，未完のまま閉じられた．未完でありながら，三十余万字で漱石作品として最大の長編となった．そのあらすじはこうである．会社員の津田は上司の奥さん(吉川夫人)の紹介でお延と半年ほど前に結婚し，東京で暮らしている．2 人の夫婦関係は目立った問題がなかったが，どこかぎくしゃくしている．実は，結婚以前，津田は吉川夫人の紹介で清子という女性と付きあっていたが，清子は突然津田の元を去り，津田の旧友に嫁いでしまった．そんな過去をずっと引きずっており，結婚生活に影を落としている．吉川夫人は，痔の手術を受けた津田に，清子が温泉で療養していることを伝え，2 人を会わせようとする．津田が夫人の勧めを受け入れ，妻に内緒で温泉場に向かって，清子と再会したところで物語は途切れてしまった．温泉場での 2 人はどうなるか，妻のお延はどんな行動をとるか等々は，謎として残され，読者の関心・想像を掻き立てる．江藤淳[280]，大岡昇平[281]をはじめとする多くの作家，批評家は，その結末を推測し，エッセイや論文で発表している．

1990 年に，当時新進の作家だった水村美苗が漱石の文体に合わせ，『明暗』の新聞連載番号を引き継いで，第 189 回～288 回からなる『続明暗』を書きあげ，物語を終わらせた．『続明暗』では，周りの人から夫と清子のことを詳しく聞かされたお延が温泉地に追いかけてきたことを中心に，この三角関係の展開を徐々に明かしている．この続編は，漱石の独自の文体をよく真似ていることで高く評価され，1990 年の芸術選奨新人賞の受賞作品に選ばれた．文学評論家の安原顯は「(漱石独自の当て字や文体模写などの)制約のすべてをものの見事にクリアーし，ある面では漱石のオリジナルより感動的な小説にしてしまった」[282]と称賛し，国語学者の山田潔も「この作品を読了した時の衝撃はいまだに記憶に残る．その衝撃の内容は作品としての説得力もさることながら，文体が漱石のそれに酷似していることであった．それは，用字・語彙・語法をはじめ，漱石の語用論のすべてに及ぶ」[283]と評した．

漱石の文体に酷似していると言われているが，『続明暗』の文体は何をどこまで似せているか，ストーリーの展開や構成にどんな変化が見られるかをめぐって，従来の評論や鑑賞は印象批評に基づいて評価するに止まっており，客観的かつ体系的に捉える視点が欠落してきた．本章では計量的アプローチで2作品の比較分析を行い，上述の問題の解明に向けて取り組む．具体的には，次の3点を実施する．まず，比較分析のためテキストのコーパスを構築する．次に，テキストから文体特徴に関わる言語パターンを抽出し，『続明暗』と『明暗』との言語表現の**類似度**(similarity measure)を算出し，テキスト間の相互関係を視覚化する．最後に，2作品におけるトピックの時系列の変化を捉える．

7.3 コーパスの構築

主要の分析対象である『続明暗』『明暗』を電子化し，分析に用いる．『続明暗』は初版，『明暗』は『漱石全集』の第7巻に収録されたものを使用する．作品の特徴をより明確に表出させるため，この2作品をそれぞれ文字数がほぼ均等になる10個のファイルに分割する．

『続明暗』の文体と『明暗』との類似度を顕在化させるため，他の5名の作家が書いた小説を比較作品として，コーパスに取り入れる．比較対象とする5名の作家は泉鏡花(1873～1939)，永井荷風(1879～1959)，森鷗外(1862～1922)，島崎藤村(1872～1943)，幸田露伴(1867～1947)にする．この5人を選択する主な理由は，夏目漱石とおよそ同年代に活躍していた作家であること，水村の読書ないし文学創作に接点があることである．水村[284]自身の話によれば，彼女は12歳の時に父親の仕事でアメリカへ連れられたが，海外の生活に溶け込めず，読書に没頭し，父親が日本からアメリカに持ってきた明治期作家の全集ばかりを読んでいた．そして，『続明暗』を執筆する時，漱石の小説になかった場面を描く際，泉鏡花および永井荷風などの作品を参考にしていたとのことである．今回の分析は，5名の近代作家による50作(5×10)の短編小説を比較作品として用いる(作品のリストは本章末の付表に示す)．これらの短編小説について，分割せず作品ごとに独立したデータとする．

なお，『続明暗』は模倣を意識して書かれたものであるが，水村自身の文体の痕跡が残されている可能性があると考えられる．これを確認するため，水村が書いた他の小説もコーパスに取り入れ，併せて考察する．水村著『新聞小説母の遺産』『本格小説』(以下それぞれ水村A，水村Bと称する)という2つの長編小説を，『明暗』『続明暗』と同じく10個ずつのファイルに分割し，分析に用いる．

対象テキストを全部新仮名・新字に統一し，会話文を削除し，地の文のみを使用する．

7.4 主たる分析手法

多重比較検定(multiple comparison test)，階層的クラスター分析，カイ二乗統計量，トピックモデルなど複数の統計手法を併用して分析を行う．

平均の差を検定するための多群分散分析(多重比較分析)は，いくつかあるが，ここでは**チューキー・クレーマー検定**(Tukey-Kramer test)を用いる．チューキー・クレーマー検定は，検定対象から2群ずつを選び，すべての組み合わせの対について平均差の検定を行う．この検定法を利用して，『続明暗』『明暗』と対象分析用の作品の平均文長における関係の近さを計算する．

階層的クラスター分析は，距離行列を用いて，似ているものを段階的にグルーピングする手法である．グルーピングの手法はウォード法を採用し，作品間の距離は*JSD*の平方根によって求める．これらに関しては金[206]，または本シリーズの第1巻を参照されたい．抽出された形態素，品詞，文節パターンのデータを用いて，階層的クラスターの樹形図を作成する．樹形図におけるクラスターの結び方により，テキスト間の相互関係を捉え，似た者同士を判別する．

カイ二乗統計量は，独立性の検定によく用いられ，作品の特徴項目の抽出にも応用できる．詳しくは金[184, 206]または本シリーズの第1巻を参照されたい．カイ二乗統計量を利用して，似た者同士と判断された作品群から，共通した特徴項目および各自の特徴項目を抽出する．

トピックモデルは，文書が生成される過程を確率的に表現したモデルである．トピックモデルにさまざまなヴァリエーションがあるが，本章では，時系列に沿ってトピックの変化を探ることができる構造的トピックモデル(STM)

を用いる．他のトピックモデルに比べ，STMは2つの顕著な特徴を持つ．1つ目はトピック間の相関が認められること，2つ目はトピックに関連する変数(例えば，時間，属性，性別など)が導入されることである．このため，STMは，テキスト内のトピックの析出，トピックの経時変化の考察および説明に適したモデルと考えられる．

7.5 文体の比較

まず，『続明暗』の文体が『明暗』とどこまで似ているか，またどのような差異があるかを調べるために，文体に関わる言語項目をもとに分析する．

文体をめぐる有効な特徴項目として，小林[285]は，自身の研究を踏まえ，構成，構文法，語彙，品詞，リズム，テンポをあげている．小林があげている項目を参考にした後に，文の長さ，タグ付き形態素，品詞，文節パターンといった計量的に分析可能な文体項目を抽出して分析を行う．

7.5.1 文の長さ

文の長さは，一文に何文字を使用しているのかの数値であり，文体の特徴を示す指標のひとつとしてよく使われている．波多野[60]は文章心理学の観点から平均文長と作家の創作態度や性格との結びつきについて考察し，安本[61]と佐々木[62]は文の長さの分布の正規性について，樺島[63]は同一文章における文の長さの変化について計量分析を行った．本項において，平均文長および文の長さの分布を併せて分析する．

まず，『明暗』，『続明暗』，水村の他の2作品，泉等5名の作家の作品群に対して，ファイルごとに総文字数を文の数で割って平均文長を算出し，**表7.1**に示しているデータを用いて有意差検定を行う．

「比較しているデータの各2群間に差がない」という帰無仮説を立て，チューキー・クレーマー検定を実施し，各2群間の検定結果を**図7.1**に示す．図7.1から分かるように，『明暗』と『続明暗』には有意の差が見られない．

『続明暗』以外に『明暗』と有意の差がないものもあるため，『明暗』と各作品群とのチューキー・クレーマー検定の統計量をピックアップし**表7.2**に示す．出力結果のdiffは比較した群間の平均値の差であり，この数字の絶対値が

表 7.1 平均文長のデータセット.

テキスト	平均文長
明暗 01	31.50
明暗 02	34.67
明暗 03	33.61
…	…
幸田 09	35.23
幸田 10	43.03

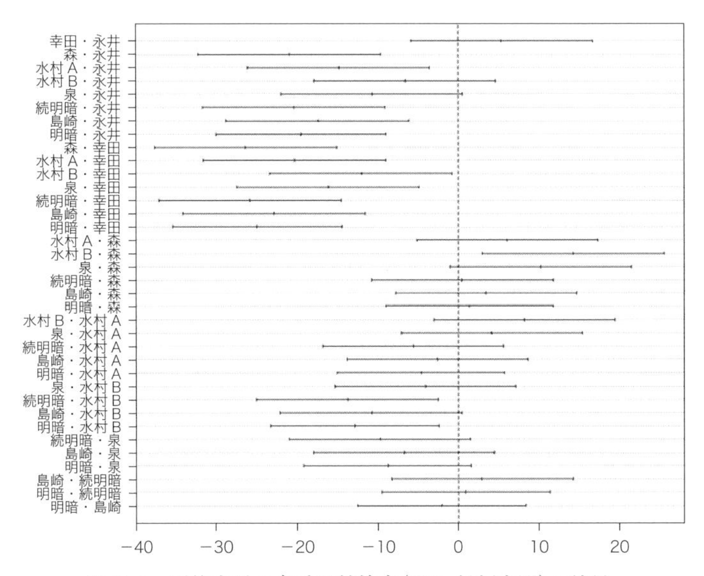

図 7.1 平均文長の多重比較検定(90% 信頼空間)の結果.

小さいほど近似性が高いことを示す. 表 7.2 により, 2 群同士の差が最も小さいのは「明暗－続明暗」の 0.14 である. 換言すると, 平均文長においては, 用いたコーパスでは『続明暗』が最も『明暗』に似ていると言える. また, 表 7.2 に 90% の信頼区間(confidence intervals)の下限値(lower)と上限値(upper)も示されている. この区間に 0 を含む場合, 2 群間の平均値に有意差がない. 「明暗－続明暗」の区間は −12.42〜12.71 であり, 0 が含まれているので 2 群間の平均値に有意差がない. また, 最後の p 値から見ると, 「明暗－続明暗」2 群間の p 値が 1.0 であり, 「『明暗』『続明暗』の間に有意差がない」との仮説が採択される.

表 7.2　『明暗』と各作品群とのチューキー・クレーマー検定の統計量.

	diff	下限値	上限値	p 値
明暗-続明暗	0.14	−12.42	12.71	1.00
明暗-泉	−9.67	−22.23	2.89	0.27
明暗-水村 A	−5.54	−18.10	7.02	0.89
明暗-水村 B	−13.74	−26.30	−1.18	0.02
明暗-森	0.75	−11.82	13.31	1.00
明暗-幸田	−25.76	−38.33	−13.20	0.00
明暗-永井	−20.33	−32.89	−7.77	0.00
明暗-島崎	−2.94	−15.51	9.62	1.00

表 7.3　異なる長さの文のデータセット.

	s1-5	s6-10	…	s91-95	s96-100	s>100
明暗	9	325	…	26	20	71
続明暗	10	235	…	8	4	13

『明暗』『続明暗』の平均文長が相似していることを確かめたあと，続いてこの 2 作品における文の長さの分布状況を観察する．文字数を 5 つずつ増やしながら，各長さの文の数を集計する．すなわち，文字数が 1〜5 の文，文字数が 6〜10 の文，といったように分けて数える(データの形式を**表 7.3** に示す).

集計したデータを作品ごとの文の総数で割り，相対度数データに変換し，**図 7.2** の折れ線グラフで示す．図 7.2 で分かるように，『続明暗』は『明暗』のと同じように，山が高く勾配の急な折れ線を形成し，2 つの曲線の曲がり具合がほぼ一致しているように見える．これにより，2 作品における文の長さの分布が近似しているとも言える.

7.5.2　タグ付き形態素

文の長さに続き，形態素の頻度について，語彙レベルの計量分析を加える．本項では，物事の形態や性質を表す「形容詞」「形容動詞語幹」「自立動詞」「非自立動詞」「サ変接続」「副詞」といった類の形態素項目を中心に，階層的クラスター分析を行う.

すべての形態素項目を集計すると項目数が多くなるだけではなく，データ行列の中にテキストの個性づくりにほとんど効かない項目が多く含まれる．そこで，出現頻度が計 45 回以下の形態素項目を 1 つの項目(others)にまとめ，計

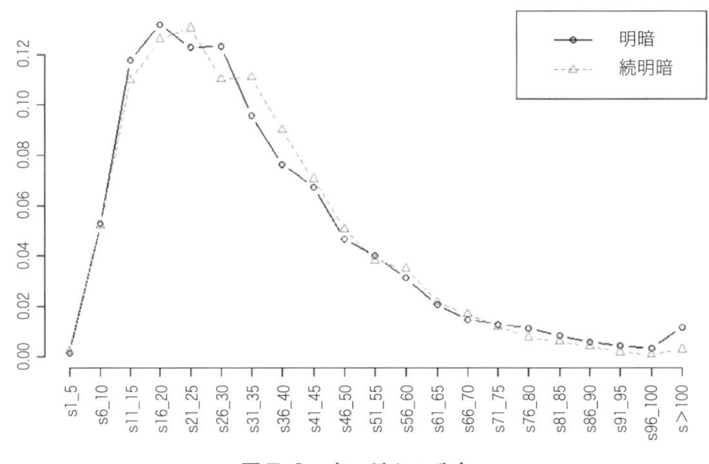

図 7.2　文の長さの分布.

668 個の変数を使って，分析を実施する．階層的クラスター分析に使われたデータは，全部相対頻度に変換されたものである．階層的クラスター分析では，最も似ているグループがまず小さな階層を作り，その階層を含む形で別のグループとの階層が定まる．このようにして各組み合わせが順番に括られ，最後にデータ全体を包括するクラスターが階層的に形成されることになる．

図 7.3 が，タグ付き形態素の頻度データで行った階層的クラスター分析の樹形図であり，おおまかに 3 つのクラスターに分かれている．右側から第 1 番目のクラスターは，島崎・泉・幸田・森・永井の作品からなり，第 2 番目のクラスターは『明暗』『続明暗』とともに大きな階層を作って，続いて水村の作品 A・作品 B のクラスターと結合する．これにより，用いたコーパスにおいて，形容詞・形容動詞・動詞・副詞の使用について，『明暗』『続明暗』は近い傾向を示すと解釈できる．つまり，『明暗』の状態や性質を表す特徴的な語彙は『続明暗』に活かされていることは言える．

一方，『明暗』『続明暗』における共通する特徴項目を確認するため，カイ二乗統計量を用いて『明暗』『続明暗』によるクラスターの特徴的形態素項目を抽出した．抽出した項目が 2 作品において顕著に共通する項目になると考えられる．統計の結果により，他の作品に比べ，『明暗』『続明暗』によるクラスターでは，「なかっ_形容詞」「答え_自立動詞」「なら_非自立動詞」「急_形容動詞語幹」「解ら_自立動詞」「繰り返し_自立動詞」「知れ_自立動詞」「突然_副詞」

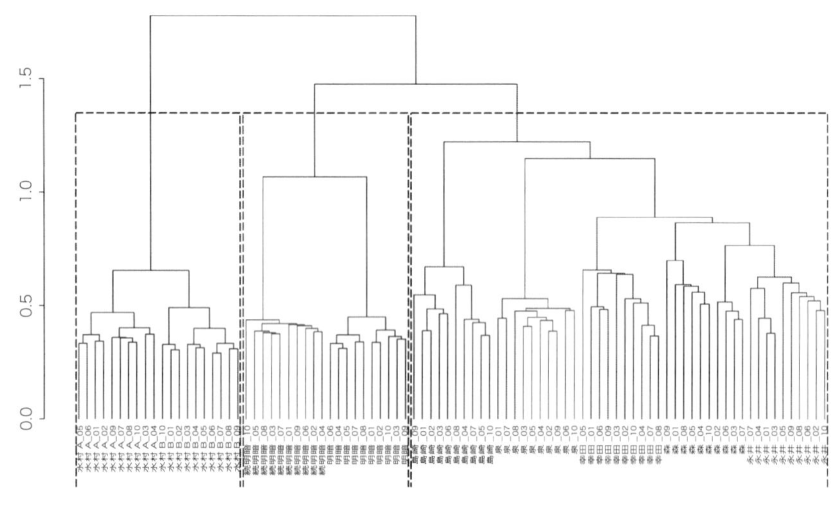

図 7.3 タグ付き形態素のクラスター分析.

などが多く出現することが分かった.

「なかっ_形容詞」が特徴的形態素項目になったことは，2 作品で否定文が多く使われることを示唆し，他の特徴項目「なら_非自立動詞」「解ら_自立動詞」「知れ_自立動詞」の頻出にもつながっている．否定表現は，実現しなかった事態を提示する形式であり，それが多く使われていることは，語り手が恒常的に物語の現実と異なる可能性を考えながら叙述を展開していくことをある程度暗示している．この点に関連して，『明暗』の叙述にきわめて否定文が多いとの先行研究[286]がある．否定叙述の多用という特徴は水村の『続明暗』にも表れており，水村が『明暗』の叙述特徴を体得して『続明暗』に活かしたと推定できる.

また，「急_形容動詞語幹」「突然_副詞」というような驚きの表現も 2 作品の特徴的形態素項目になる．清水[287]は「『明暗』キー・ワード考：〈突然〉をめぐって」で，『明暗』において「突然」という言葉は筋の展開の中に頻出し，その使用はさまざまなヴァリエーションを伴って，『明暗』の世界に陰翳のある動勢を与えていると指摘した．作品中の人物が予想外の事態の出現によって，瞬間的なパニックまたは驚きに陥り，その心に動揺が与えられる．秋山[288]は，「心理叙述の細密化」が『明暗』の特色のひとつであると指摘している．「突然」「急」などの語彙は，他者および環境の突然の変化に伴う人物の心理の動きおよび感情の起伏，曲折を感じさせ，心理変化の表れと連動しているため，水村が『続明暗』を書いたとき細微な心理現象まで細かく追い上げるようにするのではないかと推察できる．

一方，『明暗』『続明暗』は図 7.3 で真ん中の階層をなしながら，その階層においてそれぞれ小さなクラスターを形成しているので，二者の間に相違が存在すると考えられる．カイ二乗統計量を用いて 2 作品それぞれの特徴的形態素項目を抽出してみると，『明暗』では「すぐ_副詞」「なら_非自立動詞」「又_副詞」「出来_自立動詞」「黙っ_自立動詞」「考え_自立動詞」などの項目が特徴項目になる．一方，『続明暗』では「やがて_副詞」「いる_非自立動詞」「上げ_自立動詞」「仕舞っ_自立動詞」「再び_副詞」「もう一度_副詞」「続_自立動詞」などが特徴項目である．抽出された特徴項目により，2 作品の形態素項目における差異の多くは似た意味を持つ形態素項目にあることが分かる．例えば，『明暗』に「すぐ_副詞」が多用されることに対し，『続明暗』ではその類義語の「やがて_副詞」のほうがよく使われている．これと同じように，「又_副詞」が『明暗』の特徴項目であるのに対し，似た意味を示す「再び_副詞」「もう一度_副詞」が『続明暗』で頻出する．また，『明暗』の特徴項目である「出来_自立動詞」は，『続明暗』においてそれほど頻繁に現れなかったが，検索したところ，『続明暗』では「出来_自立動詞」の代わりに同じ意味を表せる「可能_形容動詞語幹」が多く使われている．さらに，少量とはいえ，表記の違いによる差異も見られる．例えば，漱石の小説では仮名の「しまう」と漢字の「仕舞」の 2 種類の表記が混じて使用されているが，『続明暗』では，全部「仕舞」と表記されているので，「仕舞っ_自立動詞」は『続明暗』の特徴項目になった．

このように，『明暗』『続明暗』の形態素項目における差異は，類義語の使用・選択や表記のような微細な違いに集中していると考えられる．

7.5.3 品詞および記号の bigram

本項では，抽出された品詞および記号の bigram 比率データを使って階層的クラスタリングを行った．出現頻度が計 45 回以下の項目を 1 つの項目（others）にまとめ，計 534 個の変数を使用した．

図 7.4 は階層的クラスター分析の結果の樹形図であり，おおまかに 4 つの

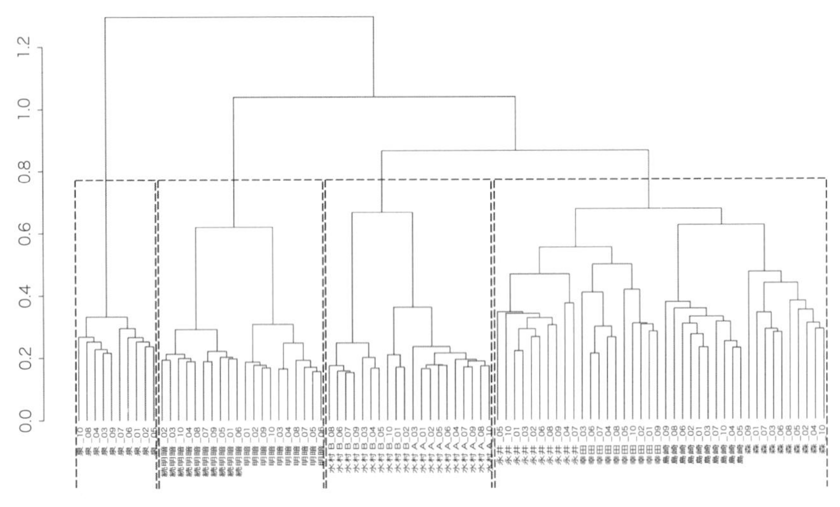

図 7.4 品詞及び記号の bigram による階層的クラスター分析.

クラスターに分かれることが見て取れる. 右側から第 1 番目のクラスターに永井・幸田・島崎・森 4 人の作品, 第 2 番目のクラスターに水村の『本格小説』『母の遺産』, 3 番目のクラスターに『明暗』『続明暗』, 一番左側のクラスターに泉の作品が分類されている.

他のクラスターの作品に比べ, 同じクラスターを成している『明暗』『続明暗』にどんな項目が多く出現するかを考察するため, カイ二乗統計量を用いて 2 作品の共通する特徴項目を抽出した. その結果,「助動詞_句点」「接頭詞_人名」「句点_接頭詞」「自立動詞_助動詞」「人名_係助詞」などが多く出現し, 2 作品の共通する特徴項目になることが分かった. それを踏まえ調査してみると,「助動詞_句点」は「た.」,「自立動詞_助動詞」は「動詞_た」に等しいことが分かった. 佐藤[289]は, 夏目漱石の小説ではタ形の文末と非タ形の文末の割合が作品および時期によって多様であり, 初期小説『吾輩は猫である』では, 文末部が現在形で結ばれているのが大きな特徴であるのに対して, 遺作の『明暗』では「〜タ」止めが著しいと指摘した. この特徴が『続明暗』に受け継がれていることがカイ二乗統計量による特徴量分析で明らかにされた.

一方,『明暗』『続明暗』はともに 1 つのクラスターを成しているが, そのクラスターの中で 2 作品のファイルはまたそれぞれ小さなクラスターを形成しているため, 二者には差異があることが分かった. この差異を確認するため, 2

作品それぞれの特徴項目を抽出してみる．『続明暗』に対し，『明暗』では，「代名詞_格助詞」「代名詞_係助詞」「代名詞_連体化助詞」「句点_代名詞」「格助詞_読点」「読点_代名詞」「読点_副詞」「係助詞_読点」「助動詞_代名詞」「句点_接続詞」「係助詞_副詞」「副詞_自立動詞」が特徴項目となる．一方，『続明暗』では，「一般名詞_格助詞」「格助詞_一般名詞」「自立動詞_読点」「句点_人名」「格助詞_自立動詞」「係助詞_一般名詞」「非自立名詞_助動詞」「人名_格助詞」「接続助詞_一般名詞」「句点_一般名詞」が特徴項目である．

読点にかかる項目が多く見られ，2作品における読点の打つ位置の違いを示している．文章を綴る際に，読点によってテンポを意識的に整えることができるが，どの文字・単語の後ろに打つかについては定則がないため，そこに書き手の癖が表れやすいと考えられる．『明暗』の特徴項目「格助詞_読点」「読点_副詞」を例にあげると，その読点は，打たなくても文法や文意に大きな影響がない場合が多く，打つかどうかは個人によって異なる．2作品の特徴項目により，『続明暗』の文体模倣は読点の打つ位置まで行き届いていないと判断できる．

7.5.4 文節

構文について，従来の文体研究では，主辞の内顕と外顕，主辞・述辞の正常辞列(S・P型)と異常辞列(P・S型)などを取り上げ分析するものが多く見られる．本項では，テキスト計量分析でよく使われている「文節パターン」を利用し，構文の構成要素について分析を実施する．係り受け解析器CaboChaを利用して，文節パターンを抽出する．文節内の助詞および記号は原形を用い，それ以外は形態素のタグを用いる．

出現頻度が計45回以下の形態素項目を1つの項目(others)として集計し，計451個の変数を用いて行った階層的クラスター分析の結果は**図7.5**に示す通りである．樹形図は，おおまかに4つのグループに分かれている．右から左に見ていくと，永井・幸田・島崎・森4人の作品によるクラスターが，水村の作品Aと作品Bからなるクラスターに結びつき，続いて『明暗』『続明暗』によるクラスターに加え，最後に泉の作品からなるクラスターと括られる．したがって，他の作品に比べ，『明暗』『続明暗』において文節パターンの出現傾向の共通性が認められる．

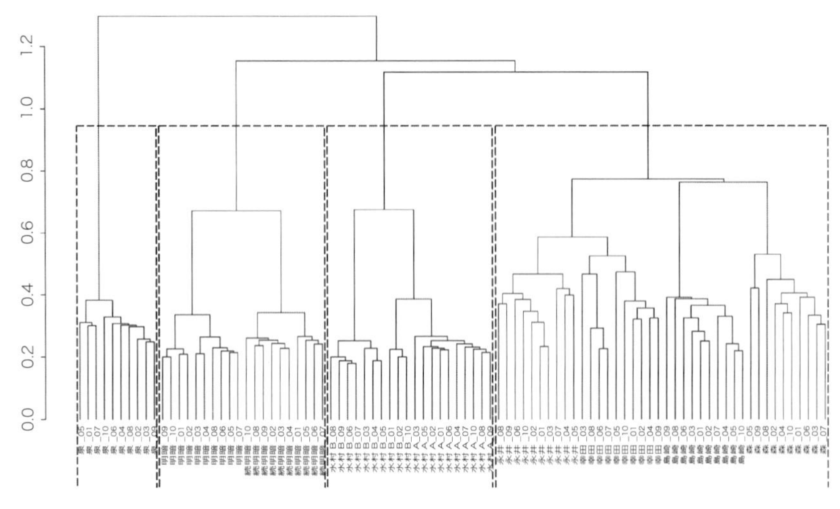

図 7.5 文節パターンによる階層的クラスター分析.

『明暗』『続明暗』のクラスターにおける文節パターンの特徴項目を抽出してみると,「動詞_助動詞__.」「接頭詞_名詞_が」「接頭詞_名詞_の」「名詞_は」「接頭詞_名詞_は」「名詞_動詞_助動詞_.」「名詞_から」「動詞_て_動詞_助動詞_.」などが見られた. なかでも最も特徴のある項目は「動詞_助動詞_.」である. テキストを確認してみると,「動詞_助動詞_.」は,「動詞_た_.」に等しいことが分かった.『明暗』『続明暗』は「動詞_た.」という文末表現によって特徴づけられていると言える.

工藤[290]は, 小説の地の文において, スル・シタ・シテイル・シテイタというアスペクト・テンス形式は, 物語世界内部の出来事の時間関係提示のため総動員され, 過去形と非過去形の競合は,「視点の相違」あるいは「アクチュアル性の明示の有無」という対立に結びつくと指摘している.「動詞_助動詞_.」を始めとする文節パターンが,『明暗』『続明暗』における視点人物の認識および叙述の構成に連鎖し, 個性的な文体効果に寄与するのではないかと思われる.

一方,『明暗』『続明暗』2 作品の文節パターンにはどのような差異があるかについて検討するため, この 2 作品のみを用いて, カイ二乗値による特徴抽出を行った. 特徴抽出の結果によると,『明暗』では,「副詞」「接続詞」「連体詞」「名詞_へ」「名詞_を_.」「名詞_に_.」「動詞_助動詞_助動詞_.」が多く用いられているのに対し，『続明暗』では「動詞_.」「名詞_が」「名詞_助動詞_助動詞_.」「動詞_と」「名詞_を」「名詞_で」「名詞_も」「動詞_て」「動詞_て_動詞_.」「形容詞」などが特徴的文節パターンであることが分かった．テキストに戻って確認すると，『続明暗』の特徴項目の中の「動詞_.」「名詞_助動詞_助動詞_.」はそれぞれ動詞(辞書形)の文末表現，名詞述語(過去形)の文末表現に等しいことが分かる．そして，「動詞_.」をさらに詳しく見ると，「見える.」が一番多かった.「見える」は主に視覚的経験または視覚的経験による判断・思考を記述する動詞であり，それを使った描出表現の文において，観察の動作より観察される事態が中心である.『明暗』の場合，「失望の色が見えた.」「彼らは楽しそうに見えた.」といったように，視覚的経験などを記述した際，文末に「見える」を使ったことは一回もなく，すべて「見えた」を使用した．それに対し，『続明暗』において，「伸び縮みするように見える.」という表現もあるし，「岩がぬるぬる光るのが見えた.」のように「見えた」が使われる文もあって，半々になる.「見えた.」の使用が水村自身の文体の痕跡と判断される．これと同じように，「名詞_だった.」という文節は，『明暗』には滅多になく，水村の表現特色であることが分かった.

7.6 トピックの時系列変化

前節では，文体表現に関わる項目について考察を試みた．続いて，ストーリー変化に注目して，『明暗』『続明暗』における内容・話題の変動様態を俯瞰的に捉える．ここでは，構造的トピックモデルを通して，2 作品からトピックを抽出し，その推移・変化の状況を考察する.

本節のトピック分析では，**時系列**と内容構成の 2 つを共変量として使う．前節に分割された『明暗』『続明暗』に対し，文章の順序に従い，時間軸の情報として 1～20 の順番をつける．形態素解析器 MeCab(IPA)を利用して，内容構成の考察に最も情報量が高い単語と考えられる名詞・形容詞・形容動詞・動詞を，表記の基本形という形で各ファイルから抽出し，分析に使う．ただし，内容考察との結びつきの程度を考慮して，「数」「接尾」「副詞可能」類の名詞，「非自立」類の動詞，「自立」動詞に属する「する」「ある」「いる」「なる」を除外する．計 9382 項目の単語が抽出された．データの形式は**表 7.4** に示され

表 7.4 名詞・形容詞・形容動詞・動詞(表記の基本形)のデータセット.

ファイル	津田	細君	延	時	ない	見る	…
1_明暗 01	156	78	42	71	70	38	…
2_明暗 02	185	5	52	42	67	50	…
…	…	…	…	…	…	…	…
19_続明暗 09	151	2	74	19	54	38	…
20_続明暗 10	101	1	81	24	62	24	…

たようになっている.

トピックモデルは,トピック数を事前に指定する必要がある.トピック数の決定について,現在はこれといった決まりがなく研究者が研究目的およびデータの実際状況に合わせて調整することが一般的である.データ駆動型のアプローチを使用してトピックの数を推定する方法も提案されている.例えば,期待対数尤度(held out likelihood),残差分散(residual dispersion),意味的コヒーレンス(semantic coherence),変分下限(lower bound)などを計算し,その結果を参考にして,指定した範囲内のトピックの数を比較し,最適な数を決める方法がある.

今回の分析では,トピック数の範囲を 6 までに設定し,チューニングを行った.その結果,トピック数が 2 であるとき,期待対数尤度と意味的コヒーレンスが最大,残差分数と変分下限が最小になっているため,理想的なトピック数は 2 に該当すると判断される.

トピック数を 2 としたトピックの時系列変化の非線形モデルの推測結果を**図 7.6** に示す.横軸が時系列にあたり,曲線で 2 つのトピックの推定確率の変化が示されている.時系列はテキストの内容の順序に従うものなので,1〜10 は『明暗』にあたり,11〜20 は『続明暗』にあたっている.図 7.6 では,左から右へ見ていくことでトピックの時間的推移が認められた.トピック 1 はピークが時系列の前半にあるのに対し,トピック 2 は時系列の後半でピークを成している.

構築された STM モデルからトピックに強く関連している語群を抽出し,トピックそれぞれの中身および特徴を考察することができる.単語の重みづけ手法によって,4 種類の特徴語彙を取り出すことが可能である.**表 7.5** には,トピック 1 とトピック 2 から抽出した関連性の高い語群(上位 15 項目)を示して

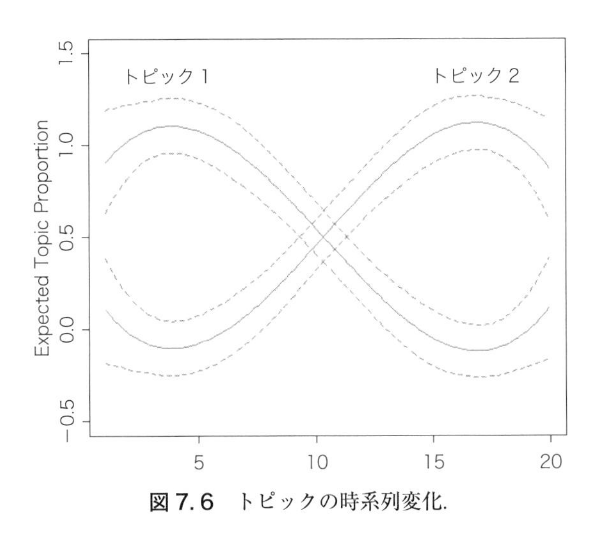

図 7.6　トピックの時系列変化.

表 7.5　2つのトピックに強く関連する語群.

	トピック 1
Highest Prob	彼, 津田, 延, 彼女, ない, 自分, それ, 云う, 見る, 小林, 秀, 夫人, 眼, 斯, 其処
FREX	看護, 不愉快, 喜, 弱点, 封筒, 見合せる, 小切手, 自白, 波瀾, 握る, 非常, 片付く, 働, 空想, 気が付く
Lift	浮べる, 良心, ひろげる, 藪, 有利, 晴々, 和解, 区切, あてる, アルバム, いい, いたずら, ウーロン茶, かく, かたちづくる
Score	彼, 看護, 彼女, 其処, 働, 気が付く, お世話, それ, 不愉快, 弱点, 見合せる, 叔父, 喜, 自白, 刺戟
	トピック 2
Highest Prob	津田, 延, 清子, ない, 云う, 眼, 顔, 自分, 夫人, 見る, 小林, 女, 彼, 付く, 出る
FREX	安永, 貞子, 燈, 向かう, 起こす, 驚く, 寐, 変わる, 烟, 起こる, 烟草, 顎, 脊中, 益, 呉服
Lift	わに, 囲む, 意図, 益, 押し寄せる, 億劫, 介す, 回す, 拡がる, 掛声, 岩肌, 寄越す, 極め, 呉服, 交わす
Score	安永, 貞子, 燈, 清子, 向かう, 起こす, 寐, 驚く, 変わる, 滝, 烟, いちじるしい, 脊中, 烟草, 起こる

いる．そのなかで，Highest Prob は出現頻度が高い単語を示す．FREX（frequency-exclusivity）の単語は全体的な単語頻度の加重平均およびトピックに対する単語の排他性によって計算されたものである．Lift は，他のトピックにおける単語の使用頻度を利用して，トピックに固有の単語を選出する．Score は，頻度情報の TF-IDF（TF：Term Frequency，単語の出現頻度；IDF：Inverse

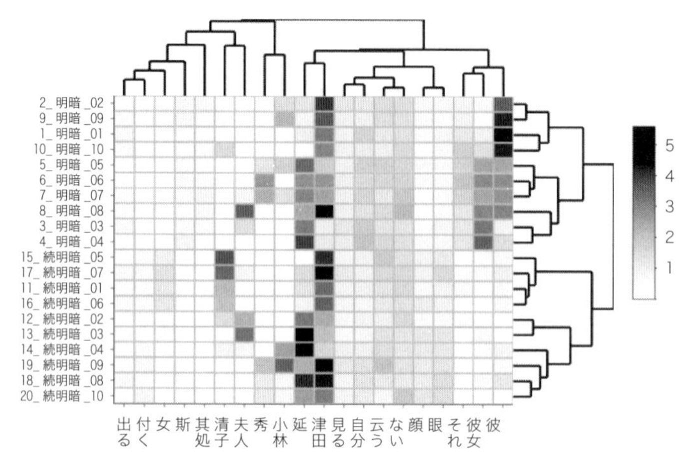

図 7.7　Highest Prob 単語を用いたクラスタリングのヒートマップ.

Document Frequency，逆文書頻度）に近い指標で，すべてのトピックにおける分布を考慮された上位の単語を示す.

Highest Prob の単語について，2つのトピックから抽出した 30 個の Highest Prob 単語は異なり語数が 20 であり，共通する頻出語が多く見られる．これら 20 個の単語の相対頻度に基づいて，単語とテキストファイルの対応関係を階層的クラスターの**ヒートマップ**(heat map)(**図 7.7**)で示す．従来のクラスター分析では，グルーピングされている各クラスターの特徴を直接に読み取ることができないが，今回のように変数の数が少ない場合，ヒートマップによって個体の樹形図と変数の樹形図とを同時に示し，クラスターの特徴を直観的に考察することができる．ヒートマップでは，値の大小が色彩の色と濃淡によって示される．今回の分析では，テキストファイル間の距離は *JSD* 距離，変数間の距離はキャンベラ距離，クラスタリング法としてはウォード法を用いた.

図 7.7 から見ると，20 個のテキストファイルが『明暗』『続明暗』という 2 つの大きなクラスターに分かれている．また，単語の分布状況を見ると，主人公の「津田」の出現頻度が一番高く，終始高い出現頻度を保っている．妻の「延」が「津田」に続く 2 位となる．友人の「小林」，若夫婦の家庭生活に波風を立てた「夫人」，妹の「秀」などの登場人物についても，ヒートマップを通して小説のどのあたりで活躍しているかを確認できる．また，津田の昔の恋人である「清子」について，『明暗』の 01～09 番目のテキストファイルにおける

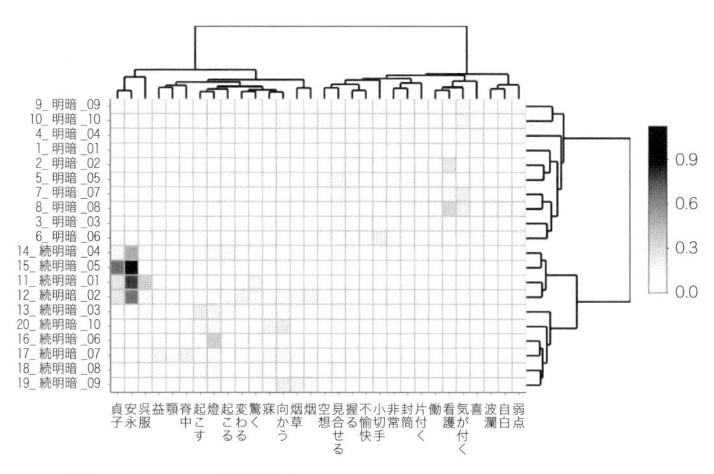

図 7.8　FREX 単語を用いたクラスタリングのヒートマップ.

値が大きくなかったが，10 番目のファイルにおいて顕著に見える．そして，それに続く『続明暗』において頻繁に出ている．

FREX 単語について，同じく階層的クラスターのヒートマップを作成し，図 7.8 に示す．共通項目の多い Highest Prob 単語と違って，FREX 単語はトピックに対する単語の排他性を考慮して計算されるものであるため，2 つのトピックの特徴を異なる角度から提示している．

Bischof and Airoldi[291]は，排他性(exclusivity)を有する単語がトピックの要約語に適することを指摘している．FREX 単語を中心に，Highest Prob, Lift, Score の語群も併せて考察してみると，『明暗』『続明暗』における 2 つのトピックのアウトラインが見えてくるようになった．

トピック 1 では，努力して夫の愛を獲得しようとするお延，虚栄心高くて体面を保つため父に仕送りを送ってもらっている津田が中心人物である．津田の友人小林，妹のお秀および仲人の吉川夫人も重要な登場人物である．津田が手術に必要なお金を手紙で父に頼もうとしたが，返済の約束を守らなかった津田に怒った父は，送金を見合わせる．妹のお秀からの見舞金にお延の義理の叔父から小切手を与えられた御蔭で，津田の入院資金が集まってきた．トピック 1 の単語群は，津田の入院のいきさつ，悩みや秘密を抱える夫婦の日常生活，主人公の性格・弱点の解剖などの話題を示唆しているように思える．

一方，津田が吉川夫人の勧めに従って昔の恋人清子が滞在する温泉場へ向かって，清子と再会したため，トピック 2 では清子についての描写が増えてきた．そして，宿で出会った温泉客の安永，貞子が脇役として新しく登場する．水煙る朝，津田は清子と温泉場の近くの滝を見に行き，そこで清子の背中を眺めながら，ずっと知りたい捨てられた理由を訊ねる．夫を追って来たお延が，語りあう夫と清子の姿を見て衝撃を受け，雨に長く当たったこともあり風邪となって床に臥せるが，その夜は一晩中眠れない．翌日，夫婦の信頼関係が崩れたことに絶望したお延が宿を出て滝壺で死のうとする．トピック 2 の単語群は物語の後半のあらすじに密に結びついていると考えられる．

このように，トピック内の単語の分布を通して，トピックの中身を把握できることが確認された．コーパスから抽出したトピック 1 とトピック 2 がそれぞれ『明暗』『続明暗』の内容にマッチしている．構築したトピックモデルを通して，『明暗』とその続編の内容・主題の変動様態が直観的に示されている．

7.7　おわりに

本章は，文学作品の模倣に関して計量的研究の可能性を示すものとして，水村の『続明暗』と漱石の『明暗』を取り上げ，2 作品における文体の異同およびトピックの時系列変化を中心に計量的な分析を行った．分析により，水村が『続明暗』を執筆した際，漱石の筆跡を注意深く模倣しており，文章のリズム，語彙の選択と構文の組み立てなどに工夫を凝らしたと推察した．そして，叙述視点や細部の心理表現に関わる模倣が目立っていることが分かった．一方，『続明暗』に残された水村自身の文体の痕跡も確認された．また，トピックについて，水村が文体を『明暗』に合わせているものの，ストーリーの新たな展開に工夫していると推察された．このようにして，水村の文体模倣の出来具合およびその成立に関する特徴をめぐって，計量分析によりその実態の一部を解明することができた．

本章に使われた分析項目の他，会話の比率，色彩語や比喩語の比率，段落の長さなど計量可能な言語項目が複数存在する．これらの項目も分析に取り入れ，より複数の角度から検討を加えることが望まれる．なお，文学作品の模倣についての研究は，いまだ十分に展開されていないのが現状である．統計的手法を活用して，文体模倣や文体の認知に関わる課題を見出し，解決する試みが期待される．

解析に使用した文献

水村美苗(1990)続明暗．筑摩書房．
夏目漱石(1966)漱石全集(第7巻明暗)．岩波書店．

付表　コーパスリスト

作者	作品
夏目漱石	明暗
水村美苗	続明暗，母の遺産，本格小説
森鷗外	じいさんばあさん，寒山拾得，阿部一族，心中，普請中，最後の一句，山椒大夫，沈黙の塔，木精，あそび
泉鏡花	露肆，草迷宮，卵塔場の天女，瓜の涙，妖術，春昼，歌行燈，茸の舞姫，伯爵の釵，七宝の柱
島崎藤村	芽生，岩石の間，船，分配，三人，刺繍，食堂，伸び支度，並木，熱海土産
永井荷風	すみだ川，裸体，ひかげの花，雨瀟瀟，或夜，老人，寐顔，にぎり飯，羊羹，勲章
幸田露伴	観画談，雁坂越，名工出世譚，雪たたき，太郎坊，魔法修行者，平将門，連環記，蘆声，鵞鳥

第8章　コーパスにおけるモーラ情報を用いた日本の方言分類分析

モーラとは，音韻論的単位であり，1つ1つの拍を同じ長さに発音されようとするリズムの単位である．日本語において，音として認識される最小単位は，モーラであるため，音の単位として直感的に認識しやすい．また，モーラは日本語の歴史において，その構造は複雑化せず，あまり変化がないとされている[292, 293]．日本語の音韻構造を共時的，通時的に捉えるうえで，非常に有効な単位である．

本章では，『国立国語研究所資料集13　全国方言談話データベース　日本のふるさとことば集成[1]』(以下『資料13』と称す)全20巻に収録されている録音文字化資料から，モーラunigramを抽出し，その頻度を求め，計量的手法を用いて，日本の各地方言を分類する．日本語方言学において，繰り返し議論された東西境界線の問題について，構造言語学的な体系的基準による分類ではなく，自然談話から得られるモーラの頻度を用いた計量的分析により，再分類を行う．

8.1　はじめに

方言分類は研究者の関心を集め，さまざまな案が出された．本節では，方言の東西分類をあつかった先行研究についてまとめる．また，人文科学における系統分析について概観する．

8.1.1　日本の方言分類

日本において，方言を区画する意識は，1300年前から存在する[294]．さま

1　『資料13』は，2019年3月から，『日本語諸方言コーパス(Corpus of Japanese Dialects: CO-JADS)』として国立国語研究所のホームページで公開されている．

表 8.1　種々の方言研究による岐阜・愛知の所属.

発表年	調査	東	西
1927	東條操　第 1 次		岐阜，愛知
1949	都竹通年雄		岐阜，愛知
1953	東條操　第 3 次	岐阜，愛知	
1955	金田一春彦　第 1 次		岐阜，愛知
1962	藤原与一	岐阜，愛知	
1968	平山輝男	岐阜，愛知	

ざまな研究者が試みた種々の方言区画案については，加藤[295]，安部[296]に詳しい．方言分布の分類や方言区画については，東條操を中心に，これまでにも種々の試みがされてきた．東條は，『口語法調査報告書』([297]：4)巻頭，「口語法分布図概観」の「仮ニ全国ノ言語区域ヲ東西ニ分タントスル時ハ大略越中飛騨美濃三河ノ東境ニ沿ヒテ其境界線ヲ引キ此線以東ヲ東部方言トシ，以西ヲ西部方言トスルコトヲ得ルガ如シ」に強い感銘を受けたと言われる．いわゆる東西境界線であり，これ以降も岐阜と愛知が東西のどちらに所属するかが，1 つの大きな問題点となる．

表 8.1 は，主な方言研究者の方言区画によって，岐阜と愛知が東西のどちらに所属するかをまとめたものである[2]．表 8.1 を見ると，東條[298]の第 1 次区画案は，岐阜・愛知を西に分類している．しかし，東條[299]の第 3 次区画案では，そのころ研究が進んでいたアクセントという体系的なものの境界に合わせて，どちらも東に分類している．

これらの総合的な分類は，どの言語事象を区画に反映させるかの判断が難しいため，実際には，研究者の勘による名人芸的な区画であった．勘や主観によらない計量的技法を用いた方言分類の研究も 1980 年代に入り，行われるようになったが，語彙や文法項目，アンケート調査の結果など，限られたデータを使用したものであった．

そこで，本章では，語彙や文法項目から方言を分類するのではなく，実際の言語行動の結果である自然談話から抽出したモーラの頻度を用いて，計量的分

2　東條[298]は，内地方言を本州方言と九州方言に分けた上で示された東西方言境界線による岐阜・愛知の所属であり，都竹[300]，東條[299]，金田一[301]，平山[302]は，本土方言を東部方言，西部方言，九州方言と分けた上での岐阜・愛知の東西所属である．藤原[303]は，九州方言を「特別視」せず，西部方言に含めている．

析を行い，方言を分類する．自然談話では，各地の話題が何であれ，よく使用されるものが何度も出現し，頻度情報として現れる．

8. 1. 2　人文科学における系統分析

日本の各地方言を東西に分類するために，まず，**系統樹**という教師なし学習法を用いて，クラスタリングを行う．系統樹とは，同一の祖先を持っていることを前提としている系統内の個体の子孫関係の推定結果を樹木の枝分岐の形式で示すグラフのことである．矢野([304]：235)は，「情報を適切にデータ化することにより，その系統判別などを科学的に説明することができる」と述べ，その手法の特徴として，「数学的な深い理論に根差している」ことをあげている．また，矢野([305]：40)では，系統樹による分析は，対応分析などによる視覚化に比べて，情報量の豊富さは歴然としており，解釈が容易であると述べている．

系統樹は，生物学で主に研究・応用されてきた[306]が，人文科学の分野でも応用されている．文献学における写本系譜，比較言語学における言語系統樹などが例としてあげられる．近代文献学に生物系統学の数理的手法を導入したものを「数理文献学」と呼ぶ．詳細は矢野[307]を参照されたい．文献の系統においては，異文に注目し，語の異同を数値化することによって分析する．言語においては，基礎語彙や音韻体系を分析に使用することが多い．

Gray and Atkinson[308]は，インド・ヨーロッパ語族の基本語彙をデータとして，系統樹を作成し，分岐年代を推定している．Gray ら[309]は，オーストロネシア語族の基本語彙をデータとして，系統樹を作成し，語族の起源について，拡散と休止という観点から述べている．Lee and Hasegawa[310]は，古代日本語，中世日本語，各地方言の基本語彙をデータとして，系統樹を作成し，琉球語と本土日本語の分岐時点について分析し，また，Saitou and Jinam[311]は，同じデータを用いて系統ネットワークを作成し，日本列島における琉球人と本土人の DNA との関係について論じている．

小野原[312]は，香川県小豆島における，1998 年と 2012 年の 2 拍名詞と 3 拍形容詞などのアクセントデータを用いて，系統学的方法を用いて分析し，集落間の関係性を求め，視覚化している．

漢語系諸語における分岐学的研究は，濱田[313]に詳しい．濱田は，語彙データに基づく漢語系諸語の理学的言語史研究それ自体が，どこまで信頼性の置けるものなのかという疑問についてもふれている．音韻体系が1つの比較的強固な体系性を有した存在である一方で，語彙は体系性が遥かに低いからである．得られる形質の数，形質の得やすさから見れば，音韻より語彙のほうがデータとして使いやすいのは事実ではあるが，「語彙データから形式行列を作ることができる・語彙データから形質行列を作りやすい」ということと，「信頼できる系統樹を作るには，語彙データを用いるべきである」ということは同じでないことを述べている([313]：15)．

本章で用いるデータは，自然談話におけるモーラの頻度情報であり，音韻体系そのものを表すわけではなく，また，語彙データでもない．しかし，モーラの頻度には，よく使用される特徴として現れる何らかの言語学的情報が含まれていることが考えられる．

8.2　分析データと研究方法

本節では，分析対象である『日本のふるさとことば集成』について説明し，モーラをどのように抽出したか，また本章における研究方法について述べる．

8.2.1　『日本のふるさとことば集成』

『資料13』は，文化庁が1977年から1985年に行った「各地方言収集緊急調査」の方言談話の収録データの一部である．各都道府県から1地点ずつ，沖縄のみ国頭郡今帰仁村と平良市(現宮古島市)の2地点において，調査が行われた．『資料13』は，CDとCD-ROM，冊子から構成されている．CDとCD-ROMには，方言の会話の音声が収録され，冊子とCD-ROMには，音声の文字化データ，共通語訳，収録地点と方言の解説が収められている．本章では，このうち，統一した基準によって，音声を文字化した電子データを用いる．

話題は年中行事や子どものころの思い出など，さまざまであり，話者は総数147名で男性が80名，女性が67名である．ただし，調査者は除いている．1地点につき，最少2名，最多は大阪の7名であり，男性1人，女性1人は必ず入る．話者の生年は明治25年生まれから昭和17年生まれまでで，明治生まれが103名で最も多く，次いで大正生まれが36名，昭和生まれが4名，不明が

4 名となっている．時間は最短が鳥取県の 5 分 28 秒で，最長が岩手県の 46 分 52 秒である．平均は 29 分 22 秒である．

8.2.2 『日本のふるさとことば集成』の仮名表記とモーラ

本項では，『資料 13(日本のふるさとことば集成)』に使用されている仮名とモーラについて述べる．『資料 13』は，方言コーパスであるため，その音情報は多様であるが，本土方言の音はすべて片仮名で表記される．沖縄県 2 地点では，喉頭音化した(喉を緊張させて発音する)子音や母音を持つため，片仮名と平仮名を使用して表記され，平仮名は喉頭音化した音であることを示す．

本章では，文字化資料をもとに，モーラに合わせて区切った単位を使用する[3]．日本語のモーラは，C を子音音素，V を母音音素，S を半母音音素とすると，以下のようになる．自立モーラを構成する子音音素 C と半母音音素 S の前の 1 は，ある場合とない場合がある．特殊モーラは，「撥音」「促音」「引き音節」とする．

1C + 1S + 1V	自立モーラ
N(撥音)，Q(促音)，R(引き音節)	特殊モーラ

章末の付表 1 に本章において 1 モーラに相当するとした自立モーラをあげる．縦軸は子音音素，横軸は母音音素，あるいは半母音音素と母音音素を組み合わせたものである．横軸と縦軸の交差箇所がモーラとなる．本章では 199 種類の自立モーラ相当が得られた．

なお，表中のアポストロフィがついた無声破裂音[p’，t’，k’]は，喉頭音化した音であることを示し，沖縄県国頭郡今帰仁村で見られる．声門閉鎖がついた母音，半母音，[?a，?i，?j，?w…]も同様である．鼻音[m][n]にも喉頭音化するものと，しないものとの対立がある[4]．また[ï]は，沖縄県平良市で見られる中舌母音で「イ」に半濁点「゜」が付される．

この表以外で「ネァ」「シァ」「ズァ」「ドァ」「ハィ」「ピィ」「モゥ」「ツゥ」「カェ」「ソェ」「ケォ」「ルォ」「セャ」「ホャ」「ツュ」「イュ」「メョ」「ネョ」「チヮ」「トヮ」など，「アイウエオヤユヨワ」を小さく添え書きしたものがあ

3　これは厳密にはモーラとは言いがたいが，このモーラ相当のものを本研究では，便宜上，「モーラ」と呼ぶことにする．

4　喉頭音化した鼻音のうち，後ろに母音を伴わない場合は，撥音とした．

った．これらは，拗音として1モーラとも見なせるもの，引き音節を含んだ2モーラとも見なせるものが混在しているが，1つ1つの判断が難しいため，本章においては，小さな仮名書きは2モーラ目であるとした．しかし，本来の母音や半母音とは同じとせず，新たに，「ァ」「ィ」「ゥ」「ェ」「ォ」「ャ」「ュ」「ョ」「ヮ」の9モーラを特別に設けた．

本章における特殊モーラは，撥音「ン」「ん(喉頭化)」「ん(鼻音[m])」，促音「ッ」，「引き音節」は，「ア」「あ」「イ」「い」「中舌母音イ°」「ウ」「う」「エ」「え」「オ」「お」「ン」「ん(喉頭化)」「ん(鼻音[m])[5]」の後に見られる14種類，合計18種類となる．

以上，本章において得られたモーラの種類は，自立モーラ相当199種類，特殊モーラ相当18種類，特別設定モーラ9種類の合計226種類である．

8.2.3 モーラ *n*-gram

自然言語処理や計量言語学では，***n*-gram**を統計モデルとして広く用いている．*n*-gramモデルは機械処理しやすいため，古典文学作品の異本間の関係性解明や著者推定など，さまざまな分野で使用されている．言語分析においては，音素，モーラ，形態素，語，文節，文字などを単位として集計するケースが考えられる．本章では，自然談話におけるモーラを単位とし，モーラunigramの頻度を用いて，方言分類を試みる．unigramは，$n=1$で，すなわちモーラの頻度である．

以下に，北海道の例をあげる．全角英字A, B…は発話者ID，半角数字001, 002…は発話の通し番号である．

(1)北海道中川郡豊頃町

001A：トシクレート　ユーノワ　マー，　ライネンノ　ジュンビ，ダトオモーンダナ？　(C　ハイ)ンー，　デ　ドンナ　テードニ　マー，アンタカ°タ

本章では，録音文字化データに含まれる，発話者IDや，発話番号，注の番号，句点，読点，聞き取れない部分を示す*など各種記号，笑・咳・間などの

5　沖縄県平良市では，「ん[m]」は，単独でモーラを構成する．「ん[m]」は，共通語の「ミ」「ム」に対応し，「ニ」「ヌ」に対応する「ン[N]」とは異なる．「ん[m]」「ン[N]」は，普通，語末に現れる．(例)イん[im](海)，カん[kam](神)/イン[iN](犬)，カン[kaN](蟹)

情報はすべて削除した．なお，話題の中の第三者の固有名詞は X1, X2…で識別されるが，本章では省いた．

以上のようにして，(1)の録音文字化データを，整形すると，次のようになる．

(2)トシクレート　ユーノワ　マー　ライネンノ　ジュンビダト　オモーンダナ　ハイ　シー　デ　ドンナ　テードニ　マー　アンタカ゜タ

(2)からモーラ unigram を取り出すと，以下のようになる．

(3)モーラ unigram：

ト，シ，ク，レ，ー，ト，ユ，ー，ノ，ワ，マ，ー，ラ，イ，ネ，ン，ノ，ジュ，ン，ビ…

なお，モーラ unigram を表記する際，長音符号「ー」は次のように記す．「オカーサン」のように，母音「ア」のあとの「ー」は，「(ア)　ー」とし，「オトーサン」のように，母音「オ」のあとの「ー」は，「(オ)　ー」とする．

以上のように設定して，48 地点におけるモーラの n-gram を集計する．$n=1$ のモーラ unigram では，226 変数で，延べ 531054 であった．モーラを遺伝子と見なすことによって，数理的分析の対象となる．モーラ unigram の頻度を 48 地点について行えば，226×48 の行列ができる．この行列から距離を求め，日本の各地方言をどのように分類できるかを系統樹と系統ネットワークによって分析する．ただし，各地点によって，データの容量に差があるため，頻度を比率データにして，計量分析を行う．

付表 2 にモーラ unigram の上位 12 の相対頻度表を載せる．横列は，すべての地点の各モーラ unigram の頻度を合計して，降順に並べたものである．縦列は各地点を行政番号順に並べている．

8.2.4　系統樹と系統ネットワーク

系統樹は，図に示したときに全体として木が根から発して枝葉を広げているように見えるので，このように呼ばれる．系統樹は，樹根の有無によって**有根系統樹**(rooted tree)と**無根系統樹**(unrooted tree)に分類され，同一の系統関係を両方の系統樹で表すことができる(図 8.1 参照)．

根の導入位置は一意ではなく，1 つの無根系統樹に複数の有根系統樹が対応する．有根系統樹には，時間の前後という情報が含まれているが，無根系統樹

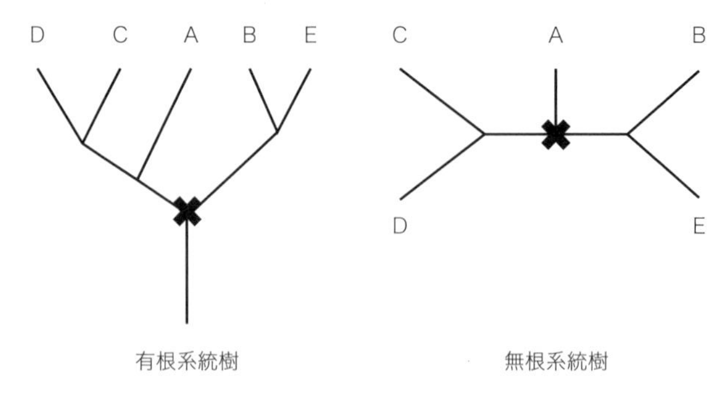

図 8.1　有根系統樹と無根系統樹.

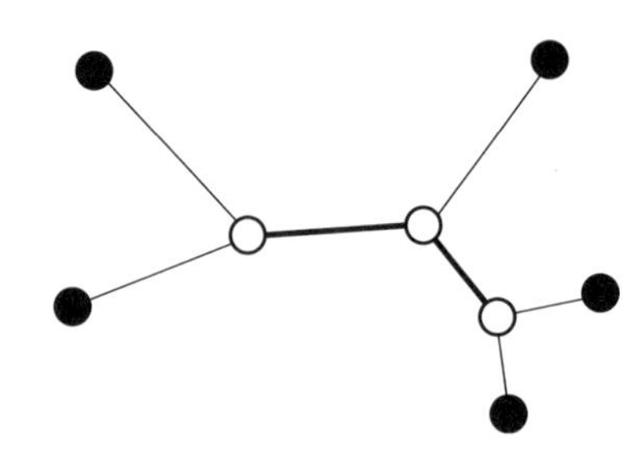

図 8.2　無根系統樹における内部と外部の節と枝([314]：62).

は分類群相互の関連のみを示しており，時間の経過を伴う類縁関係は示していない.

次に，無根系統樹の用語について説明する(**図 8.2**参照). グラフはノード(節)とエッジ(線)から構成される. 系統樹の場合には，ノードを外部節と内部節に分ける.

図 8.2 で○は内部節，●は外部節と呼ぶ. 外部節とは，端点となる節のことであり，そこから 1 本の細い線(外部枝；図 8.2 の細い線)だけがつながっている. それに対して，内部節とは，2 本以上の線がつながっている. これらの線のうち少なくとも 1 本は通常，内部枝(図 8.2 の太い線)である[314].

系統樹作成の方法には，多くの手法が提案されているが，距離データに基づいた系統樹のアルゴリズムとして広く使用されているのは「**近隣結合法**(Neighbor-Joining method)」である. 近隣(neighbors)という概念を用いると，どのような樹形も近隣をつぎつぎに結びつけたりあるいは合体することによって樹形を規定できる.

近隣結合法は，Saitou and Nei［315］が提唱した分子系統樹を作成する代表的な方法で，根を指定しない無根系統樹を生成する．近隣結合法の特徴は 2 点である．1 つは，「枝の長さの総和」を最小にすること，もう 1 つは，「比較する樹形を限定すること」である．個体すべての枝の長さの総和を計算し，比較するのは大変であるため，まず，すべての個体が 1 点から放射状に分岐している系統樹を想定し，任意の 2 本だけをそこから引き離して組ませ，このなかで最小の枝の長さの総和を持つものを探す．それは最も近隣しているペアなので，次はそれを 1 つにまとめて，距離行列を再計算する．これを 1 サイクルとし，次のサイクルに入れる．こうして，とりうる樹形がなくなるまで繰り返す．すべての個体の枝の長さを比較するよりも，非常に高速で，解は 1 つである．

しかし，文化現象においては，生物の遺伝子情報とは異なり，系統間の交渉や融合が激しく起こる．現代の方言においては，言語接触は頻繁に起こっている．したがって，ある点から一方向に進んで元の点に戻る経路がないツリーの結果を見るだけではなく，網状のネットワークを見るのが望ましい．

そこで，提案されたのが Split decomposition であり［316］，さらに発展させたのが **Neighbor-Net** である［317］．Neighbor-Net とは，近隣結合法をベースとして，ネットワークを許容するように，すなわち，複数の樹形の可能性を表現できるようにしたものである．つまり，Neighbor-Net は，近隣結合法と Split decomposition を合わせたネットワークを構築する方法で，分類群は徐々に大きく重なりあうクラスターに結合される．系統樹の枝の長さの総和が最小の樹形を選び，樹形を限定し比較するのは，近隣結合法と同一であるが，Neighbor-Net の場合，枝分かれのパターンをツリーではなく，ネットワークの形で表現する．したがって，複数の系統発生仮説を同時に表したり，検出したりするために使用できる．実際の描画には，系統学上のソフトウェアである SplitTree 4 を使用する［318］．

近隣結合法，Neighbor-Net のどちらのアルゴリズムも距離行列を使用するが，どの距離を用いるかも重要である．本章では，Deza and Deza（［319］：242）に記されたカイ二乗距離（symmetric χ^2-measure）を用いる．高次元（数百〜数千）の比率データにおいては，ユークリッド距離よりも良い結果が得られていると報告されている［320］．

個体 i について，p 個の項目を測定したデータを $x_{i1}, \cdots, x_{ij}, \cdots, x_{ip}$，個体 k につ

いて同様のデータを $x_{k1}, \cdots, x_{kj}, \cdots, x_{kp}$ とすると，以下のように表せる．

$$d(X_i, X_k) = 2\sum_{j=1}^{p}(x_{ij}-x_{kj})^2/(x_{ij}+x_{kj})$$

8.2.5　線形判別分析

8.1.1 項で述べた先行研究(表 8.1 参照)と 8.2.4 項の系統分析の結果を踏まえ，各地方言の所属を明確にするために，新たに教師あり学習法を用いて，日本の各地方言を東西に分類する．その際，他の地域とエッジの長さが大きく離れる地点は，分類の精度を下げるため，分析の対象から除く．

テキスト分類には多くの統計的手法が用いられている．文学作品，歴史書，犯行声明文などのテキストのなかには，著者が不明なものや，真贋が問題となっているものが少なくない．そのようなテキストに対して，さまざまな統計的手法を用いて，著者を推定しようと種々の試みがなされている．

判別分析は，個体(あるいは対象)がどのグループに属するかが明確である学習データを用いて判別モデルを構築し，そのモデルを用いて所属不明の個体(テスト用のデータ)がどのグループに帰属するかを判別分析する方法である．本章では，著者推定と同様に，東西のどちらのグループに属するかが明確である地点を学習データとして判別モデルを構築し，そのモデルに基づき，所属が不明とした地点が東西のどちらに帰属するかを判別する．

線形判別分析(linear discriminant analysis; LDA)は，最も基本的，かつ古典的な分析方法である．1936 年にロナルド・フィッシャーが提案した線形判別分析は，目的変数の情報に基づいて，群内(同じカテゴリ)の分散を最小，群間(異なるカテゴリ)の分散を最大にして求めた解である([321]：125)．目的変数とは，それぞれのテキストが属するカテゴリのラベルである．本章では，「東」と「西」が目的変数である．

分析には統計処理ソフト R の MASS パッケージに入っている lda 関数を用いてモデルを構築した．

線形判別分析を行う際には，説明変数(モーラ unigram)の数を最低でも「個体数(本研究における地点数) − 1」まで減らす必要がある．**変数選択**は，統計学における非常に重要な問題のひとつである．変数の選択により，意味のない変数が分類のタスクから除外されると，データセットの次元が削減され，識別の精度とパフォーマンスが向上する．本章では，カイ二乗値の上位 10 のモーラ unigram を用いる．

学習データにおける東西の分類の正解率は，1 個抜き交差確認(**LOOCV 法**：leave-one-out cross-validation)で求める．LOOCV 法とは，データセットから 1 つの個体を除いて学習を行い，学習データに用いていない 1 つの個体で，判別モデルの評価を行う作業をすべての個体に対して繰り返す方法である．

R による線形判別分析の詳細は，青木[322]，石田・小林[323]，金[324]を参照されたい．Microsoft Excel を用いて分析することも可能である[325]．

8.3　岐阜・愛知の東西所属

本節では，モーラ unigram の相対頻度を用いて，系統樹と系統ネットワークを作成する．その結果と先行研究を踏まえて，東西の所属が不明な地点について，線形判別分析を行い，東西の所属を決定する．東西分類に寄与するモーラ unigram についても述べる．

8.3.1　モーラ unigram を用いた近隣結合法による方言分類

本項では，48 地点におけるモーラの unigram の相対頻度からカイ二乗距離を求め，近隣結合法を用いて描いた系統樹を図 8.3 に示す．モーラ unigram は 226 変数であり，延べは 531054 である．沖縄と宮古島は音韻体系が本土方言と大きく異なるため，エッジが非常に長くなる．そこで，2 地点をカットした系統樹も図 8.4 に示す．

8.2.4 項で述べたように，根の導入位置は一意ではなく，1 つの無根系統樹に複数の有根系統樹が対応する．仮に，図 8.3 の×印を根と考えると，おおよそ上に東日本，下に西日本の各地方言が配置されている．

上部の東日本には，まず，左下に北海道があり，長野とつながっている．そこから時計回りに見ていくと，千葉，群馬，埼玉が 1 つのノードでつながっている．次は，宮城，岩手，青森，秋田，山形，福島といった東北地方が配置され，続いて，山梨，東京，茨城，神奈川，新潟，栃木，静岡，そして，石川，福井とつながっている．

下部のグループには，右からまず，愛知がつながり，次のノードには三重，

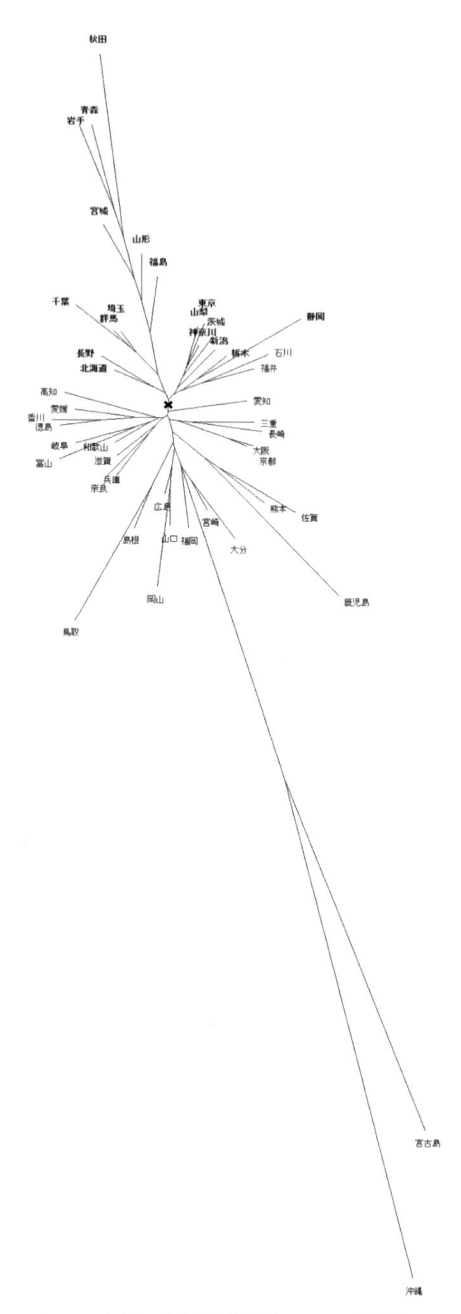

図 8.3　モーラ unigram を用いた近隣結合法による系統樹 1.

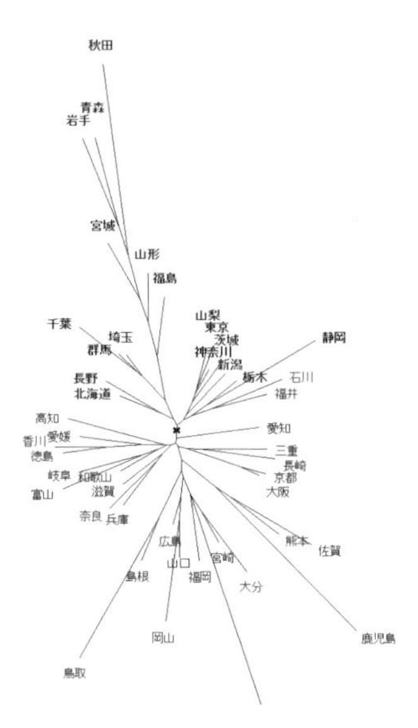

図 8.4 モーラ unigram を用いた近隣結合法による系統樹 2.

長崎，京都，大阪がつながっている．次のノードには佐賀，熊本，鹿児島，大分，宮崎，宮古島，沖縄，福岡，山口，岡山，広島，島根，鳥取がつながっている．下部の左側のノードには下から，兵庫，奈良，滋賀，和歌山，富山，岐阜，徳島，香川，愛媛，高知となっている．

東西の所属がよく問題となる愛知と岐阜は，×印を根と考えると，下部に布置され，西部方言に配置されているが，従来，西部方言とされる石川と福井が上部の東部方言に配置される結果となった．

次項で複数の系統発生仮説を同時に表示することができる Neighbor-Net を示す．

8.3.2 モーラ unigram を用いた系統ネットワークによる方言分類

本項では，48 地点におけるモーラ unigram の相対頻度からカイ二乗距離を求め，Neighbor-Net を用いて描いた系統ネットワークを図 8.5 に示す．モーラ unigram は 226 変数であり，延べは 531054 である．

まず，異なる音韻体系を持つ沖縄 2 地点が大きく離れていることが分かる．その他の地点は，概ね，近い地域でまとまっていることが見て取れる．上部には東日本の地点がまとまっている．上部右上にやや突出して，秋田，青森，岩

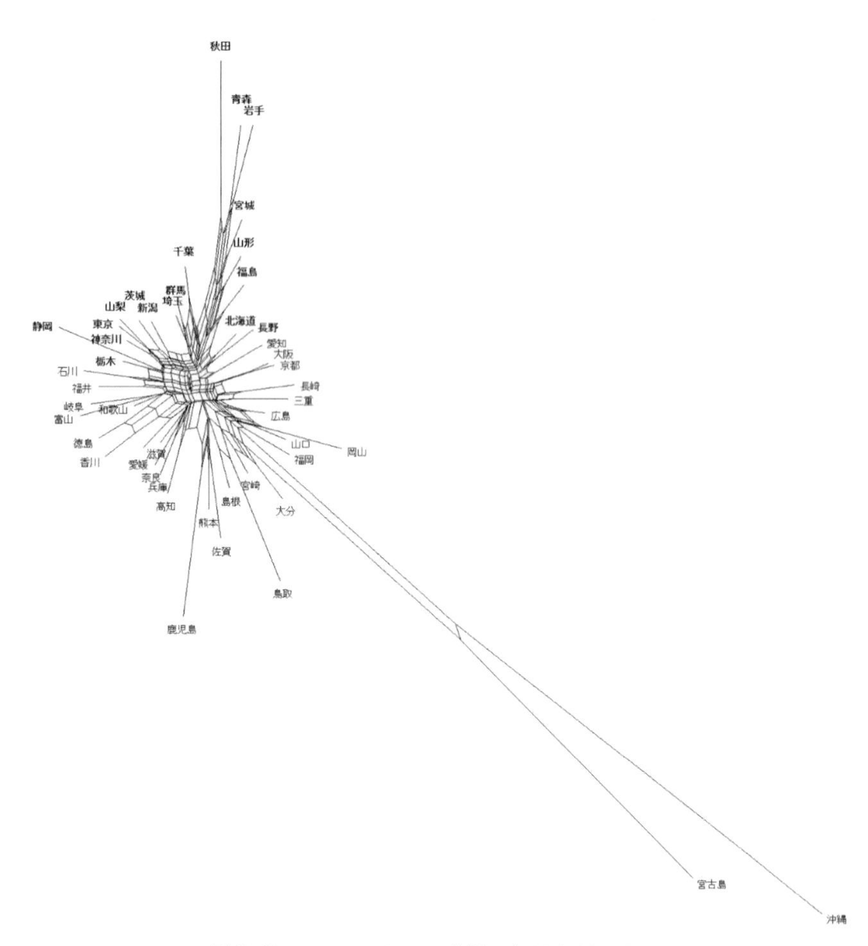

図 8.5 モーラ unigram を用いた Neighbor-Net.

手，宮城，山形，福島といった東北地方がまとまっており，その右下に北海道があり，長野とつながっている．東北地方の左下には，千葉，群馬，埼玉，やや離れて，新潟，茨城，山梨，東京，神奈川，静岡，栃木とつながっている．

下部には，栃木の下から，石川，福井，岐阜，富山，和歌山，徳島，香川，愛媛，滋賀，奈良，兵庫，高知，やや離れて鹿児島，熊本，佐賀，島根，鳥取，宮崎，大分，沖縄 2 地点を挟んで，福岡，山口，岡山，広島，三重，長崎，京都，大阪，愛知と続く．

近隣結合法を用いた系統樹(図 8.3)では，石川と福井は東部方言のノードにつながっていたが，Neighbor-Net では，栃木の下に布置し，その後，西部方言が続くことから，適切に配置されていることが分かる．

東西の所属がゆれる岐阜と愛知については，岐阜は西部方言のまとまりに布置されているが，愛知については，長野の下にあり，東部方言と西部方言の間に布置されている．

以上，教師なし学習法である系統樹を作成し，日本の各地方言がどのように分類されるかについて考察した．しかし，系統樹・系統ネットワークでは，東西所属を決めかねる地点がある．そこで，次項で教師あり学習法である線形判別分析を行い，東西所属にゆれのある地域について分析する．

8.3.3 線形判別分析による東西所属決定

先行研究（8.1.1 項の表 8.1 参照）と系統分析の結果を踏まえて，各地方言の所属を明確にするために線形判別分析を行う．本項では，他の地点と大きく離れる沖縄 2 地点を分析対象から省く．

先行研究において，東西の所属が問題となった岐阜と愛知，8.3.1 項で，東部方言のノードにつながっていた石川と福井の 4 地点を除いた 42 地点のデータを学習データとし，愛知・岐阜・石川・福井をテストデータとする．

変数選択

所属が明確である 42 地点において，モーラ unigram は 172 であった．カイ二乗値の大きな順に並べたところ，172 変数のうち，108 変数が $p<0.05$ であった．そのうちの上位 10 のモーラ unigram を**表 8.2** に示す．西と東の列の数値は，東西それぞれにおけるモーラ unigram の百分率（使用率）を示している．

線形判別分析の結果

カイ二乗値の高い上位 10 のモーラ unigram の相対頻度を用いて，線形判別分析を行った結果，判別係数は第 1 判別関数のみ返された．**表 8.3** にその係数を示す．

判別関数の係数の絶対値が大きいほど，東西の分類に大きく寄与している．表 8.2 の東西方言それぞれにおける使用率から，東部方言に分類する上での重要なモーラ unigram は「ダ」であり，西部方言に分類する上でのそれは「ァ」

表 8.2 東西におけるモーラ unigram のカイ二乗値(上位 10).

	モーラ unigram	西	東	χ^2
1	ダ	0.74	3.33	4312.18
2	ネ	1.00	2.38	1422.14
3	ァ	0.01	0.48	1172.26
4	ジャ	0.63	0.16	644.88
5	(オ)ー	4.26	3.01	516.13
6	イ	4.09	2.95	445.02
7	ヂャ	0.16	0.00	347.49
8	ヤ	1.66	1.05	329.15
9	(エ)ー	1.50	2.13	274.78
10	グ	0.18	0.43	249.67

表 8.3 第 1 判別関数の係数.

	モーラ unigram	LD1
1	ダ	−200.5
2	ネ	−50.7
3	ァ	164.0
4	ジャ	23.0
5	(オ)ー	11.5
6	イ	28.1
7	ヂャ	83.2
8	ヤ	66.1
9	(エ)ー	23.5
10	グ	99.3

であることが分かる.

以下に判別関数式を示す. $x_1, x_2, \cdots, x_{10}$ は, 表 8.2, 表 8.3 に示したカイ二乗値の高い上位 10 のモーラ unigram, ダ, ネ, ァ, ジャ, (オ)ー, イ, ヂャ, ヤ, (エ)ー, グである. 定数項は, グループの平均と判別係数との線形結合の平均値である.

$$
\begin{aligned}
\mathrm{Y} = & -200.5x_1 - 50.7x_2 + 164.0x_3 + 23.0x_4 + 11.5x_5 + 28.1x_6 + 83.2x_7 + 66.1x_8 \\
& + 23.5x_9 + 99.3x_{10} - 1.4
\end{aligned}
$$

判別関数で得られた判別得点のグループごとのヒストグラムを**図 8.6** に示す. 図 8.6 の上のヒストグラムは, 第 1 判別関数得点が負の値である東部に属する地点の分布を示し, 下のヒストグラムは, 第 1 判別関数得点がほぼ正の値

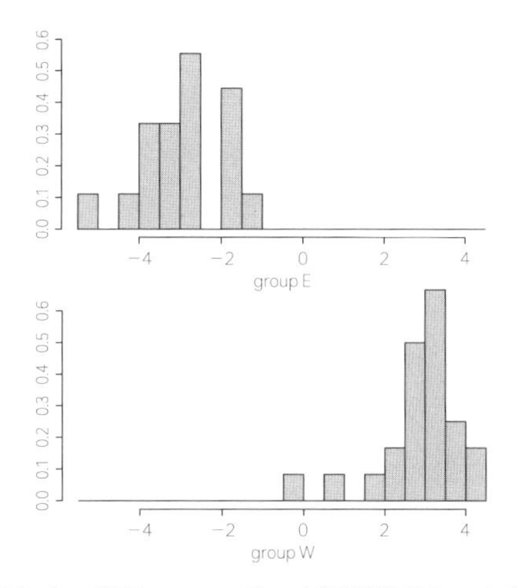

図 8.6 学習データの第 1 判別関数得点の分布.

となる西部に属する地点の分布を示す. 重なる領域がなく, 誤判別率が低いことが分かる. なお, 学習データの正解率は, LOOCV 法により 97.6% であった.

求めた判別モデルを用いて, 愛知・岐阜・石川・福井の東西所属についての分類を行った. その結果, 第 1 判別関数得点が, 愛知は −3.5 で東の所属, 岐阜・石川・福井はそれぞれ, 4.3, 3.6, 3.3 となり西の所属に分類された.

8.4 おわりに

本章では, 自然談話を収録した方言コーパスを対象として, 各地点におけるモーラの相対頻度を示した行列から距離を求め, 日本の各地方言がどのように分類できるかを系統樹と系統ネットワーク, および線形判別分析によって分析した.

近い地域の方言が概ね, 系統樹で同じノードにつながり, また, 系統ネットワークでも近い地域の方言がまとまって示された.

日本の各地方言がどのように生成されたかについては, データの性質上ふれることはできないが, 頻繁に起こる種々の「混血」枝分かれのパターンを示すには, ツリーよりも, 網状のネットワークで見たほうが複数の系統発生仮説を同時に表したり, 検出したりできるので, 望ましいと言える.

ただし，複数の分類の可能性があるということは，1つに決定できないとも言える．従来の研究において，東西の所属がゆれる愛知などが，東西方言のどちらに所属するかということは，系統分析の結果からは，明確には言えない．

そこで，音韻体系が大きく異なる沖縄2地点を除いて，線形判別分析を行った．東西の所属がゆれる愛知・岐阜・石川・福井の4地点を除いた42地点を学習データとし，愛知・岐阜・石川・福井をテストデータとして，線形判別分析を行った．その結果，愛知は東に，岐阜・石川・福井は西に分類される結果となった．

以上，本章では，方言録音文字化資料から取り出したモーラ unigram の相対頻度に計量的手法を適用して方言分類を行い，従来の方言研究と同様の結果を得た．線形判別分析では，わずか10個の変数のみで，所属にゆれのない42地点を高い精度で東西に分類できることは驚きである．また，判別関数の係数から，「ダ」が東部方言に，「ァ」が西部方言に分類する上での重要なモーラ unigram であることが分かった．統計的に導き出されたこの結果は，自然談話におけるモーラ情報の中に，東西対立の重要な情報が含まれていることを示唆している．従来の研究でも指摘されているが，「ダ」は断定の助動詞が関係していることが予想される．「ァ」には「ネァ」「シァ」「ズァ」「ドァ」など，多様な音や音変化が反映されていることが関係しているであろう．方言録音文字化資料のデータを用いて，計量的手法を適用することにより，従来，気付かなかった東西方言の特徴が明らかにできる可能性を秘めた結果となった．

解析に用いたコーパス

国立国語研究所（2001–2008）国立国語研究所資料集13 全国方言談話データベース 日本のふるさとことば集成全20巻．国書刊行会．

付表 1　自立モーラ一覧表

(子音＋)母音　101 種類

	a	i	u	e	o	ï	ʔa	ʔi	ʔu	ʔe	ʔo
–	ア	イ	ウ	エ	オ	イ゚	あ	い	う	え	お
k	カ		ク	ケ	コ	キィ゚					
k'	か		く	け	こ						
g	ガ		グ	ゲ	ゴ	ギィ゚					
ŋ	カ゚		ク゚	ケ゚	コ゚						
s	サ	スィ	ス	セ	ソ	スィ゚					
z	ザ	ズィ	ズ	ゼ	ゾ	ズィ゚					
t	タ	ティ	トゥ	テ	ト						
t'	た	てぃ	とぅ	て	と						
c	ツァ	ツィ	ツ	ツェ	ツォ	ツィ゚					
d	ダ	ディ	ドゥ	デ	ド						
			ヅ								
n	ナ		ヌ	ネ	ノ						
n'	な										
h	ハ		フ	ヘ	ホ						
b	バ		ブ	ベ	ボ						
p	パ		プ	ペ	ポ	ピィ゚					
p'	ぱ		ぷ	ぺ							
f	ファ	フィ		フェ	フォ						
v	ヴァ		ヴ		ヴォ						
m	マ		ム	メ	モ	ミィ゚					
m'	ま										
r	ラ		ル	レ	ロ						

(子音＋)半母音 j＋母音　79 種類

	ja	ji	ju	je	jo	ʔja	ʔju
ー	ヤ		ユ	イェ	ヨ	や	ゆ
k	キャ	キ	キュ		キョ		
k'		き					
g	ギャ	ギ	ギュ		ギョ		
ŋ	キ゚ャ	キ゚	キ゚ュ		キ゚ョ		
s	シャ	シ	シュ	シェ	ショ		
z	ジャ	ジ	ジュ	ジェ	ジョ		
t	テャ		テュ				
c	チャ	チ	チュ	チェ	チョ		
c'	ちゃ	ち	ちゅ	ちぇ			
d	デャ		デュ	デェ	デョ		
	ヂャ	ヂ	ヂュ	ヂェ	ヂョ		
n	ニャ	ニ	ニュ	ニェ	ニョ		
h	ヒャ	ヒ	ヒュ	ヒェ	ヒョ		
b	ビャ	ビ	ビュ		ビョ		
p	ピャ	ピ	ピュ		ピョ		
p'	ぴゃ	ぴ					
m	ミャ	ミ	ミュ	ミェ	ミョ		
r	リャ	リ	リュ	リェ	リョ		

(子音＋)半母音 w＋母音　19 種類

	wa	wi	we	wo	wï	ʔwa
ー	ワ	ウィ	ウェ	ウォ		わ
			ヱ	ヲ		
k	クヮ	クィ		クォ	クィ゚	
k'	くゎ		くぇ			
g	グヮ					
ŋ	ク゚ヮ					
s			スェ			
z			ズェ	ズォ		
n			ヌェ			

付表2　モーラ unigram 相対頻度表(上位 12)

	ン	(オ)ー	ッ	イ	ナ	タ	ノ	(ア)ー	ア	カ	テ	ト
北海道	7.87	3.11	3.73	3.95	4.41	3.43	2.35	3.32	2.24	3.30	3.26	2.58
青　森	7.03	1.52	2.01	0.93	3.05	3.27	3.82	1.17	4.37	1.21	3.03	1.50
岩　手	11.40	1.73	5.16	0.53	3.34	2.90	3.02	2.22	2.20	1.08	2.32	1.01
宮　城	8.74	3.24	5.01	2.32	2.68	2.11	4.41	2.77	3.87	1.40	2.23	1.38
秋　田	10.41	1.86	1.05	0.50	4.35	2.92	3.49	1.27	3.05	1.19	2.36	1.11
山　形	6.60	3.56	4.59	3.06	3.66	1.80	4.74	1.21	2.49	1.45	2.64	1.05
福　島	7.32	2.51	6.03	2.56	3.89	2.93	2.27	4.33	2.06	2.04	2.85	1.82
茨　城	6.67	2.97	4.09	3.79	2.88	2.49	3.32	1.57	2.96	3.24	3.08	1.99
栃　木	8.62	2.14	4.90	3.76	3.50	3.87	2.59	2.27	3.17	3.96	2.41	2.70
群　馬	7.50	4.12	4.97	4.19	1.96	3.39	2.63	2.52	3.27	3.69	2.18	2.06
埼　玉	9.19	3.27	3.72	3.69	2.57	3.00	2.86	3.48	3.15	3.55	2.37	2.20
千　葉	10.36	2.58	6.16	2.34	2.13	2.65	1.48	3.35	4.05	2.80	3.10	1.58
東　京	6.41	3.87	3.00	3.43	3.41	2.14	3.65	2.42	2.98	3.48	2.63	2.31
神奈川	6.45	3.35	3.01	3.73	3.62	3.22	3.89	1.80	2.54	3.16	2.95	3.02
新　潟	7.66	3.24	4.15	4.57	2.37	3.12	2.99	2.75	2.49	3.00	3.98	2.28
富　山	8.10	2.02	4.11	4.78	4.12	4.34	2.69	0.67	2.80	3.23	3.36	3.32
石　川	9.76	2.59	3.46	4.31	3.02	3.63	2.34	2.05	2.75	2.12	2.66	2.27
福　井	7.55	4.27	2.49	3.95	3.15	2.16	3.68	2.53	2.22	2.56	2.79	2.90
山　梨	4.78	4.11	4.05	4.32	2.77	2.76	3.57	1.06	1.93	3.16	3.30	2.48
長　野	8.39	3.75	3.64	3.66	4.24	2.61	2.07	3.21	2.88	1.56	2.92	2.95
岐　阜	6.08	4.07	5.07	5.40	3.30	2.16	4.11	1.68	2.97	2.65	3.54	3.82
静　岡	9.02	3.91	4.28	1.82	3.60	2.26	2.71	3.84	2.03	2.98	2.56	1.97
愛　知	6.14	3.85	3.23	3.83	3.06	3.15	4.11	2.57	3.55	2.55	2.46	3.04
三　重	6.79	4.72	3.36	4.07	3.44	3.59	5.04	2.05	3.52	2.90	2.59	2.80
滋　賀	6.81	4.18	2.63	3.66	5.24	3.29	2.90	3.87	3.46	3.20	2.05	2.31
京　都	5.88	4.52	2.61	3.63	2.59	1.97	3.12	2.31	2.98	3.14	2.10	2.09
大　阪	6.64	4.90	2.66	3.58	3.30	2.35	2.71	1.99	3.06	3.51	2.08	2.96
兵　庫	9.12	4.14	2.81	3.16	4.82	3.24	3.56	2.48	2.93	2.96	2.22	2.30
奈　良	7.86	4.24	3.02	3.72	5.68	2.39	3.38	5.24	4.22	3.08	2.56	2.82
和歌山	6.22	4.76	2.83	4.23	2.76	4.20	3.93	2.10	2.68	3.35	3.47	2.59
鳥　取	6.16	2.88	5.55	3.34	5.14	3.49	1.85	6.32	2.72	2.98	4.67	2.47
島　根	5.90	3.75	2.80	4.47	2.89	3.09	2.82	4.69	2.87	3.25	2.65	2.20
岡　山	7.54	7.18	1.84	1.98	3.24	2.72	2.68	5.32	2.65	2.57	1.77	2.17
広　島	6.82	4.48	2.31	4.26	2.96	2.57	3.96	3.41	3.67	2.95	2.09	2.17
山　口	5.77	4.61	2.59	3.47	4.40	2.72	2.63	6.11	2.41	3.50	2.06	2.40
徳　島	7.66	3.69	3.28	4.28	5.14	4.13	3.46	2.17	3.32	2.42	2.51	2.71
香　川	9.66	4.27	2.82	4.36	6.34	3.62	3.05	3.66	3.08	1.97	2.25	2.54
愛　媛	8.70	4.21	3.34	4.76	3.27	3.82	4.79	1.86	2.86	2.65	2.58	2.39
高　知	7.05	5.39	2.99	3.37	2.15	3.60	3.10	2.74	1.71	3.59	2.29	2.96

福　岡	5.77	4.95	3.91	4.58	3.74	4.08	3.17	5.58	3.99	3.18	0.86	2.19
長　崎	4.81	4.39	3.23	4.05	3.37	3.20	3.76	2.01	2.95	3.53	3.12	3.77
熊　本	7.95	1.95	7.03	5.87	4.56	4.91	2.15	2.15	2.79	3.00	3.04	3.18
大　分	8.26	4.84	3.52	3.48	4.26	3.19	1.36	4.83	2.73	2.78	0.78	2.56
宮　崎	9.62	3.09	4.49	3.87	5.01	3.84	1.31	2.59	2.55	3.22	1.19	3.47
鹿児島	8.06	2.86	8.69	5.99	2.53	5.35	1.17	0.92	2.20	2.12	0.58	2.15
沖　縄	6.97	3.55	1.62	1.77	2.22	0.33	0.16	6.96	0.17	0.28	0.03	0.15
宮古島	7.33	2.40	2.25	4.94	2.73	2.35	0.31	5.81	2.56	3.17	0.00	0.25

参考文献

翻訳書については，著者名の後に[　]内に原著の初版年を示した.

[1] 上阪彩香(2015)古典文を対象とした計量的研究の現状．情報処理学会研究報告．人文科学とコンピュータ研究会報告 2015-CH-105(7).

[2] 上阪彩香(2016)西鶴浮世草子の文章に関する数量的研究：遺稿集を中心とした著者の検討．同志社大学博士論文.

[3] 上阪彩香(2016)西鶴遺稿集の著者の検討：北条団水の浮世草子との比較分析．計量文献学の射程．勉誠出版，pp. 187–263.

[4] 上阪彩香(2016)日本語テキストの計量分析の現状と課題．人文情報学月報，No. 62，巻頭言.

[5] 上阪彩香(2016)日本語テキストを対象とした計量的研究の現状．情報処理学会研究報告．人文科学とコンピュータ研究会報告 2016-CH-112(6).

[6] 上阪彩香(2018)アンサンブル学習モデルを用いた西鶴遺稿集の著者に関する検討．行動計量学，Vol. 45，No. 2，pp. 135–151.

[7] 中村靖子(2020)『マルテの手記』をテキストマイニングする！ 名古屋大学人文学研究論集，Vol. 3，pp. 39–63.

[8] 孫昊(2018)川端康成の代筆問題と文体問題に関する計量的研究．同志社大学文化情報学研究科博士学位論文.

[9] 李広微・金明哲(2019)統計分析からみた小説『続明暗』の文体模倣．計量国語学，Vol. 32，No. 1，pp. 19–32.

[10] 李広微・金明哲(2021)『明暗』と『続明暗』のトピック変化の計量分析．計量国語学．Vol. 32，No. 8，pp. 496–505.

[11] 入江さやか・金明哲(2019)方言録音文字化資料における拍 bigram から見た方言分類：岐阜・愛知方言の所属は東か西か．計量国語学，Vol. 32，No. 1，pp. 1–18.

[12] W. Lutosławski (1898) Principes de stylométrie appliqués à la chronologie des œuvres de Platon, *Revue des Études Grecques*, Vol. 11, No. 41, pp. 61–81.

[13] E. Backera and P. V. Kranenburgb (2005) On Musical Stylometry a Pattern Recognition Approach, *Pattern Recognition Letters*, Vol. 26, No. 3, pp. 299–309.

[14] A. Brinkman et al. (2016) Musical Stylometry, Machine Learning, and Attribution Studies. A Semi-Supervised Approach to the Works of Josquin. *Conference: Proceedings of the 14th Biennial International Conference on Music Perception and Cognition.*

[15] T. J. Tsai and K. Ji (2020) Composer Style Classification of Piano Sheet Music Images

Using Language Model Pretraining. *International Society for Music Information Retrieval Conference (ISMIR) 2020*, https://arxiv.org/pdf/2007.14587.pdf

[16] J. M. Hughes et al.（2010）Stylometrics of Artwork: Uses and Limitations, Proc. SPIE 7531. *Computer Vision and Image Analysis of Art*, https://doi.org/10.1117/12.838849

[17] H. Liu et al.（2016）Geometric Tight Frame Based Stylometry for Art Authentication of van Gogh Paintings. *Applied and Computational Harmonic Analysis*, Vol. 41, No. 2, pp. 590–602.

[18] B. Kokensparger（2018）Art Stylometry: Recognizing Regional Differences in Great Works of Art. *Guide to Programming for the Digital Humanities*, pp. 69–78. Springer.

[19] R. Yukimura et al.（2018）Feature Analysis of Paintings Using Color Information of the Image. *Proceedings of digital humanities austria*（*DHA*）*2018*, pp. 55–61, DOI: 10.1553/dha-proceedings2018s1, https://epub.oeaw.ac.at/0xc1aa5576_0x003b398d.pdf

[20] V. Kalgutkar et al.（2019）Code Authorship Attribution: Methods and Challenges. *ACM Computing Surveys*, Vol. 52, No. 1, pp. 1–36, https://dl.acm.org/doi/10.1145/3292577

[21] E. Quiring et al.（2019）Misleading Authorship Attribution of Source Code using Adversarial Learning. *USENIX Security Symposium 2019*, https://arxiv.org/abs/1905.1238

[22] T. C. Mendenhall（1887）The Characteristics Curves of Composition. *Science*, Vol. 9, pp. 237–249.

[23] T. Neal et al.（2017）Surveying Stylometry Techniques and Applications. *ACM Computing Surveys*（CSUR, pp. 50（6）Article No. 86, https://doi.org/10.1145/3132039

[24] K. Lagutina et al.（2019）A Survey on Stylometric Text Features. *Conference: 25th Conference of Open Innovations Associationn*（FRUCT, DOI: 10. 23919/FRUCT 48121. 2019. 8981504）.

[25] E. Stamatatos（2009）A Survey of Modern Authorship Attribution Methods. *Journal of the Association for Information Science and Technology*, Vol. 60, No. 3, pp. 538–556.

[26] S. Mekala et al.（2018）A Survey on Authorship Attribution Approaches, *International Journal of Computational Engineering Research*（IJCER, Vol. 8, No. 9, pp. 48–55.

[27] 孫昊・金明哲（2018）川端康成小説『花日記』の代筆疑惑検証．情報知識学会誌，Vol. 28, No. 1, pp. 3–14.

[28] O. Halvani et al.（2019）Assessing the Applicability of Authorship Verification Methods. *The 14th International Conference on Availability, Reliability and Security (ARES 2019)*. arXiv: 1901. 00399.

[29] 財津亘（2019）犯罪捜査のためのテキストマイニング：文章の指紋を探り，サイバ

ー犯罪に挑む計量的文体分析の手法．共立出版．

［30］ E. Sara et al.（2014）Authorship Analysis Studies: A Survey. *International Journal of Computer Applications*, Vol. 86, No. 12, pp. 23–29.

［31］ J. Bevendorff et al.（2020）Shared Tasks on Authorship Analysis at PAN 2020. *Advances in Information*.

［32］ 財津亘・金明哲（2018）機械学習を用いた著者の年齢層推定：犯罪者プロファイリング実現に向けて．同志社大学ハリス理化学研究報告，Vol. 59, No. 2, pp. 57–65.

［33］ 財津亘・金明哲（2017）ランダムフォレストによる著者の性別推定：犯罪者プロファイリング実現に向けた検討．情報知識学会誌，Vol. 27, No. 3, pp. 261–274.

［34］ 桑野麻友子・金明哲（2008）小倉左遷前後における森鷗外の文体変化．日本計量国語学会第 52 回大会．武庫川女子大学．

［35］ 金明哲（2009a）文章の執筆時期の推定：芥川龍之介の作品を例として．行動計量学，Vol. 36, No. 2, pp. 89–103.

［36］ 劉雪琴・金明哲（2017a）宇野浩二の病気前後の文体変化に関する計量的分析．計量国語学，Vol. 31, No. 2, pp. 128–143.

［37］ T. C. Mendenhall（1901）A mechanical Solution of a Literary problem. *Journal of the Royal Statistical Society*, Vol. 60, pp. 97–105.

［38］ C. B. Williams（1975）Mendenhall's Studies of Word-length Distribution in the Works of Shakespeare and Becon. *Biometrika*, Vol. 62, pp. 207–211.

［39］ W. Fucks（1952）On Mathmatical Analysis of Style. *Biometrika*, Vol. 39, pp. 122–129.

［40］ C. S. Brinegar（1963）Mark Twain and the Quintus Curtius Snodgrass Letters: A Statistical Test of Authorship. *Journal of the American statistical Association*, Vol. 58, pp. 85–96.

［41］ F. Mosteller and D. L. Wallace（1963）Inference in an Authorship Problem. *Journal of the American Statistical Association*, Vol. 58, pp. 275–309.

［42］ J. Frischen（1996）Word Length Analysis of Jane Austen's Letters. *Journal of Quantitative Linguistics*, Vol. 3, No. 1, pp. 128–131.

［43］ K. H. Best（1996）Word Length in Old Icelandic Songs and Prose Texts. *Journal of Quantitative Linguistics*, Vol. 3, No. 2, pp. 97–105.

［44］ A. Ziegler（1996）Word Length Distribution in Brazilian-Portuguese Texts. *Journal of Quantitative Linguistics*, Vol. 3, No. 1, pp. 73–79.

［45］ C. Becker（1996）Word Lengths in the Letters of the Chilean Author Gabriela Mistral. *Journal of Quantitative Linguistics*, Vol. 3, No. 2, pp. 128–131.

［46］ H. Riedemann（1996）Word-Length Distribution in English Press Texts. *Journal of Quantitative Linguistics*, Vol. 3, No. 3, pp. 265–271.

［47］ M. Zuse（1996）Distribution of Word Length in Early Modern English Letters of Sir

Philip Sidney. *Journal of Quantitative Linguistics*, Vol. 3, No. 3, pp. 272-276.
[48] P. Meyer (1997) Word-Length Distribution in Inuktitut Narratives: Empirical and Theoretical Findings. *Journal of Quantitative Linguistics*, Vol. 4, No. 1-3, pp. 143-155.
[49] O. Rottmann (1997) Word-Length Counting in Old Church Slavonic. *Journal of Quantitative Linguistics*, Vol. 4, No. 1-3, pp. 252-256.
[50] H. Aoyama and J. Constable (1999) Word Length Frequency and Distribution in English: Part Ⅰ. Prose. *Literary and Linguistic Computing*, Vol. 14, No. 3, pp. 339-359.
[51] J. Constable and H. Aoyama (1999) Word Length Frequency and distribution in English: Part Ⅱ. An Empirical and Mathematical Examination of the Character and consequences of lsometric lineation. *Literary and Linguistic Computing*, Vol. 14, No. 4, pp. 507-535.
[52] 金明哲(1994a)自然言語におけるパターンに関する計量的研究．総合大学院大学学位論文.
[53] 金明哲(1995)動詞の長さの分布に基づいた文章の分類と和語および合成語の比率．自然言語処理，Vol. 2，No. 1，pp. 57-75.
[54] 金明哲(1996)動詞の長さの分布と文章の書き手．社会情報，Vol. 5，No. 2，pp. 13-22.
[55] 土山玄(2015)計量文献学による『源氏物語』の成立に関する研究．同志社大学博士学位論文.
[56] L. A. Sherman (1888) Some Observations Upon the Sentence-length in English Prose. *University studies (University of Nebraska (Lincoln campus))*, Vol. 1, No. 2, pp. 119-130.
[57] G. U. Yule (1938) On Sentence-length as a Statistical Characteristic of Style in Prose, With Appilication to two Cases of Disputed authorship. *Biometrika*, Vol. 30, pp. 363-390.
[58] W. C. Wake (1957) Sentence-length Distributions of Greek Authors. *Journal of the Royal Statistical Society Series A*, Vol. 120, pp. 331-346.
[59] A. Q. Morton (1965) The Authorship of Greek Prose. *Journal of the Royal Statistical Society*, Vol. A-128, pp. 169-233.
[60] 波多野完治(1950)文章心理学．新潮社.
[61] 安本美典(1958a)文の長さの分布型について．計量国語学，Vol. 2，pp. 20-24.
[62] 佐々木和枝(1976)文の長さの分布型．計量国語学，Vol. 78，pp. 13-22.
[63] 樺島忠夫(1990)日本語のスタイルブック．大修館書店.
[64] M. W. A. Smith (1983) Recent Experience and New Developments of Methods for the Determination of Authorship. *Association for Literary and Linguistic Computing Bulletin*, Vol. 11, pp. 73-82.
[65] 安本美典(1994)文体を決める三つの因子．言語，Vol. 23，No. 2，pp. 22-29.
[66] 安本美典(2009)計量文体論・文章心理学．計量国語学事典．朝倉書店，pp. 253-

263.
[67] H. Palme (1949) *Versuch einer statistischen Auswertung des alltäglicen.* Sshreibstils.
[68] 安本美典(1958b)文体統計による筆者推定：源氏物語，宇治十帖の著者について．心理学評論，Vol. 2，pp. 147–156.
[69] 安本美典(1959)「文章の性格学」への基礎研究：因子分析法による現代作家の分類．国語国文，Vol. 28，No. 6，pp. 339–361.
[70] 樺島忠夫・寿岳章子(1965)文体の科学．綜芸舎.
[71] 樺島忠夫(1955)類別した品詞の比率に見られる規則性．国語国文，Vol. 24，No. 6，pp. 385–387.
[72] 樺島忠夫(1963)表現論：言葉と言語行動．綜芸舎.
[73] F. Antosch (1969) *The Diagnosis of Literary Style with the Verb-Adjective Ratio. In Statistics and Style.* Eds. L. Doleszel and R. W. Bailey. New York: American Elsevier.
[74] 村上征勝・伊藤瑞叡(1991)日蓮遺文の数理研究．東洋の思想と宗教，Vol. 8，pp. 27–35.
[75] F. Mosteller and D. L. Wallace (1964) Inference and Disputed Authorship: The Federalist. *Reading*, Addison-Wesley Publishing Company.
[76] D. I. Holmes and R. S. Forsyth (1995) The Federalist Revisited: New Directions in Authorship Attribution. *Literary and Linguistic Computing*, Vol. 10, No. 2, pp. 112–127.
[77] 韮沢正(1965)由良物語の著者の統計的判別．計量国語学，Vol. 33，pp. 21–28.
[78] A. Ellegård (1962a) A Statistics Method for Determining Authorship: The Junius Letter. pp. 1769–1772, *Gothenburg Studies in English*, 13 Acta Universitatis Gothoburgensis.
[79] A. Ellegård (1962b) *Who was Junius?* Almgrist and Wiksell.
[80] J. F. Burrows (1987) *Computation Into Criticism: A Study of Jane Austen's Novels and an Experiment in Method.* Clarendon press.
[81] F. Tweedie et al. (1995) An Introduction to Neural Networks in Stylometry. *Research in Humanities Computing*, Vol. 5, pp. 249–263.
[82] F. J. Tweedie et al. (1996) Neural Network Application in Stylometry: The Federalist papers. *Computer and the Humanities*, Vol. 30, pp. 1–10.
[83] 金明哲(1997)助詞の分布に基づいた日記の書き手の認識．計量国語学，Vol. 20，No. 8，pp. 357–367.
[84] 金明哲(2002a)助詞の分布における書き手の特徴に関する計量分析．社会情報，Vol. 11，No. 2，pp. 15–23.
[85] 金明哲(2002b)助詞の *n* gram モデルに基づいた書き手の識別．計量国語学，Vol. 23，No. 5，pp. 225–240.
[86] 金明哲(2003a)自己組織化マップと助詞分布を用いた書き手の同定及びその特徴分

析．計量国語学，Vol. 23，No. 8，pp. 369–386.
［87］ 村上征勝・今西祐一郎(1999)源氏物語の助動詞の計量分析．情報処理学会論文誌，Vol. 40，No. 3，pp. 774–782.
［88］ 村田年(2007)専門日本語教育における論述文指導のための接続語句・助詞相当句の研究．統計数理，Vol. 55，No. 2，pp. 269–284.
［89］ X. Li（1987）"Hong Lou Meng" ChengShu XinShuo，Journal of Fudan University. *Social sciences*，Vol. 5，No. 3–16. ／李賢平《紅楼夢》成書新説，Fudan 学報（社会科学版），第 5 期.
［90］ H. Guiraud（1954）*Les Caractères Statistiques du Vocabulaire*. Presses Universitaires de France.
［91］ G. Herdan（1960）*Type-Token Mathematics: A Textbook of Mathematical Linguistics*. Mouton and Co.
［92］ H. D. Maas（1972）Zusammenhang zwischen wortschatzumfang und länge eines texts. *Zeitschrift für Literaturwissenschaft und Linguistik,* Vol. 8，pp. 73–79.
［93］ J. Tuldava（1977）Quantitative Relations between the Size of the Text and the Size of Vocabulary. SMI. Quarterly. *Journal of Liguistic Calculus*，Vol. 4，pp. 28–35.
［94］ D. Dugast（1978）Sur quoi se fonde la notion d'étendue théoretique du vocabulaire? *Le francais moderne,* Vol. 46，No. 1，pp. 25–32.
［95］ D. Dugast（1979）Vocabulaire et Stylistique. I Théâtre et Dialogue. *Travaux de Linguistique Quantitative*. Slatkine-Champion，Geneva.
［96］ G. U. Yule（1944）*The Statistical Study of Literary Vocabulary*. Cambridge Univesity Press.
［97］ E. H. Simpson（1949）Measurement of Diversity. *Nature,* Vol. 163，p. 688.
［98］ H. S. Sichel（1975）On a Distribution Law for Word Frequencies. *Mathematical Scientist,* Vol. 70，pp. 524–547.
［99］ H. S. Sichel（1986）Word Frequency Distributions and Type-Token Characterisitics. *Mathematical Scientist,* Vol. 11，pp. 45–72.
［100］ A. Honoré（1979）Some Simple Measures of Richness of Vocabulary. *Association for Literary and Linguistic Computing Bulletin*，Vol. 7，No. 2，pp. 172–177.
［101］ R. H. Baayen（2013）*Word Frequency Distributions*. Springer.
［102］ S. Ashraf et al.（2016）Cross-genre Author Profile Prediction Using Stylometry-based Approach. In *Working Notes Papers of the CLEF 2016 Evaluation Labs*，pp. 992–999.
［103］ T. S. Melka and M. Místecký（2019）On Stylometric Features of H. Beam Pipers Omnilingual. *Journal of Quantitative Linguistics*，Vol. 27，No. 3，pp. 1–40.
［104］ B. Efron and R. Thisted（1976）Estimating the Number of Unseen Species: How many Words did Shakespeare Know? *Biometrika*，Vol. 63，No. 3，pp. 435–447.
［105］ R. Thisted and B. Efron（1987）Did Shakespeare Write a Newly-discovered Poem? *Biometrika*，Vol. 74，pp. 445–455.

［106］ 金明哲(2000)自然言語における統計手法を用いた情報処理．統計数理，Vol. 48，No. 2，pp. 271–287.

［107］ W. Fucks（1954）On Nahordnung and Fernordnung in Samples of Literary Texts. *Biometrika*，Vol. 41，pp. 116–132.

［108］ B. Kjell（1994）Authorship Determination Using Letter Pair Frequency Features with Neural Network Classifiers. *Literary and Linguistic Computing*，Vol. 9，No. 2，pp. 119–124.

［109］ J. F. Hoorn et al.（1999）Neural Network Identification of Poets Using Letter Sequences. *Literary and Linguistic Computing*，Vol. 14，No. 3，pp. 311–338.

［110］ 松浦司・金田康正(2000)*n*-gramの特徴量を利用した近代日本文の著者識別．計量国語学，Vol. 22，No. 6，pp. 225–238.

［111］ 金明哲(2004)品詞のマルコフ遷移の情報を用いた書き手の同定．日本行動計量学会第32回大会講演論文集，pp. 384–385.

［112］ 金明哲(2014)統合的分類アルゴリズムを用いた文章の書き手の識別．行動計量学，Vol. 41，No. 1，pp. 35–46.

［113］ 金明哲(2003b)中国文章における書き手の識別．第二届中国社会語言学国際学術検討会暨中国社会語言学会成立大会，マカオ．

［114］ M. Jin and M. Jiang（2013）Text Clustering on Authorship Attribution Based on the Features of Punctuations Usage. *Information*，Vol. 16，No. 7B，pp. 4983–4990.

［115］ M. Jin and M.-H. Huh（2012）Author Identification of Korean Texts by Minimum Distance and Machine Learning. *Survey Research*，Vol. 13，No. 3，pp. 175–190.

［116］ 田中量子・金明哲(2010)携帯電話メールの書き手の判別に関する試み．2010年統計関連学会連合大会報告集，p. 332.

［117］ R. Tanaka and M. Jin（2014）Authorship Attribution of Cell-phone E-mail. *Information*，Vol. 17，No. 4，pp. 1217–1226.

［118］ 金明哲・他(1994)手書きとワープロとによる文章の計量分析．計量国語学，Vol. 19，No. 3，pp. 133–145.

［119］ M. Jin and M. Murakami（1993）Authors' Characteristic Writing Styles as Seen Through Their Use of Commas. *Behaviormetrika*，Vol. 20，pp. 63–76.

［120］ 金明哲・他(1993)読点と書き手の個性．計量国語学，Vol. 18，No. 8，pp. 382–391.

［121］ 金明哲(1994b)読点の打ち方と著者の文体特徴．計量国語学，Vol. 19，No. 7，pp. 317–330.

［122］ 吉岡亮衛(1999)新書の数量的分析．人文学と情報処理，Vol. 20，pp. 51–56.

［123］ 奥田康誠(1998)「読点と書き手の個性」における結果とその考察．名古屋大学理学部数理科学科尾畑伸明研究室　卒業論文集

［124］ 金明哲(2013)文節パターンに基づいた文章の書き手の識別．行動計量学，Vol. 40，No. 1，pp. 17–28.

［125］李鍾贊・崔在雄・金明哲(2016)語節パターンを用いた韓国語文章の著者識別. *Information*, Vol. 20, No. 1B, pp. 417–428.

［126］D. R. Cox and L. Brandwood (1959) On a Discriminatory Problem Connected with the Works of Plato. *J. Roy. Statistical. Soc. B*, Vol. 21, pp. 195–200.

［127］財津亘・金明哲(2017)文末語の使用率に基づいた筆者識別：探索的多変量解析の実施と分析結果に対するスコアリングによる検討. 計量国語学, Vol. 31, No. 6, pp. 417–425.

［128］D. I. Holmes (1994) Authorship Attribution. *Computer and the Humanities*, Vol. 28, No. 2, pp. 87–106.

［129］D. I. Holmes (1998) The Evolution of Stylometry in Humannities Scholarship. *Literary and Linguistic Computing*, Vol. 13, No. 3, pp. 111–117.

［130］M. Koppel and J. Schler (2003) Exploiting Stylistic Idiosyncrasies for Authorship Attribution. In *Proceedings of IJCAI'03 Workshop on Computational Approaches to Style Analysis and Synthesis*, pp. 69–72.

［131］A. Otoom et al. (2014) An Intelligent System for Author Attribution Based on a Hybrid Feature Set. *Int. J. Advanced Intelligence Paradigms*, Vol. 6, No. 4, pp. 328–345.

［132］H. S. Sichel (1974) On a Distribution Representing Sentence-length in Written Prose. *J. R. Statist. Soc.*, Vol. A-137, pp. 25–34.

［133］F. Manuel et al. (2014) Do we Need Hundreds of Classifiers to Solve Real World Classification Problems? *Journal of Machine Learning Research*, Vol. 15, pp. 3133–3181.

［134］金明哲・村上征勝(2007)ランダムフォレスト法による文章の書き手の同定. 統計数理, Vol. 55, No. 2, pp. 255–268.

［135］T. Merriam and R. Matthews (1993) Neural Computation in Stylometry I: An Application to the Works of Shakespeare and Fletcher. *Literary and Linguistic Computing*, Vol. 8, No. 4, pp. 203–209.

［136］T. Merriam and R. Matthews (1994) Neural Computation in Stylometry II: An Application to the Works of Shakespeare and Marlowe. *Literary and Linguistic Computing*, Vol. 9, No. 1, pp. 1–6.

［137］E. Wiener et al. (1995) A Neural Network Approach to Topic Spotting. In *Proceedings of the Fourth Annual Symposium on Document Analysis and Information Retrieval (SDAIR'95)*.

［138］S. Waugh et al. (2000) Computational Stylometrics Using Artificial Neural Networks. *Literary and Linguistic Computing*, Vol. 15, No. 2, pp. 187–197.

［139］M. Tearle et al. (2008) An Algorithm for Automated Authorship Attribution Using Neural Networks. *Literary and Linguistic Computing*, Vol. 23, No. 4, pp. 425–442.

［140］村上征勝(1996)計量文献学の歴史と課題. 計算機統計学, Vol. 9, No. 1, pp. 65–74.

［141］ P. Guiraud［1957］，佐藤信夫（訳）（1959）文体論：ことばのスタイル．白水社.
［142］ 梅原猛（1985）神々の流竄．集英社文庫.
［143］ 波多野完治（1935）文章心理学．三省堂.
［144］ 村上征勝（2000）文章の計量分析：その歴史と現状．計測と制御，Vol. 39，No. 3，pp. 216–222.
［145］ S. E. De Morgan（1882）*Memoir of Augustus De Morgan by His Wife Sophia Elizabeth De Morgan: With Selections from His Letters*. Longmans，Green.
［146］ 大野晋（1956）基本語彙に関する二三の研究：日本の古典文学作品に於ける．国文学，Vol. 24，pp. 34–46.
［147］ 水谷静夫（1965）大野の語彙法則について．計量国語学，Vol. 35，pp. 1–13.
［148］ 安本美典（1957）宇治十帖の作者：文章心理学による作者推定．文学・語学，pp. 27–33.
［149］ 伊藤瑞叡・村上征勝（1992）三大秘法禀承事の計量文献学的新研究．大崎学報，Vol. 148，pp. 1–52.
［150］ 村上征勝・他（1990）日蓮遺文の計量分析：思想の変化と文体の変化．統計数理，Vol. 38，No. 2，p. 311.
［151］ 村上征勝（2004）シェークスピアは誰ですか？：計量文献学の世界．文春新書.
［152］ 財津亘・金明哲（2015）テキストマイニングを用いた犯罪に関わる文書の筆者識別法．日本法科学技術学会誌，Vol. 20，No. 1，pp. 1–14.
［153］ 村上征勝（2020）この本を書いたのは誰だ？：統計で探る“文章の指紋”．勉誠出版.
［154］ ベン・ブラット［2017］，坪野圭介（訳）（2018）数字が明かす小説の秘密：スティーヴン・キング，J・K・ローリングからナボコフまで．DUBOOKS.
［155］ 村上征勝（2002）文化を計る：文化計量学序説．朝倉書店.
［156］ 中野三敏（2011）和本のすすめ：江戸を読み解くために．岩波新書.
［157］ 工藤拓（2018）第 2 巻形態素解析の理論と実装．近代科学社.
［158］ 小木曽智信・他（2013）近世口語資料の形態素解析の試み．第 4 回コーパス日本語学ワークショップ予稿集，pp. 145–150.
［159］ 金明哲・張信鵬（2013）テキストマイニングツール MTMineR のコンセプトと機能．日本行動計量学会大会発表論文抄録集，Vol. 41，pp. 360–363.
［160］ 樋口耕一（2014）社会調査のための計量テキスト分析．ナカニシヤ出版.
［161］ 今尾康裕（2011）MacOS X 用コンコーダンサー CasualConc：基本的な使い方と用例検索ツールとしての応用例．外国語教育メディア学会関西支部メソドロジー研究部会 2011 年報告論集，pp. 121–178.
［162］ 谷脇理史・吉行淳之介（1991）新潮古典文学アルバム 17 井原西鶴．新潮社.
［163］ 江本裕・谷脇理史（1996）西鶴辞典．おうふう.
［164］ 林基（1993）西鶴新展望．勉誠社.
［165］ 谷脇理史（1987）日本の作家 25 浮世の認識者　井原西鶴．新典社.

［166］石川了（1979）紀海音門人哥縁斎貞堂西鶴逸話の紹介と翻刻『狂歌松の隣』．大妻国文，Vol. 10，pp. 33–77.
［167］板坂元（1955）西鶴本の問題：森銑三氏の説をめぐって．文学，Vol. 23，No. 9，pp. 66–73.
［168］野間光辰（1981）西鶴新新攻．岩波書店．
［169］広嶋進（1993）西鶴の遺稿作品．西鶴を学ぶ人のために，pp. 189–207.
［170］金明哲（1994）読点の打ち方と文章の分類．計量国語学，Vol. 19，No. 7，pp. 317–330.
［171］土山玄（2019）文末表現の計量分析に基づく夏目漱石の小説の分類．研究報告人文科学とコンピュータ（CH）2019，No. 6，pp. 1–4.
［172］工藤彰・他（2010）計量分析による村上春樹文学の語彙構成と歴史的変遷．情報知識学会誌，Vol. 20，No. 2，pp. 135–140.
［173］工藤彰・他（2011）計量分析による村上春樹長篇の関係性と歴史的変遷．情報知識学会誌，Vol. 21，No. 1，pp. 18–36.
［174］池田亀鑑（1951）源氏物語の構成．至文堂（新講源氏物語（上）．所収）
［175］石田穣二（1961）匂宮・紅梅・竹河の三帖をめぐって．國文学：解釈と鑑賞，Vol. 26，No. 12.
［176］和辻哲郎（1992）日本精神史研究．岩波書店．
［177］武田宗俊（1954）源氏物語の研究．岩波書店．
［178］大野晋（1996）古典を読む　源氏物語．岩波書店．
［179］室城秀之（1996）うつほ物語の表現と論理．若草書房．
［180］学習院大学平安文学研究会（2013）うつほ物語大事典．勉誠出版．
［181］安本美典（1960）文章心理学の新領域．東京創元社．
［182］安本美典（1977）現代の文体研究．岩波書店（岩波講座日本語 10．所収）．
［183］新井皓士（1997）源氏物語・宇治十帖の作者問題：一つの計量言語学的アプローチ．一橋論叢，Vol. 117，No. 3，pp. 397–413.
［184］金明哲（2009b）テキストデータの統計科学入門．岩波書店．
［185］土山玄・村上征勝（2014）『源氏物語』第三部の成立に関する計量的な考察．じんもんこん 2014 論文集，No. 3，pp. 213–220.
［186］土山玄（2017）『うつほ物語』の語彙に関する計量的な検討：「楼の上上」及び「楼の上下」の語の出現傾向について．情報知識学会誌，Vol. 27，No. 1，pp. 6–22.
［187］R. Rilke［1910］，大山定一（訳）（1953）マルテの手記．新潮文庫．
［188］R. Rilke［1910］，望月市恵（訳）（1973）マルテの手記．岩波文庫．
［189］R. Rilke［1910］，松永美穂（訳）（2014）マルテの手記．光文社古典新訳文庫．
［190］J. H. Petersen（1991）*Der Deutsche Roman der Moderne. Grundlegung-Typologie-Entwicklung*. Stuttgart.
［191］F. K. Stanzel（1979）*Theorie des Erzählens*. Göttingen.
［192］中村靖子（2002）「実存の経験」から「主体の死の後の主観性」へと辿り着くま

で：『マルテの手記』解釈の流れ．名古屋大学文学部研究論集文学篇，Vol. 48，pp. 135–158.

［193］ F. Bacon［1620］，服部英次郎（訳）（1966）ノヴム・オルガヌム．河出書房新社.

［194］ J. Klein（1951/52）Die Struktur von Rilkes „Malte“，*Wirkendes Wort,* 2，pp. 93–103.

［195］ M. Blanchot［1955］，粟津則雄（訳）（1985）文学空間．青土社.

［196］ F. A. Kittler（1985）Die Zeit der anderen Auslegung. Schreiben bei Rilke und in der Kunsterziehungsbewegung，D. Boueke und N. Hopster（Hrsg.）（1985）*Schreiben – Schreiben lernen, R. Sanner zum 65. Geburtstag,* pp. 40–56.

［197］ B. A. Kruse（1994）*Auf dem extremen Pol der Subjektivität. Zu Rilkes „Aufzeichnungen des Malte Laurids Brigge“.* Wiesbaden.

［198］ O. F. Bollnow（1956）*Rilke.* Stuttgart.

［199］ E. F. Dufresne（1982）Wirklichkeitserfahrung und Bewußtseinsentwicklung in Rilkes *Malte Laurids Brigge* und Sartres *La Nausée, Arcadia,* Vol. 17，pp. 258–273.

［200］ E. F. Hoffmann（1968）Zum dichterischen Verfahren in Rilkes „Aufzeichnungen des Malte Laurids Brigge“，*Deutsche Vierteljahresschrift,* Vol. 42，pp. 202–230.

［201］ J. Ryan（1971）‘Hypothetisches Erzählen’. Zur Funktion von Phantasie und Einbildung in Rilkes Malte Laurids Brigge，R. Görner（Hrsg.）（1987）*Rainer Maria Rilke.* Darmstadt. pp. 245–284.

［202］ J. Ryan（1983）Rainer Maria Rilke. Die Aufzeichnungen des Malte Laurids Brigge. P. M. Lützeler（Hrsg.）（1983）*Deutsche Romane des 20. Jahrhunderts.* Königstein/Ts. pp. 63–77.

［203］ V. Merz（1982）Die Gottesidee in Rilkes „Aufzeichnungen des Malte Laurids Brigge“，*Jahrbuch der Deutschen Schillergesellschaft,* Vol. 26，pp. 262–295.

［204］ W. H. Sokel（1983）Zwischen Existenz und Weltinnenraum. Zum Prozeß der Ent-Ichung im Malte Laurids Brigge. E. Schwarz（Hrsg.）（1983）*Zu Rainer Maria Rilke,* Stuttgart，pp. 90–108.

［205］ M. Eder（2013）Does Size Matter? Authorship Attribution，Short Samples，Big Problem. *Digital Scholarship in the Humanities,* Vol. 30，No. 2，June 2015，pp. 167–182，https://doi.org/10.1093/llc/fqt066 Published: 14 November 2013

［206］ 金明哲（2018）統計学 OnePoint 10 テキストアナリティクス．共立出版.

［207］ エイゼンシュテイン［1929］，佐々木能理男（訳編）（1985［1953］）映画の原理と日本文化：映画の弁証法．角川書店，pp. 25–51.

［208］ U. Fülleborn（1961）Form und Sinn der ‚Aufzeichnungen des Malte Laurids Brigge‘，Rilkes Prosabuch und der moderne Roman，K. Lazarowicz und W. Kron（Hrsg.）*Unterscheidung und Bewahrung, Festschrift für Hermann Kunisch.* Berlin. pp. 147–169.

［209］ J. Prinz［2004］，源河亨（訳）（2016）はらわたが煮えくりかえる：情動の身体知覚説．勁草書房.

［210］ S. Lem［1983］，関口時正（訳）（2017）J・ジョンソン，S・ジョンソン共著『人類

の一分間』国書刊行会，pp. 321-344.
[211] 大平英樹(2019)意識の非在：脳の予測的符号化による意識の創発と消失．中村靖子(編)非在の場を拓く：文学が紡ぐ科学の歴史．春風社，pp. 469-551.
[212] 小谷野敦(2013)川端康成伝：双面の人．中央公論新社.
[213] 木幡瑞枝(1992)川端康成作品論．勁草書房.
[214] 小林一郎(1982)川端康成研究：東洋的な世界．明治書院.
[215] 矢崎泰久(2003)口きかん：わが心の菊池寛．飛鳥新社.
[216] J. Grieve (2007) Quantitative authorship attribution: An evaluation of techniques. *Literary and Linguistic Computing*, Vol. 22, No. 3, pp. 251-270.
[217] 金明哲(2016)定性的データ分析．共立出版.
[218] Y. Freund (1995) Boosting a Weak Learning Algorithm by Majority. *Informaton and Computation*, Vol. 121, No. 2, pp. 256-285.
[219] C. Bouveyron et al. (2007) High-Dimensional Discriminant Analysis. *Communications in Statistics: Theory and Methods*, Vol. 36, No. 14, pp. 2607-2623.
[220] N. Landwehr et al. (2005) Logistic Model Trees. *Machine Learning*, Vol. 59, No. 1-2, pp. 161-205.
[221] L. Breiman (2001) Random Forests. *Machine Learning*, Vol. 45, pp. 5-32.
[222] N. V. Vapnik (1998) *Statistical Learning Theory*, Wiley, New York.
[223] 板坂剛(1997)極説三島由紀夫：切腹とフラメンコ．夏目書房.
[224] 板坂剛・鈴木邦男(2010)三島由紀夫と一九七〇年．鹿砦社.
[225] 川端康成記念会(1981)川端康成全集補巻2．新潮社.
[226] 内田静枝(2009)解題『乙女の港』と少女の友．川端康成(著)少女の友．実業之日本社.
[227] 大森郁之助(1991)『乙女の港』その地位の検証：lesbianismの視点他，または，八木洋子頌．札幌大学女子短期大学部紀要，Vol. 17，pp. A1-A18.
[228] 馬場重行(1981)川端康成の少女小説：『乙女の港』をめぐって．川端康成研究.
[229] 中嶋展子(2010)川端康成『乙女の港』論－『魔法』から『愛』へ－中里恒子草稿との比較から．岡山大学大学院社会文化科学研究科紀要，Vol. 29，pp. 1-14.
[230] 下條正純(2009)川端康成『乙女の港』の人物関係と女学生ことば．表現研究，Vol. 90，pp. 40-49.
[231] 小谷野敦・深澤晴美(編)(2016)川端康成詳細年譜．勉誠出版.
[232] 川勝麻里(2009)川端康成『コスモスの友』は中里恒子代作か：川端『純粋の聲』の感想文草稿を手掛かりに．明海大学教養論文集，Vol. 20，pp. 55-64.
[233] 栗原雅直(1982)川端康成精神医学者による作品分析．中央公論社.
[234] 富岡幸一郎(2014)川端康成魔界の文学．岩波書店.
[235] 山田吉郎(1980)「古都」の精神構造．教育出版センター.
[236] 今村潤子(1988)川端康成研究．審美社.
[237] 河野仁昭(1995)川端康成：内なる古都．京都新聞社.

［238］中村明(2007)日本語の文体・レトリック辞典．東京堂出版．

［239］牧野成一(2013)村上春樹の日本語はなぜ面白いのか：文体を中心に．Proceedings of Central Association of Teachers of Japanese Conference.

［240］J. W. Pennebaker and L. D. Stone（2003）Words of Wisdom: Language Use Over the Life Span. *Journal of Personality and Social Psychology*, Vol. 85, No. 2, pp. 291–301.

［241］J. W. Pennebaker et al.（2001）*Linguistic Inquiry and Word Count (LIWC.Mahwah)* NJ. Erlbaum.

［242］F. Can and J. M. Patton（2004）Change of Writing Style with Time. *Computers and the Humanities*, Vol. 38, pp. 61–82.

［243］D. L. Hoover（2007）Corpus Stylistics, Stylometry, and the Styles of Henry James. *Style*, Vol. 41, No. 2, pp. 174–203.

［244］M. Evans（2018）Style and Chronology: A Stylometric Investigation of Aphra Behn's Dramatic Style and the Dating of The Young King. *Language and Literature: International Journal of Stylistics*, Vol. 27, No. 2, pp. 103–132.

［245］H. Gómez-Adorno et al.（2018）Stylometry-based Approach for Detecting Writing Style Changes in Literary Texts. *Computaciony Sistemas*, Vol. 22, No. 1, pp. 47–53.

［246］C. Klaussner and C. Vogel（2015）Stylochronometry: Timeline Prediction in Stylometric Analysis. *International Conference on Innovative Techniques and Applications of Artificial Intelligence*, pp. 91–106.

［247］C. Klaussner and C. Vogel（2018）Temporal Predictive Regression Models for Linguistic Style Analysis. *Journal of Language Modelling*, Vol. 6, No. 1, pp. 175–222.

［248］I. Lancashire and G. Hirst（2009）Vocabulary Changes in Agatha Christie's mysteries as an Indication of Dementia: A Case Study. *19th Annual Rotman Research Institute Conference, Cognitive Aging: Research and Practice*, pp. 8–10.

［249］X. Le et al.（2011）Longitudinal Detection of Dementia Through Lexical and Syntactic Changes in Writing: a Case Study of Three British Novelists. *Literary and Linguistic Computing*, Vol. 26, No. 4, pp. 435–461.

［250］G. Hirst and W. V. Feng（2012）Changes in Style in Authors With Alzheimer's Disease. *English Studies*, Vol. 93, No. 3, pp. 357–370.

［251］宇野浩二(1967)芥川龍之介．筑摩書房．

［252］三好行雄(1981)芥川龍之介・人と文学．三好行雄(編)芥川龍之介必携．學燈社，pp. 1–13.

［253］渡辺隼・金明哲(2019)助詞「は」と「が」に着目した芥川龍之介の文体の変化要因の分析．計量国語学会第63回大会予稿集，pp. 30–35.

［254］長尾勇(1961)芥川龍之介の文体：連接の接続語を中心として，計量国語学，Vol. 29, pp. 24–31.

［255］前川清太郎(1963)文体論のこころみ：特に芥川龍之介と夏目漱石の文体につい

て．静岡大学教育学部研究報告，Vol. 13，pp. 27–35.
［256］樺島忠夫・寿岳章子（1965）文体の科学．綜芸社.
［257］中村明（1968）連接方式から見た文体の側面．国語研究，Vol. 26，pp. 1–12.
［258］市川孝（1978）国語教育のための文章論概説．教育出版.
［259］広津和郎（1963）年月のあしおと．講談社.
［260］春原千秋・梶谷哲男（1971）現代文学者の病蹟．新宿書房.
［261］広津和郎（1950）ある時代．現代日本文学全集 60．筑摩書房.
［262］辻野久憲（1983）宇野浩二氏の近業に就いて．片岡良一著作集，第 11 巻．中央公論社.
［263］上林曉（1963）『枯木のある風景』まで．川崎長太郎・他（編）宇野浩二回想．中央公論社.
［264］山本健吉（1963）ある大正作家の生涯．川崎長太郎・他（編）宇野浩二回想．中央公論社.
［265］瀧井孝作（1963）芥川賞と宇野浩二．川崎長太郎・他（編）宇野浩二回想．中央公論社.
［266］劉雪琴・金明哲（2017b）入院する前に宇野浩二の文体は既に変わっていたのか．情報知識学，Vol. 27（3），pp. 245–260.
［267］X. Q. Liu and M. Z. Jin（2020）Classification Analysis of Kouji Uno's Novels Using Topic Model. *Behaviormetrika*，Vol. 47，No. 1，pp. 189–212.
［268］大類雅敏（1978）文体としての句読点．栄光出版社.
［269］D. M. Blei（2012）Probabilistic Topic Models. *Communications of the ACM*，Vol. 55，No. 4，pp. 77–84.
［270］M. L. Jockers and D. Mimno（2013）Significant Themes in 19th-Century Literature. *Poetics*，Vol. 41，No. 6，pp. 750–769.
［271］C. Schöch（2017）Topic Modeling Genre: an Exploration of French Classical and Enlightenment Drama. *Digital Humanities Quarterly*，Vol. 11，No. 2，pp. 266–285.
［272］B. Navarro-Colorado（2018）On Poetic Topic Modeling: Extracting Themes and Motifs From a Corpus of Spanish Poetry. *Frontiers in Digital Humanities. Computational Linguistics and Literature*，*5*.
［273］M. Roberts et al.（2013）The Structural Topic Model and Applied Social Science. In *Advances in Neural Information Processing Systems Workshop on Topic Models: Computation, Application, and Evaluation.*
［274］M. Roberts et al.（2016）A Model of Text for Experimentation in the Social Sciences. *Journal of the American Statistical Association*，Vol. 111，No. 515，pp. 1–49.
［275］石田基広（2020）実践 R によるテキストマイニング．森北出版.
［276］神田桂一・菊池良（2017）もし文豪たちがカップ焼きそばの作り方を書いたら．宝島社.
［277］清水良典（2012）あらゆる小説は模倣である．幻冬舎.

［278］G. Gérard（1982）*Palimpsestes: La littérature au second degré*. Éditions du Seuil.
［279］村上征勝・他(2016)計量文献学の射程．勉誠出版．
［280］江藤淳(1968)夏目漱石．角川文庫．
［281］大岡昇平(1988)小説家夏目漱石．筑摩書房．
［282］安原顯(1990)驚くべき傑作，水村美苗の『続明暗』．現代詩手帖，Vol. 33，No. 11，pp. 224–227.
［283］山田潔(2001)水村美苗『続明暗』の語用論．解釈，Vol. 47，No. 5･6，pp. 48–52.
［284］水村美苗・石原千秋(1991)水村美苗氏に聞く：『続明暗』から『明暗』へ．文学，Vol. 2，No. 1，pp. 80–94.
［285］小林英夫(1975)文体論の建設．みすず書房．
［286］高木文雄(1966)漱石の道程．審美社，pp. 231–232.
［287］清水孝純(1984)『明暗』キー・ワード考：〈突然〉をめぐって．文学論輯，Vol. 30, pp. 1–39.
［288］秋山公男(1987)漱石文学論考：後期作品の方法と構造．桜楓社，pp. 313–325.
［289］佐藤武義(1991)漱石の文体：文末表現を中心として．文章研究の新視点．明治書院，pp. 131–147.
［290］工藤真由美(1995)アスペクト・テンス体系とテクスト：現代日本語の時間表現．ひつじ書房．
［291］J. Bischof and E. Airoldi（2012）Summarizing Topical Content With Word Frequency and Exclusivity. In *Proceedings of the 29th International Conference on Machine Learning (ICML-12).*
［292］佐藤大和(2009)文芸作品に見る日本語音節統計の歴史的特性．情報処理学会研究報告人文科学とコンピュータ，Vol. 4(2009-CH-081)，pp. 17–24.
［293］入江さやか(2012)日本語の音素分布・配列に関する歴史的研究．同志社日本語研究．別刊第 1 号，pp. 1–210.
［294］楳垣実(1964)方言区画論小史．東條操(監修)日本の方言区画．東京堂出版，pp. 23–45.
［295］加藤正信(1977)方言区画論．大野晋・柴田武(編)岩波講座日本語 11 方言．岩波書店，pp. 41–82.
［296］安部清哉(2015)方言区画論と方言境界線と方言圏の比較研究．人文，Vol. 13, pp. 21–55.
［297］国語調査委員会(1906)口語法調査報告書(上・下)．国定教科書共同販売所．
［298］東條操(1927)本州方言と東西方言境界線．大日本方言地図国語の方言区画．育英書院，pp. 30–34.
［299］東條操(1953)第二章国語の方言区画．日本方言学．吉川弘文館，pp. 18–33.
［300］都竹通年雄(1949)日本語の方言区分けと新潟方言．季刊国語，Vol. 3，No. 1（都竹通年雄(1994)音韻・方言研究篇都竹通年雄著作集 1．ひつじ書房に再録.）
［301］金田一春彦(1955)日本語．市河三喜・服部四郎(監修)世界言語概説下．研究社．

[302] 平山輝男(1968)2 全国の方言の概観．日本の方言．講談社，pp. 72–101.
[303] 藤原与一(1962)第四章第六節方言分派地理学 II (二)日本語方言の分派．方言学．三省堂，pp. 427–446.
[304] 矢野環(2007)古典籍からの情報発掘：再生としての生命誌，ネットワーク．情報知識学会誌，Vol. 17，No. 4，pp. 235–242.
[305] 矢野環(2006)文化系統学：歴史を復元する．村上征勝(編)文化情報学入門，勉誠出版，pp. 36–48.
[306] 三中信宏(2007)進化生物学と統計科学：系統樹の推定をめぐって．計量生物学，Vol. 28，pp. 25–34.
[307] 矢野環(2019)文化系統学．村上征勝(監修)文化情報学事典．勉誠出版，pp. 771–776.
[308] R. D. Gray and Q. D. Atkinson (2003) Language-Tree Divergence Times Support the Anatolian Theory of Indo-European Origin. *Nature*, Vol. 426, Issue. 6965, pp. 435–439.
[309] R. D. Gray et al. (2009) Language Phylogenies Reveal Expansion Pulses and Pauses in Pacific Settlement. *Science*, Vol. 323, Issue. 5913, pp. 479–483.
[310] S. Lee and T. Hasegawa (2011) Bayesian Phylogenetic Analysis Supports an Agricultural Origin of Japonic languages. *Proceedings of the Royal Society Biological Sciences*, pp. 3662–3669.
[311] N. Saitou and T. A. Jinam (2017) Language Diversity of the Japanese Archipelago and Its Relationship With Human DNA Diversity. *Man in India*, Vol. 97, No. 1, pp. 205–228.
[312] 小野原彩香(2014)数理的アプローチからの言語変化と外言語的要素との関わりに関する研究．同志社大学博士論文.
[313] 濱田武志(2019)中国方言系統論：漢語系諸語の分岐と粵語の成立．東京大学出版会.
[314] 斎藤成也(2007)ゲノム進化学入門．共立出版.
[315] N. Saitou and M. Nei (1987) The Neighbor-Joining Method: A New Method for Reconstructing Phylogenetic Trees. *Molecular Biology and Evolution*, Vol. 4, No. 4, pp. 406–425.
[316] H. -J. Bandelt and A. W. M. Dress (1992) A Canonical Decomposition Theory for Metrics on a Finite Set. *Advances in Mathmatics*, Vol. 92, pp. 47–105.
[317] D. Bryant and V. Moulton (2004) NeighborNet: An Agglomerative Method for the Construction of Planar Phylogenetic Networks. *Molecular Biology and Evolution*, Vol. 21, pp. 255–265.
[318] D. H. Huston and D. Bryant (2006) Application of Phylogenetic Networks in Evolutionary Studies. *Molecular Biology and Evolution*, Vol. 23, No. 2, pp. 254–267.
[319] M. Deza and E. Deza (2013) *Encyclopedia of Distances (Second Edition)*. Springer,

New York.
［320］ M. Jin and M. H. Huh（2012）Author Identification of Korean Texts by Minimum Distance and Machine Learning. *Survey Research*, Vol. 13, No. 3, pp. 175–190.
［321］ 金明哲（2018）第 7 章 テキストの分類と判別分析．テキストアナリティクス．共立出版，pp. 123–174.
［322］ 青木繁伸（2009）R による統計解析．オーム社，pp. 188–195.
［323］ 石田基広・小林雄一郎（2013）R で学ぶ日本語テキストマイニング．ひつじ書房，pp. 146–152.
［324］ 金明哲（2017）第 13 章 線形判別分析．R によるデータサイエンス第 2 版 データ解析の基礎から最新手法まで．森北出版，pp. 161–169.
［325］ 菅民郎（2016）第 6 章判別分析．例題と Excel 演習で学ぶ多変量解析回帰分析・判別分析・コンジョイント分析編．オーム社，pp. 227–269.

索　引

（頁番号の太字はその項目の詳述があることを表す）

英数字

ア　行

カ　行

サ　行

タ　行

ナ　行

ハ　行

マ　行

ヤ・ラ・ワ　行

金 明哲(第1章執筆)
同志社大学文化情報学部教授

上阪彩香(第2章執筆)
大阪大学数理・データ科学教育研究センター特任助教(常勤)

土山 玄(第3章執筆)
お茶の水女子大学文理融合 AI・データサイエンスセンター特任講師

中村靖子(第4章執筆)
名古屋大学大学院人文学研究科教授

孫 昊(第5章執筆)
大連外国語大学日本語学部講師

劉 雪琴(第6章執筆)
南京農業大学外国語学院日本語学科講師

李 広微(第7章執筆)
同志社大学文化情報学研究科博士課程

入江さやか(第8章執筆)
岐阜女子大学文化創造学部准教授

テキストアナリティクス7
文学と言語コーパスのマイニング

2021年6月3日 第1刷発行

編著者 金 明哲 中村靖子
著 者 上阪彩香 土山 玄 孫 昊
劉 雪琴 李 広微 入江さやか

発行者 坂本政謙

発行所 株式会社 岩波書店
〒101-8002 東京都千代田区一ツ橋2-5-5
電話案内 03-5210-4000
https://www.iwanami.co.jp/

印刷製本・法令印刷

ISBN 978-4-00-029902-2 Printed in Japan